石油钻采仿真模型设计与制作

SHIYOU ZUANCAI FANGZHEN MOXING SHEJI YU ZHIZUO

主　编◎杜敬国
副主编◎董桂玉　陈　勋

电子科技大学出版社
University of Electronic Science and Technology of China Press
·成都·

图书在版编目(CIP)数据

石油钻采仿真模型设计与制作 / 杜敬国主编. —成都：电子科技大学出版社，2022.5

ISBN 978-7-5647-6109-7

Ⅰ.①石… Ⅱ.①杜… Ⅲ.①石油钻采-仿真模型-设计-高等学校-教材 Ⅳ.①TE2

中国版本图书馆 CIP 数据核字(2021)第 242176 号

石油钻采仿真模型设计与制作

杜敬国　主编

策划编辑　曾　艺
责任编辑　曾　艺
助理编辑　杨雅薇

出版发行　电子科技大学出版社
　　　　　成都市一环路东一段 159 号电子信息产业大厦九楼　邮编 610051
主　　页　www.uestcp.com.cn
服务电话　028-83203399
邮购电话　028-83201495

印　　刷　三河市文阁印刷有限公司
成品尺寸　185mm×260mm
印　　张　15
字　　数　320 千字
版　　次　2022 年 5 月第 1 版
印　　次　2022 年 5 月第 1 次印刷
书　　号　ISBN 978-7-5647-6109-7
定　　价　53.00 元

前　言

本书是在华北理工大学教学建设委员会五育建设专门委员会的整体谋划、设计、指导下完成的劳动教育类教材，旨在深化劳动技能课改革，丰富创新劳动实践形式，以课程教育为主要依托，以实践育人为基本途径，将劳育与德育、智育、体育、美育相融合，以劳树德、以劳增智、以劳强体、以劳育美，培养学生养成良好的劳动观念、劳动态度、劳动情感、劳动品质，激发学生争做新时代奋斗者的劳动情怀，全面提高学生劳动素养。本书以石油钻采工程为背景，以立德树人为目标，通过将课上、课下的学习劳动教育和创新教育相融合，让学生亲身体验劳动的辛苦和劳动成果得来的不易，帮助学生培养热爱劳动的正确劳动价值观。

本书共五章，第一、二章分别介绍钻井工艺和采油工艺的发展历程，重点介绍其在石油工业中的地位和所包含的内容，并对国内外的发展现状做了比较充分的介绍；第三章介绍人工智能背景下的钻采工艺新技术、新应用和应用案例，进一步讲解未来石油行业的发展趋势；第四章主要介绍了嵌入式技术的基础知识和发展方向，并以完整的实际案例介绍嵌入式开发对钻采技术的开发路线和其产生的影响；第五章为基于嵌入式技术的钻采技术训练，设计了两种嵌入式开发的基础训练，让学生了解嵌入式技术基础的功能作用并动手设计。

本书可以作为石油工程专业本科劳动教育实践项目的指导教材，也可以成为相关课程的参考教学材料。

杜敬国

2022 年 5 月

目　　录

第一章　钻井工艺的发展

本章导读

本章主要目标是让学生在了解钻井技术发展历程的基础上，能够掌握与钻井工艺流程和技术措施相关的基本概念、基本原理、基本方法和主要内容。通过学习本章，学生能初步学会运用所学知识，熟悉钻井施工中所遇到的技术问题，为今后从事石油钻井相关的工作打下基础。

本章除讲述有关钻井理论的基础知识外，重点突出生产环节的操作规范，以完成钻井生产各工序所涉及的相关知识为重点，了解跨学科领域的前沿钻井技术和前沿动态。

第一节　钻井工程在石油工业中的地位

一、世界钻井史

井是人类探查地下资源并将它们采出地面的必要信息通道和物质通道。钻井就是围绕井的建设与信息测量而实施的资金与技术密集型工程。

人类的钻井活动已有数千年的历史。然而，在这么长的发展历史过程中，人类在钻井方式上的创新却是屈指可数的，一般可归结为四种方式的历史变革，即人工掘井、人工冲击钻、机械顿钻（绳索冲击钻）、旋转钻井。当今，全世界广泛采用的钻井方式是旋转钻井（已有 100 多年的发展历史），在石油天然气勘探开发中尤其如此。

（一）中国钻井史

我国在利用钻井开发地下资源方面有着悠久的历史。我国古代钻井技术的发展大体可分为两个阶段：第一阶段是大口井阶段，时间约在公元前 3 世纪到公元 11 世纪，是人入井内挖掘而成。公元前 3 至 1 世纪，战国时期，李冰在四川兴修水利，钻凿盐井，而后在临邛的盐水中发现了天然气，当时称之为“火井”。公元前61年在陕北鸿门发现天然气。四川在井内发现石油也早于15世纪，当时四川的井多是为取盐而挖掘的。

第二阶段是小口井阶段，其井口直径如碗口大小，即“卓筒井”，出现于公元1041—1053年前后，以顿钻方式用人力向下钻凿成井。打井的目的是为了采集盐水制盐，以后发展为采天然气熬盐。在北宋时代，人力绳索式顿钻方法得到了发展。据史书记载，在公元1303年以前，中国陕北延长、延川等地已钻成了油井；公元1521年，中国四川乐山也钻了油井；公元前250年，中国的第一口天然气井在四川成都双流一带凿成。

四川自贡市是中国古代钻井科技的重要发祥地之一，是蕴育中国古代深钻技术的摇篮。整个自贡市就是一个古代钻井的大型展览场，市内树立着各式各样的古钻塔（塔高 50～100 m），还有建于1835年的世界最深的深井（井深达1001.42 m），这口井持续生产卤水与天然气达160年，堪称世界之最。苏轼的《蜀盐说》中写道，“自庆历皇祐以来，蜀始创卓筒。用圜刃凿，如碗大，深者数十丈；以巨竹去节，牝牡相衔为井，以隔横入淡水，则咸泉自上；又以竹之差小者出入井中为桶，无底而窍其上，悬熟皮数寸，出入水中，气自呼吸而启闭之。一筒致水数斗。凡筒井皆用机械，利之所在，人无不知。”（如图1-1）。

图1-1 宋代卓筒井工艺用于盐业生产

(二)国外钻井史

中国钻井技术传到西方，激发欧洲主要国家进行了一系列的现场试验，启迪他们创造了以蒸汽机为动力的绳索冲击的钻井方法，并导致旋转钻井方法的诞生（1901 年开始应用于石油工程领域）。一般认为机械顿钻是现在石油钻井的开始。

1834 年，欧洲人才正确地把中国钻井技术应用于打盐井，1841 年才开始用于钻油井。1848 年，俄国钻成他们的第一口油井。1859 年，美国人德拉克上校在宾夕法尼亚州的石油湾，使用中国的绳索钻井方法（冲击钻）钻出第一口井，井深只有 21.64 m。直到 1871 年才钻达 338.33 m。英国的第一口天然气井于 1668 年钻成，比中国晚约 1900 年。英国学者李约瑟博士在其《中国古代科学技术文明史》一书中认为，中国古代钻井技术对世界石油天然气勘探与开发技术产生了巨大的启蒙、奠基与推动作用，在国际上领先他国数百年甚至上千年。他认为，今天在勘探油田时使用的这种钻深井或凿洞的技术肯定是中国人的发明，比西方要早 1100 年；中国的卓筒井工艺革新在 11 世纪就传入西方，直到公元 1900 年，世界上所有的深井，基本上都采用中国人创造的方法打成。然而到了现代，在旋转钻井领域，以欧美为代表的西方发达国家一直处于领先地位。

纵观国内外钻井的发展历史，中国古代钻井技术是中国古代的伟大发明之一，可谓灿烂辉煌，在全世界独领风骚上千年。中国近代钻井却是固步自封，对西方工业革命及旋转钻井的出现漠然视之，结果是由“领先于世界”沦为“落后于世界”。中国现代钻井随着新中国的诞生与发展，特别是伴随着改革开放的步伐，从落后中觉醒，奋起直追，逐步缩小了与国际先进水平的差距。进入 21 世纪以后，中国钻井必将以国内和国际市场为动力，以科技创新为灵魂，奋力赶超国际先进水平。

二、石油钻井的地位

（一）在国民经济中的地位

新中国成立以来，石油天然气钻井规模迅速扩大，并不断取得科技进步，有力地保证了我国油气勘探开发的基本需求，为我国发展成为当今世界第四位产油国的伟大事业发挥了重大作用。新中国的几代钻井工作者，发扬艰苦奋斗不断进取的精神，在发展我国钻井科学技术、提高钻井生产能力的征途上留下了坚实的足迹。自改革开放以来，针对每一时期油气勘探开发生产的特点，国家在钻井工程领域连续组织了大规模集团性攻关，取得了一系列重要成果，从而逐步缩小了与国际先进水平的差距。在“五五”期间开展了喷射钻井技术的重点攻关研究，使机械钻速翻了一番，从而降低了钻井费用。在“六五”期间开展了优选参数钻井和近平衡钻井技术的重点攻关研究，进一步提高了钻井速度，并大幅度减少了井喷失火的恶性事故。在“七五”期间开展了“定向井、丛式井钻井技术”和油层保护技术的重点攻关研究，为降低油气田开发费用及提高单井产量做出了积极贡献。在“八五”期间开展了“石油水平井钻井成套技术”的重点攻关研究，平均单井产量达到直井的两倍。在“九五”期间开展了老井侧钻、欠平衡钻井及深井超深井钻井等系列技术的重点攻关研究，也取得了丰硕的研究成果。“十五”期间，相继突破了渤海稠油油田开发及提高采收率技术、可控三维轨迹钻井技术与高温高压气藏固井技术、海洋石油成像测井与钻井中途油气层测试技术、浮式生产储运系统(FPSO)与水下生产技术等关键技术。“十一五”期间，在科学钻探、天然气水合物勘探、深部钻探、钻探技术装备、高精度定向对接井钻井技术、绳索取心液动锤钻具、新型金刚石钻头系列、新型冲洗液技术、地质灾害监测防治钻探技术等方面取得突破。“十二五”期间，建立了我国 3500 m 以内地质岩心钻探和 2500 m 以内水资源钻探装备技术体系。在矿产资源勘探方面，钻探装备与施工技术总体上接近或达到国际先进水平，部分达到领先水平，新型钻探装备普及率达到 40%。“十三五”期间，相继突破了渤海中深层高效钻完井、海上稠油规模化热采、(超)深水油气田开发钻完井、南海高温高压钻完井、非常规油气增产等关键技术。“十四五”期间，我国继续瞄准深地前沿领域，加强核心技术与装备研发，其中的一个重要内容就是以构建万米科学钻探技术设备为突破，从而完善地球深部探测技术体系，需要攻关耐 260 ℃高温泥浆、高精度井眼轨迹测控工艺与仪器、硬岩钻进工艺及配套机具、硬岩水力压裂等技术。

(二)在石油工业中的地位

1. 旋转钻井技术发展历程的显著特点

钻井技术的发展不仅能提高钻井效率和质量，而且能深入勘探与开发的决策中，成为解决油气勘探与开发难题的有效手段之一。例如，钻井逐渐与录井、测井及地震等信息技术融为一体，有效地解决了钻井过程中的井下不确定性问题，从而提高油气钻探与开发的效果和效益。

在世界油价持续低迷的时期，油气钻井科技研究与开发表现出十分活跃的局面，钻井新技术层出不穷，而且在提高油气勘探开发整体效益方面发挥着十分独特的作用。随着材料、信息、测量与控制等相关学科领域的技术发展，钻井技术不断朝着信息化、智能化及自动化的方向快速发展。

在若干具有战略或社会重要性的应用领域，钻井是一项关键技术。它的主要应用领域包括地下油气等资源的勘探与开发、环境监测与治理、地球科学研究、地下掘进、非开挖铺设及地基工程等。在各种不同用途的钻井活动中，油气钻井具有代表性。

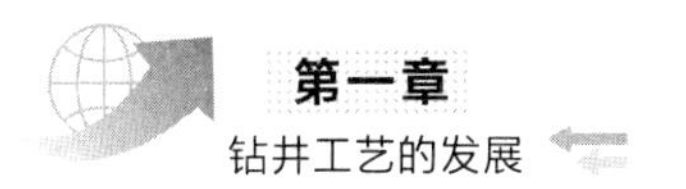

2. 钻井工程——石油工业的“火车头”和脊梁

在勘探和开发石油及天然气的过程中，钻井工作一直都起着“火车头”的作用。为了找到油气资源，首先要寻找有可能储存石油和天然气的地质构造，为此要进行地质普查工作，要钻地质井、基准井、制图井、构造井等。在地质普查阶段之后就是区域勘探阶段，这阶段就是确定前一阶段所找到的地质构造中是否含有工业油、气流，并研究其油层的性质、含油、气情况、面积、储量等。为此要钻预探井、详探井、边探井等。当油田进入开发阶段后要钻生产井、注水井、估价井、观察井等。所以，从找出油、气到产出油、气的各个环节都离不开钻井工作。某位钻井界老专家有个形象的比喻：一个油田从发现到投产过程中先期的勘探就是“侦察兵”，为钻井提供主要的“情报”，为钻井工作做初期的准备；随后的攻坚任务则会交给钻井工程这个“野战部队”来完成；“阵地”拿下之后就会交给开发部门这个“地方部队”进行长期开发生产。

从历史上看，石油天然气钻井工程远早于石油天然气工业其他学科，且得到了大规模推广，为人类的进步事业做出了不可磨灭的贡献。这说明钻井工程是石油工业的“火车头”。

从工艺上看，只要有石油天然气钻井就可以实现油气开发，钻井工程是石油工业的“脊梁”。

20 世纪 50 年代至 80 年代，国家十分重视石油钻井的作用，一直称“钻井是石油工业的火车头”。石油钻井行业诞生的铁人精神一直鼓舞着石油战线，为建设社会主义祖国而奉献。

从 20 世纪 90 年代起，随着国家石油工业的领导权逐渐转移到非石油钻井出身的人的手中，石油钻井的社会地位逐渐被贬低。特别是 1998 年，石油工业被分为主体行业和存续行业两部分，石油钻井行业被划分到存续行业。经过 10 年的运作，这种运作模式的弊端逐步体现，有些油田对主体行业和存续行业两部分进行了重新整合。石油钻井工程在石油天然气工业中的地位逐步恢复。

随着石油天然气工业的发展，石油天然气钻井的规模迅速扩大，并不断取得科技进步，有力地保证了油气勘探开发的基本需求，在我国发展成为当今世界第四位产油国的伟大事业中发挥了不可或缺的重大作用。可以毫不夸张地说，没有钻井，就没有石油工业。石油钻井是石油工业的“火车头”和“脊梁”。

第二节 钻井工程施工包含的主要内容

一、钻井作业设计

钻井作业设计主要包括地质设计、钻井工程设计、施工进度设计和预算设计四个部分。钻井作业设计是一项十分重要的工作,它直接影响到提高钻井进度、作业质量、钻井成本。钻井设计的科学性、先进性关系到一口井的成败和效益。探井的成败关系到一个新区新构造含油气的发现。开发井和调整井事关系整个油田开发的效果。

钻井工程设计是钻井施工作业的蓝图和依据,是组织钻井生产和技术协作的基础,是搞好单井的预算和决算的唯一依据。钻井工程质量的优劣和钻井速度的快慢直接关系到钻井成本的高低、油气勘探综合经济效益的好坏。

(一)地质设计

1. 钻井地质设计的关键技术

(1)地层预测技术

地层预测技术是常规的同时又非常重要的一门设计技术,是在现有资料的基础上,综合运用三维可视化技术以及地层划分对比技术等对待设计钻井地层进行预测,又可细分成三种技术:一是地层分层预测技术,二是地层岩性剖面预测技术,三是油气层预测技术。

以地层分层预测技术为例。收集和整理邻井实钻的相关资料,参考地震等一系列资料,制定科学合理的划分方案;深入分析目的层以及区域构造图,从而挑选出典型的邻井予以系统且细致的分层,接下来有效预测设计井可能的地层分层情况,这涉及三个方面的内容:一是设计井在掘进过程中可能碰到的层位和断层,二是钻探的预计深度,三是地层接触关系。以上述工作为基础,以设计井和邻井为对象,绘制它们的地层对比图。

(2)油气层保护设计技术

参考地震、测井以及录井等相关资料,结合邻井相关参数(如实测压力等)进行全面的研究,在深入分析以及有效预测的基础上,科学设计出目标设计井的一些重要参数,如钻井液的具体类型以及一系列性能要求等,并制定能够满足实际需要的油气层保护措施,尤其要准确预测出油气蕴含的主要层段,从而实现平衡钻井,最终保护好油气层的目的。

(3)地质资料录取工程项目设计技术

根据地质剖面以及油气性质等信息,对具体的地质录井工程项目予以相应设计,从而获得在井别以及井型等方面存在差异的单井录井系列。

(4)钻井工程复杂情况预测技术

对邻井钻探操作环节发生的一系列复杂情况进行全面且深入的分析,从而实现对设计井的科学预测,以了解实际作业过程中可能发生的各种复杂情况,并针对井喷、井漏以及油气浸等各种问题制定相应的预防方案。

(5)计算机应用设计技术

参考钻井作业的一般特点,设计钻井地质设计系统软件,并积极应用于实践。在实践过程中,还应积极发现不足,总结经验,对软件予以及时、有效的优化和升级,从而更好地服务于钻井地质设计工作。

2.钻井地质设计技术的实践应用

在钻井地质设计工作中,合理应用前文提到的一系列关键技术具有相当重要的现实意义,不仅有助于自身的完善,更为重要的是能够显著提高钻井勘探开发的经济效益。

下面以大庆油田某矿井为例进行相关讨论。该口矿井的核心功能在于探索徐家围子断陷徐东斜坡带深层砂砾岩储层的含气性,同时兼探营四段砂砾岩和登娄库组。该口井的总设计深度为 3950 m,钻至设计井深,井底 60 m 内无油气显示完钻。

受区域性近南北向和北东向深大断裂的控制,松辽盆地北部深层形成了近南北向的断凹、断隆相间的区域构造格局。目的层沙河子组顶面埋深 2900～4200 m。地震反射剖面显示,目标区砂砾岩体特征明显,下部为低频弱振幅断续反射特征,预测为厚层砂砾岩;上部中一高频中强振幅连续反射特征,预测为薄层砂砾岩与泥岩互层。在能量半衰时剖面上,目标区上部显示为中高频高连续高能特征,为薄层砂砾岩特征;下部为低频较差连续性高能特征,为厚层砂砾岩特征。

经实钻证实,地质设计姚二、三段顶为 1215 m,实钻姚二、三段顶为 1211 m,误差 4 m;地质设计泉四段顶为 1665 m,实钻泉四段顶为 1672.5 m,误差 7.5 m;地质设计登四段顶为 2600 m,实钻登四段顶为 2607 m,误差 7 m,以上地质设计与实钻误差均较小。地质设计营城组顶为 3065 m,实钻营城组顶为 3087 m,误差 22 m,地质设计与实钻误差较大。地质设计沙河子组顶为 3195 m,实钻沙河子组顶为 3223 m,误差 28 m,地质设计与实钻误差较大。本井深层构造位置落实程度较差,目的层沙河子组储层发育好,物性差,属低孔渗型储集层。

(二)钻井工程设计

1. 钻井工程设计的原则

在钻井设计过程中,设计人员必须要遵循一定的原则和规范。首先,钻井设计的内容包括钻井工程费用预算、钻井工程施工进度计划、钻井工程设计、钻井工程地质设计四个主要的部分,设计人员要按照石油工业部标准中规定的钻井设计格式来开展设计工作。在钻井地质设计的过程中,要明确指出固井水泥上返高度要求、阻流环位置要求、油层套管强度要求、油层套管尺寸要求、井身质量、设计依据、完钻层位、完钻原则、目的层、设计井深、钻探目的、取资料要求以及完井方法等。对于水平位移要求比较严格的直井,设计人员要在设计过程中综合考虑钻井综合成本以及钻井难度。其次,钻井地质设计过程中,设计人员要提供一定的详细资料,主要包括故障提示资料、地层倾角资料、设计地质剖面资料、油气水和岩性物性和矿性资料、设计地层资料、临区临井资料、破裂压力梯度曲线资料、试油压力资料等。根据科学打井相关技术规定来实施新区探井,设计人员要提供必备的地质图件,主要包括设计柱状剖面图、过井地质解释横剖面图、主要目的层局部构造井位图、过井十字地震时间剖面图以及设计井位区域构造图。调整井要运用集中打井的方式,并且遵循分片停注放溢流的重要原则,在开钻调整井之前,区块里注水井要将井口压力作为根据,提前 10~30 天运用油井转抽防压、注水井放溢流以及注水井停注等措施。这样能够将区块内地层压力有效降低,要保证钻井施工安全以及固井质量,更可以对油气层进行保护,最终促进综合效益的提升。最后,设计人员在设计钻井工程的过程中,要将钻井地质设计作为根据,钻井工程设计必须要便于取准和取全各种地质工程的资料,还要为油气层发现和保护提供便利,将每一个产层生产能力充分发挥出来;保证油气井井眼轨迹与勘探开发要求符合,油水井完井质量与油田各种作业要求符合,满足长期开采油气井的需求,保证可以快速、优质、安全地钻井。

2. 钻井工程设计优化与应用

(1)钻井工程的优化设计

在钻井工程设计过程中,井深结构是重要的内容。井深结构不仅与钻井工程整体施工安全密切联系,更与钻井工程的经济效益息息相关。高质量、合理、全面的井深机构设计不仅能够最大程度地规避卡、塌、喷以及漏等工程事故,更可以保证钻井工程各个环节和各项作业可以顺利、安全落实,同时可以从本质上降低钻井成本和费用,使钻井工程成本实现最优化。在很大程度上,钻井工程的井身结构都由设计者认识钻井工程地质环境的程度所决定,包括钻井工程所处地区的地下流体特性、复杂地层分布、岩性、地下压力特性、井壁稳定性等；还取决于钻井工程设计者对于钻井装备条件以及工艺技术水平掌握的程度。其中，钻井装备条件主要包括井口放喷装置、钻头、钻具、套管等，而钻井工艺技术水平包括操作水平、井眼轨迹控制技术、注水泥工艺以及钻井液工艺等。此外，优秀的钻井工程结构设计还需要设计人员具有全面的设计思路以及科学的设计方法。

想要保证钻井结构的优化设计必须要保证钻头尺寸、套管下入深度以及下入层次相配套。在钻井结构设计过程中，可以运用扩眼技术(随钻扩眼及钻后扩眼两种重要的方式)。钻井工程的扩眼技术要保证完井井眼的尺寸不缩小，在此基础之上，可以将上部井眼尺寸缩小、钻头破岩量适当减少、机械钻速提升。与此同时，还可以将套管层次适当减少，将相邻两层套管尺寸差适当缩小，这样可以为钻井工程井深结构设计奠定基础。扩眼技术适宜被应用在中下部井段中，这样可以为较大尺寸的技术套管成功下入提供保障。扩眼技术还具有保护套管和提升固井质量的优势，运用扩眼技术，可以为后续采油作业和完井提供便利，在我国的新疆油田以及胜利油田中已经成功应用该技术。

(2)钻井液的优化设计

在钻井工程优化设计中，钻井液的优化设计是不可或缺的一部分，钻井液优化设计已经成为钻井液现场施工最为重要和最为根本的依据。钻井液优化设计能够有效保证钻井施工的安全，还可以提升油气层保护的质量。

钻井工程中钻井液性能已经成为保证安全钻井和影响钻井速度十分重要的因素，钻井液的性能主要包括 K 值(稠度系数)、流变参数值、虑失量、粘度、固相含量以及密度，各种性能之间具有非常密切的联系，如果将其中一种性能改变，其他的性能一定会随之变化。对钻井液性能参数进行优化设计必须要遵循一定的原则。它要求将保证井下安全作为一切活动的前提和基础。通常情况下，钻井液与幂律模式相符合，并且是一种假塑性液体。所以，设计人员在确定优选钻井液流变性能的时候，要根据钻井液流性指数 n 以及其稠度系数 k 来确定。将 n 值减少，能够有效将泥浆剪切稀释性能提升，进而对井眼净化进行改善，将钻数提升。将 n 值增加，能够有效将钻井液携岩能力提升。

(3)完井方式的优化设计

实施完井工程的目的在于在井眼以及油藏之前建立起有效和完善的油气通道，油井生产要求油气通道的畅通性良好，这样能够有效防止层间的干扰，因为完井工程对油井寿命以及产量产生了直接影响，所以，完井工程对钻井工程以及油气的勘探和开发效益具有决定性的作用。图 1-2 为卡姆登山(Camden flills)油田使用的典型完并设备示意图，图中 1 inch＝2.54 cm。

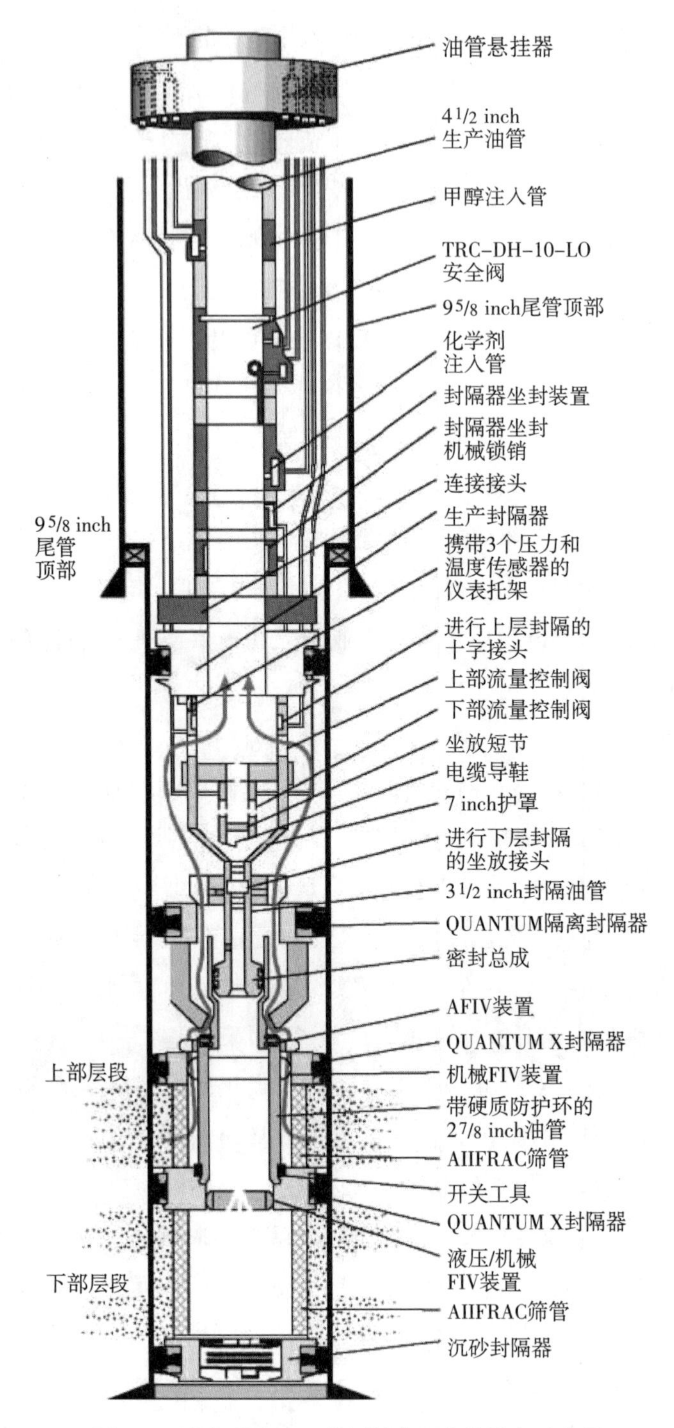

图 1-2　卡姆登山油田使用的典型完井设备示意图

管外封隔器加筛管完井、裸眼完井、砾石充填完井、衬管完井以及固井射孔完井是主要的完井方式。当前我国常用的完井方式是固井射孔完井方式，其次为裸眼完井和筛管完井。而在国外，除了运用常规的完井方式以外还普遍采用了立式填充完井方式，以及封隔器复合完井方式。

(4)固井的优化设计

针对钻井工程实施过程中遇到的封固段长、井眼质量差、漏失、水窜、异常高压地层等问题,对流体流变学理论进行充分运用,对水泥浆流变、前置液流变、钻井液流变特性进行分析和研究。充分运用流体力学的理论,对注水泥顶替机理进行分析和研究。通过运用固精仿真系统软件,对注水泥进行模拟,对现场流变学注水泥施工的参数进行优化,实现提升固井质量这一目的。此外,想要解决水窜等问题必须充分运用套管外封隔器,在完成固井顶替作业以后,充分运用顶替液胀封管外封隔器,将油气水窜途径进行隔断,进而达到防止水窜、油窜和气窜以及提升古井质量的根本目标,如图 1-3 所示,图中 1 inch=2.5 cm。

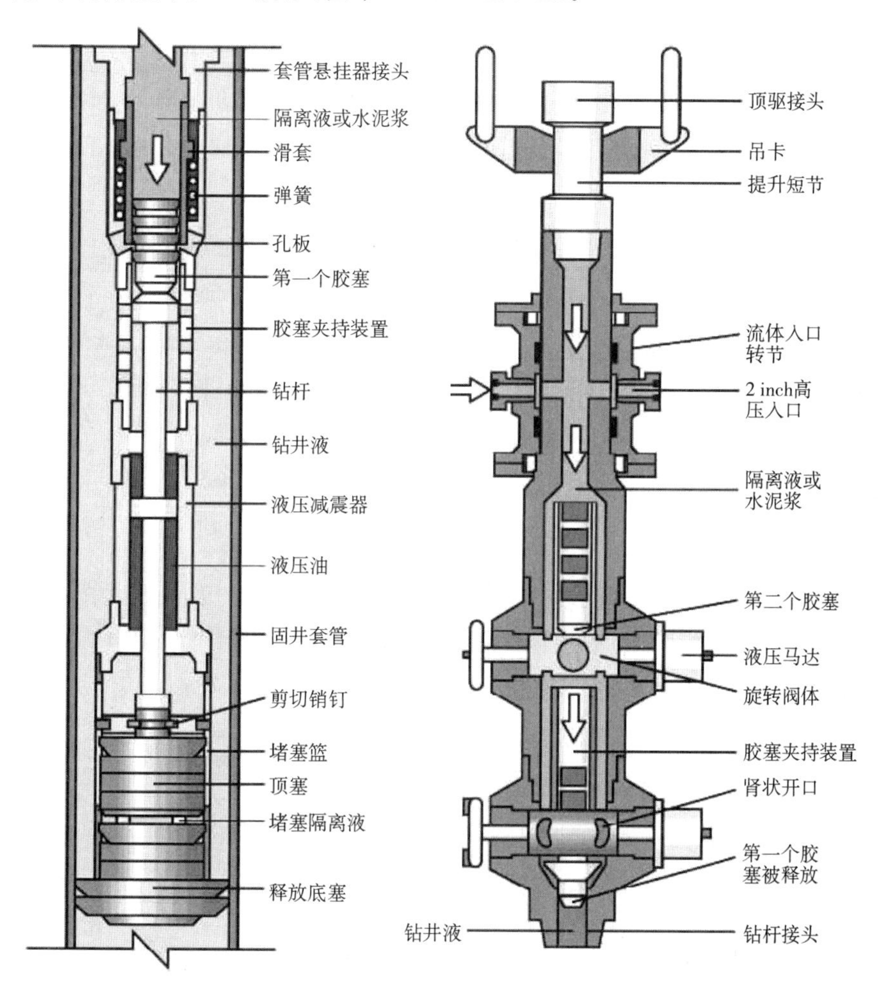

图 1-3 法国道达尔菲纳埃尔夫(Total Fina ELF)公司改进后的固井设备示意图

综上,在油气田勘探开发过程中,钻井工程设计是重要的环节,更是实施技术协作和组织生产的前提和基础,同样是落实单井决算以及单井预算重要的根据。钻井工程设计是否具有先进性和科学性直接影响油气井的成本和质量,甚至关系油气井的安全。

二、钻前工程

钻前工程是钻井队开钻前的全部准备工程，它是钻井工程中不可缺少的施工环节，是保证钻井队按时开钻和钻井工作顺利进行的一切准备工作项目。这些工作项目主要包括：测量井位、现场勘察、搬家安装、钻前物资准备、井场布置等。

(一)井位测量的坐标系统、任务要求及精度要求

1. 坐标系统和任务要求

按照长庆石油勘探局企业标准《石油天然气勘探开发井位测量标准》之规定，钻井井位踏勘及测量的坐标系采用"1954 年北京坐标系"，按高斯正形投影，六度带分带；高程采用"1956 年黄海高程系"。井位平面位置测至井口中心，高程位置测至井口地面。以国家大地控制点或长庆石油勘探局施测的 GPS(全球定位系统)控制点作为测量及起算的依据，提供井口的平面坐标、大门方位，井口的地面高程及补心高程。

2. 井位测量的精度要求

井位测量精度要求从不同方向(控制点)实测的井位平面位置，其平面坐标互差不超过 1 m；同井场数口井之间相对平面位置的允许误差≤±0.5 m；从不同方向(控制点)实测的井位高程，其高程位置互差不超过 0.5 m；同井场数口井其相对高程位置的允许误差≤±0.25 m。

(二)井位测量作业方法

1. 控制基准的建立

在井位测量时，由于受到井架的遮挡影响，我们不可能用 GPS 直接测得井口坐标，所以必须在井场附近确立两个 GPS 控制点，再以这两个控制点为基准用常规测量的方法测出井口坐标、高程和大门方位。一般情况下我们利用 GPS 静态或 RTK(实时差分定位)的测量方法引入控制点。

2. 用 RTK 的方法引入控制点

在井场附近(20 km 以内)找一个 GPS 控制点作为 RTK 的参考站，流动站在井场直接测出两个距离在 30m 左右的控制点。为了避免偶然误差，每个 RTK 点的最终成果须取 3 次测量的平均值，且 3 次测量的结果互差不超过 5cm。RTK 测量的优点是方便、快捷，可以直接得出井场控制点坐标和高程，不需要进行后处理；缺点是至少需要 3～4 人操作，GPS－RTK 油田井位测量的主要流程为：建立控制网→井位施测。在新工区或控制点稀少的工区，第一步，通过建立控制网收集控制点数据，其中包括水准点与三角点成果，而后组织控制网施工设计和布设控制网；第二步，采集野外数据，通过内网处理收集控制网点成果和其他参数；第三步，在控制网中开展井位测量工作。通常来讲，油田井位测量工作由初测、复测部分组成，

操作流程:将设备架设在控制点上→依次将测量仪器连接好→利用测量手簿进行已知点坐标输入→开启基准站 GPS 主机、无线电通讯发射设备→开启流动站→开始测量工作。RTK 测量具有时间短、精度高的优点,缺点是井场附近需要高等级控制点,需要架设基准站,数据链电台受距离影响较大。

3. GPS 静态测量方法引入控制点

同步观测指通过同步观测相同 GPS 卫星来确定多条基线向量。利用 GPS 静态测量的方法,同步进行观测,直接引入井场控制点相对人工前往来说比较单,不需要考虑数据链传输的问题和井位与控制点的距离问题,所以这种方法成为测井应用的主要方法。通过在井场测量两个距离在 30 m 左右的点作为井位测量的控制点,并对几口井测量试验及结果进行比对,笔者认为该方法省时省力精度可靠,详见表 1-1 所列。

表 1-1 苏 77 井利用双基准站同步观测测量数据检核对比表(单位:m)

基准站	苏 77 井	基线长度(km)	接收时间(min)	坐标差值	△x	△y	△h
GPS2900	A 点	166.984	120	A-A 点	−0.021	0.004	0.025
	B 点	166.991					
GPS2975	A 点	123.195		B-B 点	−0.021	0.005	0.025
	B 点	123.211					

4. 井口坐标高程及大门方位的测量方法

为了进行常规测量,在井场布设的两个控制点必须互相通视,且都能看到井口和大门方向钻井平台的两个角。可采用在两个控制点上分别设站测量井口的水平角、立角、距离,推算出井口的坐标及高程,取其平均值作为最终成果。

由于大门方位没有明确的方向标识可以直接测量,但它和钻井平台的大门所处的平台边沿互相垂直并指向井口到钻井大门的方向,所以只要测出钻井平台的大门所处的平台边沿的方位(即大门左右角进行测量)就可以计算出大门方位。我们用同样的测量方法测出大门左右角的坐标,取平均坐标值反算其方位,加 90°后即可得到大门方位。这种测量方法多了一个检核条件,从而保证了测量精度。

(三)井位测量内业处理

GPS 静态测量采用地理信息办公软件"TGO"进行基线解算及平差,得到井场的两个控制点成果,可使用专门的井位测量计算软件进行计算。

计算数据包括该井的大门方位,井口的三度带、六度带平面坐标及大地坐标,井口的地面高程、补心高程。

(四)其他可选的井位测量方法

精密单点定位(PrecisePointPositioning,简称为 PPP)是利用全球若干 IGS(国

际全球导航卫星系统服务)跟踪站数据计算出的精密卫星轨道参数(精密星历)和卫星钟差(精密钟差),对单台接收机采集的相位和伪距观测值进行非差定位处理的定位技术。它作为一项成熟的技术已经在很多地区和部门应用,与传统的 GPS 作业方式相比具有许多优势,单机作业无需与其它组配合或者架设基准站,作业方便,数据处理简单,使用范围广,可以大大提高测量作业的效率。与传统的单点定位技术相比其精度更高,可以达到厘米级。

三、钻井作业装备

钻井作业装备是钻井作业的物质基础,其落后与先进决定了钻井速度和钻井工艺水平。钻机是各种机械设备、电器设备的组合,是完成石油钻探任务的装置,它具有一般机械的共性,由起升流程、旋转流程、循环流程、动力流程、传动流程、钻机底座流程、控制流程和辅助流程组成。

随着钻井生产的不断发展,钻机适用条件愈来愈多样化,因此,相应地出现了各种类型的钻机。影响钻机类型与组成的因素主要有钻井方式、用途、深度、井眼尺寸、钻具尺寸和钻井地区条件。

2020 年以来,“新冠肺炎疫情+低油价”为全球石油行业的发展带来了严重的创伤,在此危机下,催生新科技以达到提质增效变得更有价值和意义。纵观我国石油装备的发展历史,我国大型石油钻井装备的研制自 20 世纪60 年代开始,历经 60 年风雨。从研制方法来说,石油钻井装备先后经历了仿制、部分研制、自主研制到创新研制四个阶段;从技术路线而言,石油钻井装备从柴油机机械驱动起步,历经直流电驱动、机电复合驱动、交流变频电驱动、管柱自动化钻机,并经产品从小到大、系列化和多类型发展,逐渐形成了当今全球制造规模最大、型号品种多样的产品发展格局,可以说这其中凝结了几代石油人的心血和智慧,一路走来,实属不易。但随着当前智能化钻井和智慧化油田等概念的诞生,石油钻井装备又开始面临着一场新的革命,在此前提下,如何更深入完善地做好全流程自动化钻机,进而开启智能化钻机发展时代是必须要认真研究的一个重大问题。

为了促进石油钻井装备今后的发展并为未来智能化钻井技术进步打下基础,笔者将对国内外钻井装备的发展现状及国内与国外先进产品之间的主要技术差距等进行分析,并就钻井装备今后的发展方向提出看法和建议。

(一)石油钻井装备国内外技术发展现状

21 世纪以来,全球钻井装备可谓经历了一场翻天覆地的变化,尤其以电驱动替代传统柴油机驱动的直流电驱动钻机及交流变频电驱动钻机的兴起和日趋成熟。特别是近 10 年来,在电驱动钻机研究的基础上,大型钻机的移运技术、全液压驱动技术、钻机自动化智能化技术的不断推广,再次为石油钻机的发展插上了腾飞的翅膀。

1. 国外先进钻井装备技术现状

近年来,在世界石油钻井装备的发展方面,以美国和部分欧洲国家为代表的发达国家充分利用自动化、信息化、数字化及快捷化等技术手段,大力改进提升钻井装备技术性能,先后研制了多种形式、特色鲜明、性能优良的钻井装备,取得了良好的成效,有力地促进了全球钻井装备的技术进步。

德国海瑞克集团研制成功 TI-350T 的陆地全液压自动化钻机,最大钩载 3500 kN,适应钻井深度可达到 5000 m,已在我国川渝地区钻井现场应用了 5 年多。该钻机自动化程度高,现场使用效果良好。其突出特点是通过在地面建立双立根钻柱模式,采用液压机械臂直接举升至钻台面,并通过液压顶驱配合铁钻工来完成接钻柱过程,无须配备常规的二层台装置,整个管柱的输送路线短,安全性好,省时省力。

挪威西部团队(WestGroup)公司研制的 CMR(连续运动钻机)提升载荷达 7500 kN,钻机的设计理念打破了传统思维,配备有独立建立根系统,钻柱可实现不间断连续运动,满足连续循环钻井工作需要,送钻效率快捷高效,该钻机起下钻速度比常规钻机提高了 30%以上。

荷兰豪氏威马(Huisman)公司先后研制了 LOC400 和 HM150 两种高效自动化钻机。其中,LOC400 钻机具有结构紧凑、体积小和搬家速度快等显著优点,整套钻机全部采用模块化设计,可拆分成 19 个可用标准 ISO 集装箱装运的模块,整套钻机运输单元少,运输快捷方便;HM150 型钻机属于一款移动性很强的拖车式钻机,可在不同地点及多口井场之间实现快速移动,整套钻机配备有区域管理系统和安全联锁装置,可将反弹撞击的风险降至最低。

意大利钻机公司(Drillmec)研制的 AHEAD375 自动化钻机采用液压控制驱动,钻机设计配套有独立建立根系统,可实现管柱全流程自动化操作,具有管柱运送平稳,各操作设备动作衔接准确、快捷等特点。

美国斯伦贝谢公司近年来研制了一款名为"FUTURERIG"的未来智能型石油钻机。该钻机功率设计为 1103 kN,钻井深度为 5000 m,其操控系统设置有两个前后错位排放、高低位分别布局的主、辅司钻操作台,钻机二层台配备有多部机械手,司钻系统内置各种传感器超过 1000 个,主要对钻机安全状态、设备健康状态、设备运行状态和作业流程等进行全方位监测,并研制出了"DrillPlan"平台,以实现整套钻机的虚拟数字化控制,设计理念超前。

2. 国内先进钻井装备技术现状

我国在先进钻井装备技术研发方面,通过不断努力追赶,先后在管柱自动化技术、钻机移运技术、司钻集成控制技术、超深井钻机技术、高压喷射钻井技术、特殊地域和气候条件下需要的钻机技术研究方面有了长足的进步，主要表现在以下几个方面。

(1)超深井四单根立柱钻机技术

近年来，围绕新疆库车山前特殊地质地貌特征，我国已先后为新疆塔里木地区研制出钻深能力分别为9000 m和8000 m的超深井四单根立柱两种不同型号的石油钻机。其中，ZJ90DBS四单根立柱钻机于2012年研制成功并一直在新疆塔里木油田实施钻探作业，目前已完成7口超深井作业，平均钻井深度超过7300 m，累计进尺超过51 200 m。ZJ80DBS四单根立柱钻机重点围绕小钻柱排放技术难题，开发了推扶小钻具三单根立柱和复合式(悬持＋推扶)大钻具四单根立柱的立柱组合排放技术，并于2020年2月开始在新疆塔里木地区开展工业性试验，目前已进入3开作业，现场应用表明，钻机综合性提效超过15%，钻井周期缩短6%。

(2)系列管柱自动化石油钻机技术

根据中石油提出的"六年三代"钻机发展规划，国内由宝鸡石油机械有限责任公司(以下简称"宝石机械")牵头率先完成了第一代ZJ50DB、ZJ70DB、ZJ80DB和ZJ90DB系列自动化钻机的研制，目前已推广应用了60多套，其技术特点主要表现为钻机配备有自动化的动力猫道、钻台机械手、铁钻工及电动二层台机械手等自动化设备，基本替代了繁重的人力作业，实现了二层台高位无人值守、减人增效，确保了现场操作的安全性。正在研制的第二代ZJ70DB自动化钻机突显了独立建立根和远程在线监测等关键技术。

(3)超长单根和双单根立柱自动化钻机

2018年，宝石机械为大庆钻探公司1202尖刀钻井队研制了一款ZJ30DB交流变频超长单根自动化钻机。该钻机设计钻深能力3000 m，目前已完成20多口井的钻井作业，钻机的控制自动化和操作安全性等获得了油田现场使用者的高度评价。该钻机在结构设计方面的突出优点是无二层台装置、无立根排放系统，超长钻杆的输送通过旋转机械臂从低位直接抓举输送至钻台面，交给顶驱后由铁钻工来完成上卸扣作业。除此之外，该钻机还配套了国产的直驱顶驱、直驱钻井泵和直驱绞车等关键装备，确保整套钻机操作过程简单、高效。另外，根据市场发展需要，目前宝石机械又开始进行适合中深井使用的双单根立柱钻机的设计研发工作，其中已开发的ZJ40DT钻机配备有双单根立柱排放系统，主机采用轮式拖挂移运结构，目前已完成产品试制，准备发往油田进行工业性试验。

(4)稳压力大排量钻井泵技术

随着喷射钻井、水平钻井、海洋钻井和复杂难钻井等钻井工艺的发展变化，国内宝石机械等公司率先推出了功率级别为1600 Hp、2200 Hp和3000 Hp(1 Hp＝

0.75 kW)系列五缸高压力大排量钻井泵。其中研制成功的 QDP-3000 型五缸钻井泵和 QDP-2200 型五缸钻井泵已通过油田工业性推广应用,其性能已得到充分验证,与同型号三缸钻井泵相比,不仅泵组的体积减小了 20%以上,而且输出排量比三缸泵提升 30%以上,不均匀度约为 7%,产品可靠性明显得到提高,总体性能先进,受到了油田用户广泛好评。

(5)钻机大吨位直立移运技术

根据中东地区沙漠特殊作业环境需要,国内宝石机械和中国航天科工集团有限公司宏华集团有限公司(以下简称"航天宏华")等企业先后为阿联酋和科威特等国家成功研制了钻深能力 5000～9000 m 范围的各型号大模块轮式移运拖挂钻机,其中为阿联酋国家研制的 ZJ50DBT 和 ZJ70DBT 两种轮式拖挂钻机具有多种移运组合模式,尤其近距离搬家可实现主机直立移运,节省了大量搬家安装时间;同时,为科威特研制的 ZJ70DBT 轮式拖挂钻机不仅满足直立移运,而且还可实现井架的弯折功能,可以有效避开高空高压线等障碍物,使其整体通过性更好,移运范围更大。

(6)丛式井轨道式极地钻机技术

近年来,国内宝石机械和航天宏华等公司先后针对俄罗斯极寒冷地区研制了多种低温钻机。其中由宝石机械 2018 年研制的钻深能力 7000 m 的低温列车 ZJ70DB 轨道式钻机主体采用高强度抗低温耐韧性材料,钻机整体安装在列车导轨上,钻机下方配有钢制滚动轮与钻机整体呈一字形排列,更换井位时只需通过固定于导轨上的油缸拉动来实现整套钻机的移动,非常方便。另外,为了保温,在钻台面下方、电控房、泵房和固控区等采用全封闭式结构,房体内配有锅炉和电热器等加热设施,钻台面四周设有挡风墙等,可以满足 −45℃ 极地环境下的作业要求和 −60℃ 环境下的设备存储要求。目前该钻机已通过俄罗斯北极地区冬季严寒天气的考验,其设计性能完全满足极地环境工作要求。

(二)我国钻井装备与国外钻井装备的主要差距

近年来,我国在钻井装备研究方面取得了长足的进步,主要表现在大型装备集成配套技术、钻机自动化研发技术、钻机搬家快速移运技术及超深井装备研究技术等方面,但认真分析对比,我国仍然在产品设计理念、产品配套技术能力及"卡脖子"核心技术研究方面与国外还存在较大差距,需要不断加大研究力度,力争早日实现突破。

1. 钻井工具的研发工作需要不断加强

以美国斯伦贝谢公司和哈利伯顿公司为代表,其先进钻井技术长期引领着世界钻井技术的发展潮流,尤其表现在高性能钻头、随钻测量、扭转冲击、减振增压以及垂直钻井等井下产品和技术方面。近年来我国在这方面虽然也做了相应的技术研究，先后研制了部分产品，但就产品性能、产品品种和产品规格等方面与国外还存在较大差距。

2. 自动化产品的应用研究仍需要深化

我国虽然已经研制出了具有双司钻集成控制、基于模拟人工操作形式的管柱自动化石油钻机，并已形成了一定的批量，但与国外同类产品相比创造性成果较少，结构形式相对单一，系统集成水平不够，尤其在产品的稳定性和可靠性等方面还存在一定的差距，仍需在结构创新和优化提升方面加大力度。

3. 智能化钻井技术研究需要加快速度

西方发达国家起步较早，早已着手智能化技术在钻井装备方面的研究与实践。我国起步较晚，虽然国内已有部分科研院所和高等院校等着手这方面的技术研究工作，并建立了必要的理论基础，但距实际应用还有较长距离，应加快该项工作的研发进程，力争早日推出样机并开展现场试验及应用。

4. 核心元器件研发工作需要强力推进

核心关键配套元器件与国外差距较大已成为制约国内钻井装备发展的瓶颈，尤其涉及钻机配套必须的柴油发电机组、变频器、液压和电器控制元件以及高压密封器件等“卡脖子”技术，需要发挥各个行业的优势，举全国之力开展重点技术攻关，特别在产品可靠性、安全性和耐久性方面需要不断提升，力争在较短时间内取得突破性进展，大力支撑国产装备健康发展。

(三)未来钻井装备的发展方向

结合当前国际油气行业总体发展形势和我国宏观经济对油气勘探开发的发展需要来判断，预计未来石油钻井装备将朝以下几个方向发展。

1. 逐渐向标准化方向发展

按照中石油提出的钻机“四化”方针，即“机械化、标准化、信息化、专业化”目标，推广钻机结构形式的规范化、配套内容的标准化等，既满足了产品规模化发展的需要，同时也对装备企业和钻探公司提质增效带来了效益。一方面，装备企业达到了一次性设计、统一配料、批量连续投产的目的；另一方面，由于产品互换性和通用性的增强，也为各钻探公司装备的搬家、安装和维修等带来了诸多便利。为此，建议持续加大该项工作的推进力度，以节约资源、降本增效。

2. 向深井、特深井方向发展

为了解决经济快速增长和陆地已勘探开发油气资源不足的矛盾，人们必须在特殊区域、更深层次的地域进行勘探开发作业。2019 年 9 月中国石油天然气集团有限公司(以下简称“中石油”)在新疆塔里木轮深 1 井打出了 8882 m 的亚洲第一特深井;《石油人》2020 年 5 月 21 日报道,哈利波顿公司在俄罗斯实现了总进尺 14 600 m 的世界最深新记录井的完钻。这些案例坚定了国内石油钻探企业加强大型化特深井钻井的信心和决心,预计未来几年,石油装备向超深井和特深井发展已成为必然趋势。这就需要科研人员提前做好调研分析工作,并将其作为当前和今后一段时间的重点攻关工作。

3. 向特殊地层地貌发展

随着常规地层油气当量的不断减少,钻井会逐渐向高原、高山、沼泽等特殊地貌和高温、高压、复杂地质构造区域发展延伸,这必然需要与其运输条件和特殊地层钻探要求相匹配的钻井装备。所以,研究和开发适应不同区域和地层钻探要求的钻井装备必将成为今后装备发展的一个新目标和方向。为此,建议装备研发工作尽早联合地质和钻探等多学科一起开展攻关,做好深入的研究工作,为满足国家油气增长需求打下基础。

4. 向快捷绿色环保节能方向发展

受制于当前石油钻井装备体态庞大、搬家运输困难、动力噪声大、配比动力消耗大、地层有毒有害气体排放及钻井液对环境和地层的污染等带来的诸多影响,特别是国家在绿色环保方面出台的多项政策限制,未来石油钻采装备向绿色、环保、节能、轻量化等方向发展将成为主流。为此,科研及管理人员都应从思想观念上、设计理念上以及技术方法上摈弃旧理念,适应新形势和新变化。

5. 向自动化和智能化发展

在追求改善质量、提高盈利能力的过程中,制造行业中的许多企业通过采用自动化流程获得了成功。石油和天然气行业正在寻求在钻井领域复制该策略的途径。为了有效地执行复杂、高速的钻进任务,从而使钻复杂井在技术和经济上可行,钻井自动化可能是其中的关键所在。当钻井项目涉及大量井,而这些井在钻进过程中翔实记录了岩性和压力状态,那么作业者就可以利用自动化钻井的复用性避免钻井计划中常见的井动态多样性所造成的成本。

按照国家对装备行业未来向智能产品发展的工作思路,随着技术进步和解放人工劳动的发展需要及互联网、大数据、信息化、数字化等技术的突飞猛进,各行各业都在追求装备不断向现代化迈进,油气装备向全自动化、智能化发展的时代已经开启,并必然成为今后各大装备企业追求的目标。对于长期坚守在野外艰苦危险工作环境、主要依靠人力为主的石油行业而言,加快钻井装备智能化发展问题亟待解决,建议国家加大在此方面资金和人力的投入,促其快速发展。

(四)钻井自动化

自 20 世纪 70 年代以来,勘探开发钻井作业中的自动化技术应用得到稳步发展。与其他行业一样，勘探开发钻井公司也力求通过自动化技术来提高效率、降低风险、提高精确度和可重复性。

钻井系统正在经历从机械化到半自动化再到全自动化发展的过程。半自动和局部自动化的钻井系统目前已经很常见。一般而言，半自动化钻井作业需要人的定期参与，但仍具有很大的安全优势。如 20 世纪 70 年代开发的机械化钻工设备使人从最危险的作业中解脱出来，从而提高了钻机安全性，如图 1-4 和 1-5 所示。

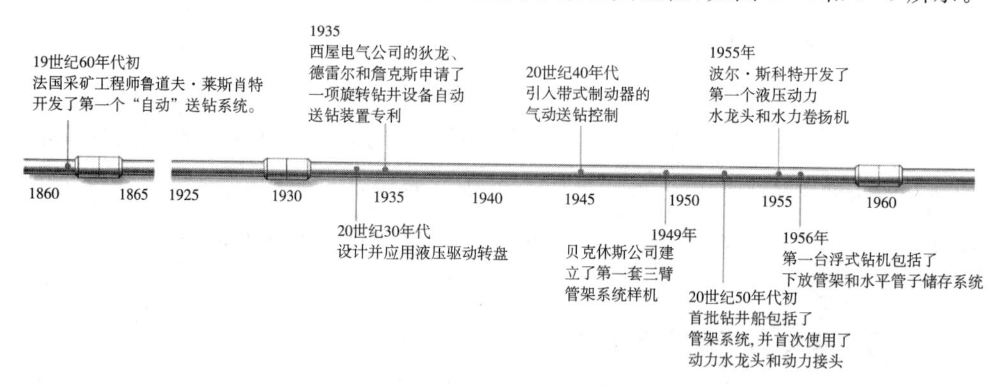

图 1-4　1860—2005 年钻井系统发展示意图(1)

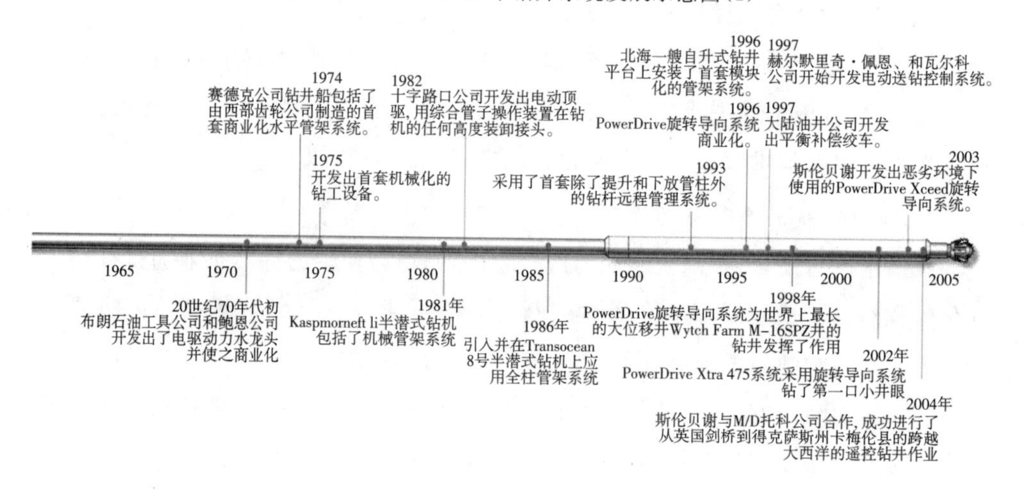

图 1-5　1860—2005 年钻井系统发展示意图(2)

20 世纪 70 年代，手工工具被省力装置如动力卡瓦和白旋扳钳所代替。最初的动力卡瓦为弹簧辅助设计，可降低钻工疲劳。20 世纪 80 年代开发了气动卡瓦，目前气动卡瓦已经取代可换卡瓦用于不同管径的液压驱动卡瓦。随着 20 世纪 80 年代计算机和微处理器的发展，钻井业开发出了钻工和钻杆处理作业的局部自动化系统。同汽车制造业一样，许多钻机作业都包含重复性动作，因此可以采用自动化方法来完成。这些方法得到了钻井行业的高度重视，从而改善恶劣环境下作业安全并提高了作业效率。

在 20 世纪 90 年代，随着计算机功能和随钻测量数据数量和质量的提高。这些数据提供了钻井情况的关键信息，为自动钻机系统控制钻井参数（包括钻压）铺平了道路。美国华高（VARCO）公司的多参数控制系统根据理想的钻压、转速、扭矩和立管压力调节控制钻井钢丝绳的松放。立管压力代表了钻头相对于井底的位置，这对水平井钻井和大位移钻井尤为重要。另外，美国贝勒（Baylor）公司开发的新型比例电流调节电刹车控制器和美国伊顿（Eaton）公司及国民油井（NOV）公司制造的离合型和圆盘刹车相结合，比自激励的带式制动器更精确。美国华高（VARCO）公司的新控制算法、美国的马丁·戴克（M/D Totco）公司开发的一种先进的数据采集系统及美国海太克（Hitec）公司和其他公司的类似系统提高了对刹车扭矩的控制能力。这种进展使新型自动钻井系统具有了更强的钻头进给控制能力。图 1-6、图 1-7 为自动化管柱处理装置和自动猫道。

图 1-6 钻机成套自动化管柱处理装置

图 1-7 自动猫道

这两种工具的实施减少了震动，延长了井底钻具组合工具和钻头的寿命，提高了全井径取心收获率。该技术使钻进过程比人工控制钻进更连贯，提高了井身质量、地层评价和固井质量。使用自动控制还会减少司钻手动作业时起下钻过程中易犯的错误，如意外压裂和抽吸地层等。图 1-8 和图 1-9 分别为钻井平台上的自动司钻控制系统和自动井口工具示意图。

图 1-8 自动司钻集中控制系统

图 1-9　自动井口工具

提高地面和井下控制的一个关键部分是拥有能够指导控制决策的更多信息，而随钻测井（LWD）和随钻测压（PWD）工具能提供更多这方面的重要数据。地质学家和工程师通过准确确定地层特性控制井眼轨迹来优化开采和提高采收率。实时环空压力数据能用于确定当量循环密度（ECD），帮助钻井工程师评估井眼稳定性。另外，通过实时监测关键钻井参数可不断提高防止出现卡钻、打捞落鱼和井漏问题的能力，从而降低钻井风险。

四、钻井液和完井液

钻井液又称泥浆，是油气钻井过程中以其多种功能满足钻井工作需要的各种循环流体的总称，有液相钻井液、气体钻井液、液-气钻井液等。其功能为携带和悬浮钻屑，稳定井壁和平衡地层压力，冷却和润滑钻头、钻具，传递水功率，获取井下资料和信息，保护油气层。

完井液是在油气井完井作业过程中所使用的工作液的统称。完井作业包括钻开油层、下套管、射孔、防砂、试油、增产措施和修井等。因此从广义上讲，从钻开油层到采油及各种增产措施过程中的每一个作业环节，所有与生产层相接触的各种工作液统称为完井液。

正确选择钻井液、完井液体系，搞好钻井液、完井液设计是保证优质、安全、快速钻井，减小油气藏损害的关键。

（一）钻井液和完井液的优缺点及适用性

1. 水基钻井液与完井液体系

在如今国内的油气钻井工艺使用中，水基钻井液与完井液钻井方法是最为广泛的，其所具有的特点主要是配方中的水占据了绝对的优势，使用水资源能够降低钻井工作使用的成本，且需要使用的设备都比较简单，设备维护的方式比较简单且性能良好，能够选择的添加剂种类比较多，有较大的选择余地，所以更加适合在非敏感的储层中进行使用，表1-2为暂堵型完井液体系的分类。

表1-2　暂堵型完井液体系的分类

类别	暂堵剂	特点
水溶性体系	氯化钠、硼酸盐等	盐水必须过饱和
酸溶性体系	铁矿粉、碳酸钙等油溶性聚苯乙烯、乙烯	后期必须酸化
油溶性体系	醋酸乙烯树脂等	一般不用于气井

2. 改造后的钻井液与完井液

在石油开采工作中使用钻完井工艺需要在打开油气层之前向钻井液中添加一些具有保护性的添加剂，为的是降低石油开采工作中对油层造成的破坏，实现油藏上部地层与储层之间的有效分离。

经过改造的钻井液与完井液技术，在实际的应用中成本低廉、操作简单，也没有对井或设备提出特殊的要求，还能够在施工的过程中起到油层保护作用，所以在如今的石油开采工作中得到了广泛的使用。但是在一些黏土储层中，改造后的钻井液与完井液并不能起到保护储层的作用，所以此类方法并不是所有的类型都能够使用，更多的还是适合在非敏感层中使用。

3. 低膨润土聚合物钻井液与完井液

使用低膨润土聚合物钻井液与完井液时，实现了对膨胀土的控制，有效减少对储层的影响，降低膨胀土在储层中的含量，减少在开采过程中对储层带来的伤害，不会影响钻井工作开展中对完井液的使用；既有效解决了膨润土的存在对油藏造成的损害，也降低了后期在开发改造中的使用费用。

对该工艺技术的使用可以促进储层之间的融合，在一些膨润土含量非常高的储层中使用该工艺技术能够取得显著的成效。但是该工艺使用成本较高，且只是对储层上部分进行了密封处理工作，后续实际操作工序较未使用该工艺的工程更加复杂。

4. 无膨润土聚合物临时堵漏钻井液与完井液

无膨润土聚合物钻井液和完井液技术的使用起到的是一种临时性的封堵作用，该钻井液和完井液体系使用的最大的优势就是不含膨润土，而是选择封堵颗粒，对地层中一些漏失情况比较严重的区域进行临时性的封堵，使用的封堵材料是有机材料，不会对地下的水体造成污染，有效提升了工艺使用的环保性。

该工艺技术的使用在实际的工程中会受到范围条件的限制，如果对非产层进行封堵，需要使用的材料消耗比较大。

5. 水内注油钻井液与完井液

使用水内注油钻井液与完井液方法，要注意使用浓度盐水或淡水，并且将柴油分散在水中形成一种连续性的油水固相水包油的状态。在石油开采工作中使用该方法能降低油管中出现的油气层压力系统中的压力，所以在实际采油工作中，通常将其使用在低压或容易漏失的石油、天然气储层中。

6. 无固相净盐水钻井液与完井液

无固相净盐水钻井液与完井液指的是不包含其他矿物质成分的钻井液与完井液，并且有着固相颗粒，且颗粒的直径大于 2 μm。使用该技术的优势就在于，能够消除一些固相颗粒对储层造成的伤害，滤液有一定的浓度含量就可以抑制储层中的膨胀土，从而有效消除水敏等现象，减轻对储层的伤害，便于后续开发工作的开展。但是它存在着使用缺点，如施工工艺比较复杂，有着比较高的过滤设备需求，还要保障在使用过程中井筒保持清洁的状态，需要添加的添加剂成本比较高。

该方法的应用更多的还是在裂缝性储层、强水敏储层中，在使用的过程中需要保障压力系统的稳定，会出现明显的漏失问题等。其在钻井过程中无法保障井筒自身的清洁，所以经常使用在射孔压井与洗井的工作中。

7. 甲酸盐钻井液与完井液

甲酸盐钻井液与完井液体系是近年探索出的新体系，该体系中的成分是甲酸盐、聚合物增粘剂等。其有着非常丰富的碱金属种类，在使用的过程中需要根据地层的实际情况对甲酸盐进行使用，才能够完成钻井液配置工作，使用在规定范围之内的体系标准。

甲酸盐与液态的金属盐之间能够形成高效的钻完井液，避免了传统工艺使用时出现各种杂质的情况，也避免了因为各种污物的积累对地层造成的伤害，所以使用该体系代替传统的钻井液与完井液体系可实现采油工作的高效、清洁。

(二)油基钻井液与完井液

在油基钻井液体系的使用过程中主要使用的是连续相的工艺，也可以理解为一种油包水的钻完井液体系。该体系的使用可以避免储层出现膨胀，有易于反排等技术特点，也不会在实际的使用中出现水敏的现象。所以在现在的石油开采工作中该体系是比较理想的使用体系，但其成本费用比较高，一般油田不能承受。

我国对陆上油田的开采工作已经进入一定阶段，油田的隐蔽性在不断增加，且开采的类型种类丰富，出现了更多的低渗透油气藏与低渗透油藏。石油井的开采也逐渐从中层向着深层发展。从常规性的开采到非常规开采促使石油资源开采工作向着更深层、更致密的方向发展。

为了在开采工作中保护好储层中的钻井液与完井液，需要加强对石油地层中的压力的了解。在实际的探测工作开展中，地层中的一些压力数据比较大，并不符合实际的生产工作开展需求，需要不断加强对区域中的压力数据检测。

综上所述，石油资源在我国的需求量非常大，同时也是我国经济发展的支柱性产业，尤其是在改革开发之后，我国的石油企业为了实现更好的发展，在行业中做出相应的表率作用，就需要将资源节约与环境保护的理念融入到企业的工作中。钻井液与完井液的油层保护工作需要立足于对相关现状的了解，对现今工作中使用的技术、使用范围等进行全面的分析，积极探索先进技术的应用，从而承担起自己的社会责任。

五、钻井取芯作业

油气田开发过程中要研究获取详细油气储层的地质资料以及油藏机理，采取钻井取心作业，不同的地层和不同的取心目的应使用不同的取心技术。通过对岩心的化验分析，可以对地层的岩性、孔隙度、渗透率、含油饱和度等地质资料得到最直接、最全面、最真实的认识。所以，钻井取心对认识地层具有重要的作用。

（一）钻井取心技术分析

由于我国地域比较辽阔，而且不同地区的基本地质特性也不尽相同，在恶劣的地质环境下，钻井的倒塌会给当地的油气田带来严重的经济损失，并且会使一部分油田工作人员失去宝贵的生命，石化企业为了能有更好的发展、降低经济损失，研究了油气田定向井钻井技术。而在钻井过程中最重要的一个环节就是要保障钻井取心的准确性和可靠性，因此，想要稳固、高效的钻井，就要对钻井取心技术进行分析，并根据不同的钻井地质条件恰当的选取钻井取心技术。

1. 随钻取心技术

随钻取心技术的主要特点是在钻井取心过程中如果出现钻井故障或者停顿，可以不把钻头升起来进行故障处理，这样既节约了操作时间和成本，也提高了钻井取心的效率。所以在地质层比较坚硬的条件下采用该种取心技术能够提高钻井取心的效率，降低故障停顿的时间。

2. 保压取心技术

保压取心技术由于其特殊的取心模式可以使取出的岩心在运输的过程中保持与岩心位于底层时同样的压力，同时也保障了岩心的正常物理变化，为后续的取心数据分析提供了较为准确的数据。目前，我国的大庆油田和长城钻探工程技术研究院在该技术的应用和研发上有很大进展。

3. 井壁取心技术

井壁取心技术相对于其他钻井取心技术来说是一种比较简单，容易进行常规操作的钻井取心技术。除此之外，由于该技术的操作控制简单、适应能力比较强、钻井取心效率高的优点，使其在我国石油行业的早期阶段就已得到广泛应用。但是该取心技术在实际的操作过程中花费的成本比较高，具有一定的操作盲目性，会使整个钻井取心过程具有很大的不确定性。

（二）钻井取心技术的应用分析

随着石油能源应用量的快速增加，油田勘探钻井工作也变得越来越重要，尤其是钻井技术的研究和应用。在常规钻井技术中，取心环节是非常重要的一步，但是要想保障取心效率高、效果好，就必须对钻井取心操作和各个取心技术所使用的工具进行严格的分析。同时，在不同的地质环境下进行钻井取心作业时所使用的取心技术和设备也有很大的不同，应用过程中要根据实际操作情况选择合理的钻井取心技术。钻井取心技术的应用主要分为三个层次。

1. 钻井取心技术第一层次应用分析

钻井取心技术在第一层次应用实践中要注意取心工具的选取，而且取心工具的选用也是实现第一步取心作业的关键。如果取心工具选择不好，只凭恰当的钻井取心技术是不能获得准确的岩心的。除此之外，也要注意取心过程中钻头与岩层发生摩擦产生的温度变化、地下湿度变化以及压力变化对钻井工具的影响，适时对影响因素进行消除，以保障钻头在正常条件下的工作效率，减少不利因素对钻头的影响，降低它们对岩心的冲击、腐蚀作用。

2. 钻井取心技术第二层次应用分析

钻井取心技术在第一层次应用的基础上进行第二次应用分析，在这次应用中，不仅要注意钻井取心技术和设备的选取，还要对钻头进行有针对性的设计和改造，使其符合实际的操作要求。如果取心进尺和岩心获取率偏低说明钻井取心工具的结构存在一定的误差，这就说明取心工具的设计不合理，会给后续的工作带来了很大的困扰，并将直接影响钻井的生产效率。

3. 钻井取心技术第三层次应用分析

经过前两个阶段的应用分析，第三层次应用过程中要注意对钻井取心工具进行试验，严格把握好取心工具的尺寸标准，对于不符合尺寸要求的要通过试验结果及时进行改造，这样可以大幅降低气流对岩芯的冲击和腐蚀作用。同时，在少量气体通过内筒流失的过程中可以发挥钻头喉部的冷却功能，避免内筒岩芯密闭或冲走岩心，从而提高收获率。

六、井下工程事故处理

钻井是一项隐蔽的地下工程，存在着大量的模糊性、随机性和不确定性，是一项真正的高风险的作业，尤其是在钻探未知地区时会遇到各种复杂情况，如井壁坍塌、卡钻、落物、钻具断落、井漏和井涌井喷等，需要采取非常规的钻井作业形式处理事故。

在钻井作业中，由于对深埋在地壳内的岩石的认识不清（客观因素）或技术因素（工程因素）以及作业者决策的失误（人为因素），井下往往会产生许多复杂情况，甚至造成严重的井下事故，轻者耗费大量人力、财力和时间，重者将导致地下资源的浪费和全井的废弃。据近年来的钻井资料分析，在钻井过程中，处理井下复杂情况和钻井事故的时间约占钻井总时间的3%～8%。正确处理因地质因素产生的井下复杂情况，避免或减少因决策失误、处理不当而造成的井下事故是提高钻井速度，降低钻井成本的重要途径，也是钻井工程技术人员（包括现场钻井监督）的主要任务和基本功。

（一）造成井下事故的因素、诊断及处理原则

1. 造成井下事故的因素

造成井下事故有诸多因素，概括起来主要是地质因素（客观条件）和工程因素（主观决策）两大类。

2. 地质因素

钻井过程中，钻遇不同的地层会遇到许多困难，如地层岩性的多变性、压力系统的复杂性、地质构造不同所造成的不稳定性等，使钻井作业暂时停止，不能顺利进行，延误钻井时间。

3. 工程因素

造成井下复杂的地质因素是客观存在、不可更改的。如果我们对它的认识了解多一些，采取了相应的对策，做到心中有数，就可化险为夷，减轻钻井事故程度，甚至可避免事故的发生。工程因素就是主观因素的具体反映，适应地质因素的施工设计、技术操作、工艺措施等，这是可更改的、可调节的人为因素。

4. 复杂情况与事故的诊断

钻井工作者是真正的地下工作者。井下情况只有通过直接反映钻井活动的仪表、钻具的运动状态、钻头的钻进状态、钻井液的流动状态进行具体分析，判断井下发生的复杂情况与事故的性质与类型。井下发生复杂情况与事故有其各自的特点，又有互相联系。应该说，在复杂情况与事故的分析判断中存在着很大的经验性。常见的井下复杂情况有井漏、井塌、钻头泥包、缩径等造成的阻卡。常见的井下事故有卡钻、钻具断落和井内落物等。

正确诊断井下复杂情况与事故是迅速处理好复杂情况与事故的先决条件，误诊可能使复杂情况变为恶性事故，甚至造成井的报废。钻井技术工作者（包括钻井监督）必须善于捕捉反映井下情况的各种不同信息，去伪存真，综合分析，切忌主观臆断；要收集真实的第一手资料，力求全面的将井下情况存储在自己脑海中。

5. 井下复杂情况与事故的处理原则

(1)安全原则

井下复杂情况与事故多种多样，处理方法、处理工具多种多样，但总的原则是将“安全第一”的思想贯彻到事故处理全过程。从制订处理方案、处理技术措施、处理工具的选择以及人员组织等均应有周密的策划。重大事故还应制订应急方案，如井喷、着火等。在处理井下复杂情况过程中尤为小心，稍有不慎就可能造成事故。安全原则体现在对事故性质、井下情况准确分析和判断的基础上。在处理中使事故严重程度逐渐减轻，不致加重。因此，入井工具、器材、药品应严格质量检验，做到“下得去，能起出，用得上”。操作人员应熟知入井打捞工具的结构和正确使用方法。处理方案中还应包括人员设备的防护和环境保护等措施。

(2)快捷原则

事故随着时间的推移而恶化，尤其是卡钻事故与井喷事故，要求在短期内进行处理，不能延误时间。快捷原则体现在迅速决策、制订处理方案，甚至制订几套处理方案，迅速组织处理工具与器材，加快处理作业进度，协调工序衔接，减少组织停工。同时有几套处理方案时应优选其中最有把握、最省时、风险最小的方案。实施第一方案时同时准备第二方案。要做到心中有数，要有预见性，不能看一步，走一步。要做到处理一次，有一次收获，增加一份信心，提高一份士气。

(3)科学原则

科学原则就是还原事故的本来面貌。这一原则应贯穿在处理的全过程中。要认真收集现场(井下)第一手资料，特别是操作者提供的直接信息。科学的分析，去伪存真，准确地描绘井下情况；切忌主观臆断，或仅凭以往的经验武断地下结论。在处理过程中还应对井下情况进行必要的计算和草图绘制，以及时纠正或补充处理方案，使处理方案尽可能切合实际，做到少犯错误，加快处理进度，减少经济损失。

(4)经济原则

根据事故性质、地质条件、工具、器材供应状况、技术手段等，全面分析、评估事故处理的时间与费用。若处理时间长，费用太高，则停止处理另想其它办法，如条件许可的情况下移井位重钻或原井眼填井侧钻等。事故处理费用包括：①预计事故处理时间的钻机日费；②处理事故时井下工具、钻具的租赁费；③处理事故消耗的材料费；④技术服务费或其他移井位费用预算。

填井侧钻费用预算：①技术服务费(打水泥塞费、测井费、侧钻工具与人工费等)；②材料费；③钻达事故井深的钻井施工现场所有机器设备使用费，这个费用是按日计算的，处理事故会延长整个钻井周期，无形中增加了钻井成本。

(二)事故的种类、发生的原因、预防与处理

1. 卡钻事故

钻柱在井内某井段被卡,致使整个钻柱失去自由(不能上下活动和转动)叫做卡钻。由于造成卡钻的原因不同,卡钻按其性质分为坍塌卡钻、缩径卡钻、泥包卡钻、落物卡钻和钻头干钻卡钻等。

(1)卡钻事故发生的原因、预防与处理

卡钻事故一般发生在钻进、接单根、循环钻井液和起下钻过程中,钻柱落井也容易造成卡钻。

(2)卡钻事故处理通则

卡钻事故发生后,首先应考虑的问题是为顺利解除事故创造条件。

①维持钻井液循环,保持井筒畅通。卡钻后,一旦水眼或环空被堵,循环丧失,就失去了浸泡、爆炸松扣的可能,并诱发井塌和砂桥的形成,加大卡钻事故处理的难度。

②保持钻柱的完整性。卡钻后,在提拉、扭转钻柱时,不能超过钻杆的允许拉伸负荷和允许扭转圈数。一旦钻杆被拉断和扭断,断口不齐会造成打捞工具套入困难,同时下部钻柱断口会被钻屑和井壁落物堵塞,给打捞作业造成极大困难。

③切忌将钻杆螺纹扭得过紧。连接螺纹紧扣后将会给倒扣作业造成困难,更可能使打捞工具损坏,延长处理时间。

(3)卡钻事故处理程序

不同性质的卡钻事故,有不同的处理程序。总结起来,多数卡钻事故的处理方法遵循以下六个要点。

①“通”,保持水眼畅通,恢复钻井液循环。

②“动”,活动钻具,上下提拉或扭转,以提拉为主。

③“泡”,注入解卡剂,对卡钻部位进行浸泡。

④“震”,使用震击器震击(单独震击或泡后震击)。

⑤“倒”,套铣、倒扣。

⑥“侧钻”,在鱼顶以上进行侧钻。

2. 钻具断落事故

钻具断落事故是钻井作业中常见的事故之一。若井况正常,则容易处理,成功率较高。若井筒条件差,井况复杂,可伴随发生卡钻事故,处理不慎会造成复杂事故。

3. 井下落物事故

井下落物是指碎小的、不规则的,没有打捞部位或无法与打捞工具连接的落

物，如牙轮、刮刀片、手工具等。这些落物掉到井底，给钻头正常钻进造成困难，憋坏钻头牙齿或刀片。落物掉到钻头或钻具稳定器上可直接造成阻力，使起下钻挂卡。当落物嵌入井壁后，起下钻随时掉入井底或钻头上部并成为隐患。

4. 下套管作业中的复杂与事故

套管事故是指在下套管作业过程中或套管串部件满足不了正常工艺要求以及注水泥后套管本体失效等影响井的寿命和正常工作的缺陷。

下套管作业中最常见的复杂情况与事故是卡套管、循环梗阻、循环失效、套管挤毁、套管断裂和套管泄露六方面问题。

5. 注水泥作业中的复杂情况与事故

注水泥作业是建井过程中最后也是最重要的一道工序，它关系到一口井的质量与寿命。钻井技术工作者对注水泥作业应给予极大的关注，不容许有任何疏漏。但地层因素，管材、器材质量，以及技术因素等依旧会造成注水泥作业产生漏失、憋泵、窜槽和漏封等复杂情况和事故发生。

(三)处理事故中的主要技术工具

1. 震击解卡工具

震击解卡工具主要用于钻柱被卡后提供撞击力，使被卡钻柱松动而解卡。

震击解卡工具是结构较为复杂的事故处理工具，根据作用原理不同基本上可分为液压和机械两种。以其提供作用力的方向不同又可分为上击器与下击器。

震击解卡工具的种类根据用途分为解卡震击器与随钻震击器，根据加放位置不同分为地面震击器与井下震击器，根据原理不同分为液压震击器与机械震击器，根据作用力方向不同分为上击器与下击器等。

震击解卡工具与上提下放活动钻具的区别在于震击器提供了强大的动能，并将这种动能在极短的时间内转换成撞击力施加给卡点。

2. 倒扣、切割工具

倒扣或切割是在浸泡、震击之后仍不能解除卡钻的条件下进行的下一步事故处理程序。外切割和倒扣一般用于被卡的钻柱或钻铤，而内切割一般用于管径较大的被卡管柱，如套管等。

自由段管柱的倒出一般采用原管柱转盘倒扣或测卡点后爆炸松扣。后一种方法能将卡点以上的自由段管柱尽可能多的倒出来，用反扣钻杆接反扣公锥倒扣打捞。

3. 打捞井内钻具断落工具

井内打捞工具最常用的是公锥、母锥、卡瓦打捞筒、卡瓦打捞矛等。

4. 井底落物打捞工具

打捞井底落物工具常见的有一把抓、打捞杯、打捞篮、打捞筒、磁力打捞器等。

打捞工艺是以丰富的现场实践经验为基础逐渐发展形成的一门应用学科，没有固定的模式可遵循。打捞作业不但要求工作人员对钻井工艺技术有深刻的了解，而且要求掌握各种工具的工作原理和操作方法。近年来，我国钻探技术取得了飞速的发展，工艺水平不断提高，打捞工艺在新技术新工具的推动下得到了快速发展。

七、固井及测井工程

(一)固井

固井就是按照工程技术要求和设计标准，运用一定数量的水泥车、注灰车等特种设备，将油井水泥浆注入到井壁和套管环形空间的预定位置，封隔地层，保护井壁，形成油气信道的工程。固井质量的好坏在钻井工程中举足轻重，它直接影响钻井的质量和油田勘探开发的效果。

固井施工又是钻井队、固井队共同协作配合完成的作业，整个施工过程要求做到统一指挥，统一行动，密切配合，科学组织，它包括下套管、注水泥、固井过程中可能出现的各种复杂情况的处理，固井结束后要对固井质量进行监测，对井口装置进行安装试验等。

(二)测井工程

测井工程是利用岩层的电化学特性、导电特性、声学特性、放射性等地球物理特性测量地球物理参数的工程，是钻井作业过程中重要的活动之一，是油气田开发、获取地质及油气藏的基本资料的基础。

社会经济的发展推动了我国工业文明的进步，随着我国工业化生产规模的扩大，能源的需求量也在逐年增加，加上我国的大油田的开采大多已经进入了第三阶段，产油量有所降低，因此对新的油田进行探测十分必要。为了扩大石油开采的规模，石油企业就必须要对位置比较隐蔽的油田进行探测，因此加强油田探测技术就显得十分必要。

1. 石油测井技术

(1)随钻测井技术

对于地质导向而言，随钻测井技术有着非常重要的作用。通过应用随钻测井技术，定向测井技术也获得了巨大的发展和进步。因为随钻测井技术应用于定向测井当中能够充分发挥井下仪器设备和地面的信息监测系统的重要作用。在应用随钻测井技术时，井下的仪器设备会通过地面工作人员的操作将地下的信息进行最大限度的采集，然后地表的信息监测系统会根据收集到的全面的信息，通过相关的前导模拟软件进行处理和分析，最终将分析到的数据作为现场勘探施工的具体决策依据，并根据这部分信息对后续的勘探施工工作进行安排。在地表的信息系统当中，前导模拟软件系统是一个非常重要的组成部分，前导模拟软件包含了很多内容，主要有区块油藏、地质环境的模拟、测井解释等内容，通过对上述内容的精准分析，前导模拟软件能够为相关的工作人员在测井反面提供巨大的帮助。随着现代信息技术的不断发展，我国石油测井技术中所使用的前导模拟软件也将更加智能化和精确化。

(2)成像测井技术

顾名思义，成像测井技术能够在测井过程中为工作人员提供全面、精准的三维图像，便于工作人员更加直观、精确地感受测井地区的各项数据情况，同时成像测井技术的工作方式是直接呈现各种图像，减少了数据表达可能带来的各种误差。一般来说，当前在石油测井技术中应用的成像测井技术通常是通过三个步骤进行工作的：首先，利用相关的仪器设备在井下对信息进行采集和探测；其次，借助井点的分布方式将数据分布出来；最后，将收集到的、分布成型的信息通过遥感技术传送到地面。现阶段我国石油测井技术当中通常使用声波成像、核磁共振成像以及电成像三种方式来对井下的情况进行反馈。上述的成像效果一般是需要借助阵列传感、井周声波、核磁共振等多种测井仪器。相比于传统的测井设备，这些设备能够将井眼周围的情况以及相关地层的数据信息进行更加全面系统地反馈，同时这些仪器还能够帮助相关的工作人员在裂缝储层评价、岩石性能分析等方面发挥重要作用。相比于传统的测井设备，这些成像设备在精确度和有效性上要更加优秀，同时在复杂问题的处理和应对上，成像设备也能够更加灵活和能动。成像技术是石油测井领域的重大突破，在很多方面发挥了巨大的作用。我国幅员辽阔，地形较为复杂，不同地区的地形特征完全不同，陆相湖盆地形在我国的油气田勘探地形当中属于比较多的类型之一，这些复杂的地形导致在测井时不能完全应用同一套测井方案，因此能够灵活反应油井信息的成像测井技术就发挥了巨大的作用，帮助工作人员更加直观、系统地了解油井的地形特征，制订系统的探测方案，在很大程度上降低石油测井工作的复杂性和工作难度。

(3)核测井技术

核测井技术也被称为放射性测井技术，这项技术利用了岩石的一些物理性质，通过岩石的放射性原理对岩层的具体情况进行反馈，进而对岩层中的石油和天然气进行探测。核测井技术主要有两种：一种是伽马测井技术，另一种是中子测井技术。伽马测井技术是通过伽马射线对岩层的具体情况进行反馈，而中子测井则是依靠中子与岩石之间发生的反应对岩石中间的具体情况进行探测。

(4)开发性测井技术

开发性测井技术是发展体系比较全面的一项测井技术，这项技术可以在油田开发的过程中应用，这项技术主要是用于对开发中的油田进行评价，同时对其进行监督，通过对油田的饱和度进行评价，实现测井目的。

2. 石油测井技术的发展趋势

(1)测井资料的应用

随着社会经济的进步，石油测井技术的不断优化，单井的处理技术已经渐渐不能够适应我国石油行业对于测井的需要，因此更加先进的综合测井技术，这项技术在提高测井的符合率方面将发挥巨大的作用，在保证精确度的同时能够将原本的静态评价模式转化为动态的评价模式。通过对当前我国石油测井技术的动向进行分析，可以发现，在具有向异性和非均质的地层评估方面，将测井技术和相关的地质资料结合起来能够提高测井技术的精确度和有效性，这也充分说明了对于测井资料的综合应用是未来油井探测技术发展的一个趋势。为了更好地适应这个趋势，相关的测井软件也必须要完善相关的功能，确保软件功能建构更加系统，满足不断发展的测井技术需要和测井功能需要。

(2)技术和设备的使用发展趋势

为了适应我国不断变化的石油测井工作需要，我国的石油测井技术和测井设备都获得了巨大的发展，但是仅仅停留在这样的层次上是远远不够的。为了适应不断发展变化的石油测井需要，提高测井工作的精确度和稳定性，未来的石油测井工作和技术发展必须要朝向稳定、精确、高性能等方向发展，同时在未来的测井技术和设备的应用中，信息化技术的应用一定是必不可少的。在测量方面，各种测量技术的应用逐渐实现多源、多谱、多波，以及多接收器等功能。同时，在未来的测井机械设备当中，对于三维立体成像模式的应用也一定会更加广泛。这项技术的应用有利于在复杂地形中更加便捷高效地确定探测环境，将具体的岩石情况即时反馈给相关的工作人员。同时，如果要提高测井工作的工作效果，就可以考虑将集成传感器、电子线路以及电源等几种材料综合到一起应用，不仅能够在最大限度上节约施工成本，同时还能够减少施工过程中的设备占地面积，节约施工空间，提高施工效率。当前，我国的油井探测技术已经发展到了一定的水平，各项仪器的运转已经趋于稳定，因此就更需要对石油测井技术的发展进行探究，促进石油探测技术获得更加广泛的发展空间。

(3)测井采集发展趋势

随着社会经济的发展,测井采集的方式也发生了变化,数字化应用使测井采集中数字采集的方阵化和集成化成为了主要的发展趋势。使用阵列测量取代以前使用的单点测量的模式,可以使储层非均质更为复杂的应用需求得以实现,同时能够促进测量方法的不断完善,提高测量的精确度。

第三节　中国钻井工程技术的现状

随着油气勘探开发领域的扩展,钻井技术不断向前发展。常规钻井技术得到进一步强化,特色钻井技术优势逐步显现,钻井装备与工具基本由国内制造,钻井科研实力和创新能力得到加强,推动我国进入钻井大国行列,并形成了如下主要技术。

一、钻井装备技术

中国钻井装备研发与制造总体上已全面国产化,1000～9000 m 机械式、电动式钻机及配套顶驱装置(如图 1-10)、大功率钻井泵和高性能钻井动力柴油机等技术成熟,产业已形成规模;车装钻机研制取得重大突破,特别是 2007 年成功研制出具有自主知识产权的 12 000 m 大型成套钻机及其配套装备(如图 1-11),具备万米超深井钻井能力,使中国的陆地超深井石油钻机装备设计和制造水平处于世界领先;自主研发建成了亚洲第一条连续管作业机生产线;欠平衡和气体钻井装备、常规钻具和取心工具、井下螺杆钻具、牙轮与 PDC 钻头、常规套管和固井装备等基本实现国产化和系列化。

图 1-10　顶驱装置

图 1-11　12 000 m 钻机

二、深井和超深井钻井技术

深井和超深井钻井技术是勘探开发深部油气资源必不可少的关键技术，也是衡量一个国家或公司钻井技术水平的重要标志之一。在掌握了浅井和中深井(约占钻井总数 98%左右)钻井技术的基础上，中国已拥有成套常规地层条件下的深井和超深井钻井技术。截至 2019 年，最大井深由 1949 年以前的 1453 m 达到 8882 m(1 轮探井)。直井钻深能力的提高和取心技术、录井技术的重大进步满足了勘探开发向深层不断扩展的需求。

三、井下随钻测量、信息传输与控制技术

井下随钻测量、信息传输与控制技术是解决钻井工程难题、实现自动化钻井和提高油气井产量的核心技术。通过多年技术攻关，我国在井下随钻信息采集与传输方面取得了突破，自主研制出有线、无线随钻测量仪，MWD(随钻测量)实现了国产化，LWD(随钻测井)研发取得重要进展，电磁波式 EM - MWD 试验获得成功；具有自主知识产权的 CGDS-1 近钻头地质导向钻井系统(如图 1-12)已投入工业化应用，打破国外垄断，使我国成为继美国、法国之后第三个掌握此项高端技术的国家；自动垂直钻井和井下环空测压等技术取得突破。但随钻地震、井下工程参数随钻测量技术的研发起步较晚，离工业化应用还有一定距离。

图 1-12　近钻头地质导向钻井系统

四、定向钻井技术

定向钻井技术已成为常规钻井技术，被广泛应用于各类油气藏。2008 年我国定向井占年钻井总数 57.4%，高于美国（如图 1-13）。水平井技术配套完善，技术得到提高，从注重工程靶区的几何导向向跟踪油层的地质导向转变；水平井已规模化应用于各类油气藏，成为提高单井产量和采收率、实现“少井高产”的主要技术手段。

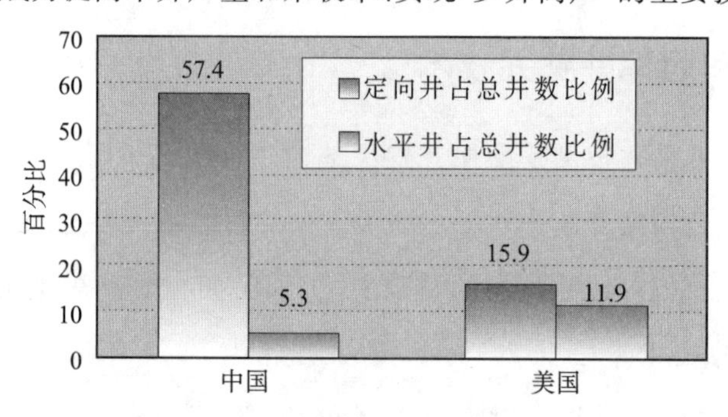

图 1-13　2008 年中国和美国完成定向井、水平井所占比例

五、欠平衡和气体钻井技术

欠平衡和气体钻井技术发展迅速，已经从液相欠平衡钻井发展到包括气体、雾化、泡沫、充气等气相和气液两相欠平衡钻井，形成了系列装备和配套工艺技术，实现了全过程欠平衡钻井。该技术已成为钻井提速、减少井漏复杂情况、发现和保护油气储层的有效技术，并开始朝控压钻井方向发展。

六、钻井液与储层保护技术

常规钻井液技术已实现系列化并不断完善，基本满足国内外中深井各种钻井要求；深井钻井液抗温达到 220℃；环保型钻井液已在海上应用。此外，储层伤害评价、油层保护技术已得到进一步推广，除了携岩和井壁保护等功能外，还有保护储层和提高钻井速度的功能。

常规钻井液技术已实现系列化并不断完善，基本满足国内外中深井要求；钻井液抗温已达到220℃；环保型钻井液已在海上应用。此外储层伤害评价、油层保护技术已得到进一步推广，除了携屑和井壁保护等功能外，还有保护储层和提高钻速的功能。

七、钻井提速提效技术

通过新技术攻关和成熟技术集成应用，中国钻井提速提效技术发展迅速，带动了中国钻井速度不断提高。钻头研制与生产已规模化，满足了软—硬地层钻井需要，形成了针对不同地层特性的个性化钻头设计；PDC(聚晶金刚石复合片)钻头得到推广应用，2008年所钻进尺已占总进尺的60%，对钻井提速起到至关重要的作用。“四合一”钻具大幅度提高了定向井钻井速度和效率；气体钻井已成为高研磨性和硬地层的提速利器；抗高温长寿命螺杆带高效钻头复合钻井、超高压喷射钻井和小井眼钻井取得积极进展；自动垂直钻井系统研制取得突破，有望解决高陡构造带防斜打快的技术难题，大幅提高钻井机械钻速，加快油气勘探开发进程；套管钻井技术已初见成效，实现了钻井成本降低10%～15%的目标。

八、井控技术

我国形成了井下压力预测、监测技术，掌握了四级井控和各种方式的压井技术，0～70 MPa压力级别的井口装置和井控装备实现了国产化；成立了专业化的井控灭火公司；油井灭火技术已进入国际市场，达到国际先进水平，该技术曾在科威特、土库曼斯坦等国成功扑灭高难度着火井10余口。

九、固井、完井技术

我国掌握了常规八大固井技术和五类完井技术，水泥浆外加剂和水泥体系日趋成熟，常规水泥、低密度水泥、抗盐水泥和胶乳水泥基本满足要求，常规中浅井固井基本过关，调整井固井技术取得新进展，水平井固井技术逐步配套完善，复杂气井和深井、超深井固井技术取得一定进展。但抗高温水泥、固井和完井新工具依赖进口，复杂气井井口带压问题尚未解决。

十、海洋钻井技术

我国海洋钻井技术起步较晚。2000年我国海上钻井最大水深为499.42 m，2007年合作开发的海上油田最大水深近1500 m；基本掌握了浅水钻井技术，深水半潜式钻井平台的研制正在进行，但深水钻完井关键技术与装备仍属薄弱环节。

综上所述，中国钻井技术取得了巨大进步，在很大程度上支持了勘探开发的需要，为国家的油气工业发展做出了重大贡献。但我国的钻井技术与国际先进水平相比，总体上还存在5～10年的差距，主要体现在目前我国钻井核心技术（特别是原始创新少）、高端装备、前沿及储备技术研发方面差距明显。

第四节　全球钻井工程技术的新进展

2020年，受新冠肺炎疫情影响，全球经济持续下行，国际原油市场供过于求，国际油价大幅下跌，欧佩克联盟达成减产协议，美国页岩油井大量关停，石油公司减少上游勘探开发资本支出。为应对市场的低迷，钻井行业持续向高技术和新装备方向发展。

一、全球钻井行业发展动向

（一）钻井数量大幅下降

2020年，受新冠肺炎疫情影响，石油公司被迫削减上游投资和产能，这对油气田设备和技术服务行业冲击巨大，全球油服市场规模从2019年的2700亿美元降低至1920亿美元。根据信息服务公司“埃信华迈”的研究报告，仅2020年上半年，全球就有43份分解平台合同终止，部分海上钻井项目已经替代或进入暂停阶段。2020年全球陆上和海上钻井数量均急剧下降。其中，陆上细分数量下降46.3%，海上钻井数量下降23.2%，均创下2010年后的投放数量历史新低（如图1-14）。

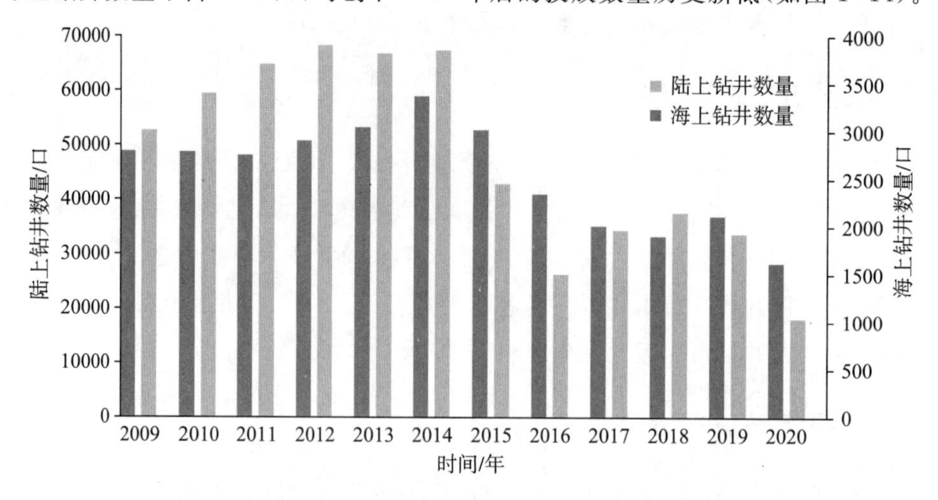

图1-14　2009—2020年全球钻井数变化情况

（二）智能化钻井技术发展迅速

2020年，大规模国际石油公司数字化、智能化技术取得进展，如挪威阿克（Aker BP）公司建造了数字协调中心，形成服务方和施工方之间的智能协调枢纽和中央存储交互平台。意大利埃尼集团(ENI)建设了虚拟现实钻井平台,能够实现半潜式钻井平台的全部虚拟化,包含虚拟钻井环境(VDE)。VDE的主要功能是使作业者在虚拟钻井平台上穿行,利用历史钻井的数据进行钻井作业,进行安全互动模。国民油井公司推出新一代智能化钻井服务,通过数据监控提高钻井效率,每次接单根时间减少40%,平均接单根时间从7.91 min下降到4.67 min。哈利伯顿公司推出DecisionSpace365 E&P云及原生应用程序,在iEnergy云上使用完整的地质解释和建模软件,提供更多用户工作平台,促进交流学习。新冠肺炎疫情期间,受地区控制影响,人员流动性变差,专家去现场指导的机会变少,因此,对智能化软件和远程监控技术需求增加,智能化、自动化、远程化的钻井技术在疫情期间显示出巨大优势。

(三)跨界融合取得长足进展

2020年,钻井跨界转型技术谋求提质增效取得长足进展。俄罗斯石油公司开发出适用于西伯利亚冻土层的Defver系列套管穿透技术。阿帕奇(北京)光纤激光技术有限公司开发出含激光头的6 inch(1 inch=2.54 cm)钻头,通过"多管中管"钻柱实现所需液体的供应,可用于高温地热钻井。

二、钻井技术新进展

目前的钻井技术在潜在不利条件下,逐步突破技术瓶颈,以创新引领发展,以水平井的定向技术和数字化迭代技术发展为主,在低油价趋势下走出了可持续发展路径。

(一)导向技术新进展

1. 钻头导向技术

在传统的旋转导向钻具组合中,导向机构和钻头之间由于受到距离的限制,严重限制了狗腿度和定向井段及水平井段的导向控制。美国斯伦贝谢公司推出的Neo Steer近钻头旋转导向系统将导向系统集成在钻头上,可以在定向井段提供高狗腿度,提高机械钻速,同时还可以提供最佳导向控制,实现直井段更直、定向段质量更高的井眼轨迹。

Neo Steer近钻头旋转导向系统最大造斜率可以达到16°/30 m,从而分段靶前位移,有利于延长储层段的有效进尺,可以同时完成造斜段和水平段的钻探工作,减少起下钻次。推靠系统可以支撑井壁轴提供侧向力,推靠块放在钻头后,内部采用双液压驱动活塞,形成大曲率杠杆,导向系统利用此杠杆作用,不需其他液压力即可达到高造斜率。内部单元采用金属对金属的液压密封Neo Steer近钻头旋转导向系统具有六轴连续井斜和方向角测量功能,内部测量组件可实现自动保持倾斜度和方向;它还具有伽马射线测量功能,可以更早地识别岩性变化幅度,为钻进提供关键地层数据，实现在页岩气井和非常规储层井眼轨迹的精确控制。

Neo Steer 近钻头旋转导向系统可以应对多个特定岩性地层的挑战，适用于长水平段水平井、大曲率定向井、页岩气水平井等。该技术在北美多个非常规油气田进行了超过 500 井次的应用，总深度超过 400×10^4 ft(122×10^4 m)。

2. 井下马达技术

为节约成本，美国的非常规钻井中只有约 30%的水平井使用旋转导向技术，其余多使用“定向＋井下马达”的钻进方式，这种方式钻 5000 m 井的周期一般为 10～15天。

美国贝克休斯公司的 Navi－Drill Dura Max 马达提高了大位移井的钻进作业效率，一趟钻即可完成造斜段与水平段作业。该马达可承受高钻压与高泵速，从而能够输出更高的功率与扭矩，以提高机械钻速，同时最大限度地减少钻进所需的能量，以最快的速度与效率钻至完钻深度。

美国哈利伯顿公司的 Nitro Force 马达采用 Charge 弹性体专利，能以较小的磨损达到连续的进尺，同时借助更强的传动装置、电源和轴承的共同作用，承受高负载和压力。Nitro Force 马达设计流速更快，能够改善井眼清洁情况，提高机械钻速，从而加快井的交付。通过延长水平段长度可以增加储层接触面积，减少起下钻次数，在一趟钻中完成建造。该技术已经在美国大陆中部地区现场应用，创造了 10 000 ft(3048 m)的水平井进尺纪录。

(二)钻头传感技术

机械比能(MSE)是基于输入能量对岩石破坏的有效性而提出的理论，解决了钻进效率评估的难题。经过多年的发展与改进，该理论在提高钻进效率、减少或避免井下事故、节约钻井成本等方面显示了极大的优越性。

得益于 MSE 理论的发展，英国安泰公司推出了传感器地层界面识别技术，并采用了新一代的连续管钻井井底钻具组合(BHA)，集成井下传感器和高速有线遥测技术，将钻头作为传感器，实现了高度紧凑 MSE 测量。该技术的岩石传感器通过随钻测量马达的输入功率对准地层的岩性、测量压差和位移替代马达的主要工作参数；转换钻进过程不断整合能量，从而将钻头单位深度的能量损耗差异性变化转化为地层变化的识别；通过持续监测采样、钻压和机械钻速等钻井参数，实时提供钻进的地层信息。

哈利伯顿公司 Cerebro Force 钻头传感技术可以直接从钻头获取钻压和偏置数据，提高对井下环境的认识和分解效率，改善钻头定向能力。消除由于钻头设计，井底钻具组合和钻井参数变化引起的地面测量的不确定性和低效率问题。哈利伯顿公司本地专家库的钻头专家可通过客户界面(Dat CI)与运营商合作，为特定地层定制钻头，并通过 Cerebro Force 数据，高效、精确地进行新钻头设计和参数优化。Cerebro Force 钻头传感器可以提供直接测量数据，优化机械钻速，降低油气井建井成本。

MSE（机械比能）理论的发展推动了钻头传感器技术的快速发展，大大提高了钻井效率，优化了预测工具。它还能够加深对地层信息的了解，结合大数据技术，未来有望降低油气开发成本。

(三)钻井数字化技术

在数字化浪潮下，利用大量井下数据进行快速勘探决策和开发部署，结合先进的数字化技术实现勘探开发一体化是石油公司技术研发的方向。

1. 钻井软件云互联

目前，以预测分析、物联网、机器学习以及人工智能为特点的数字化技术正在改变油气井钻井的规则。哈利伯顿公司推出了 Decision Space 365 E&P 云及原生应用程序，连接石油公司数据资源和钻井参数的威德福软件平台 Fore Site 和 Cyg Net SCADA 已经在谷歌云上线，可通过采用先进的数据分析、云计算和物联网技术实现生产优化，具体表现如下。

①在云上使用完整的地质解释和建模软件，协调多用户工作方式，促进相互学习完善云端，通过持续的实时数据反馈，实现高效建井，并应用数字双胞胎技术实现精益流程执行和调度方法优化，在客户端实现数据实时访问，并利用整合各种来源的生产数据完善云端。

②自动导向软件。DrillLink 自动井下关联系统生成旋转导向系统和其他井下工具的命令序列。

③SoftSpeed II 防粘滑服务通过自动减振装置来改变振动，减少移位作业中的粘滑振动，遇到粘滑时，系统自动调整速度控制器提供最佳的阻尼，以减轻粘滑的发生。

2. 数字同轴协调

传统的钻井作业通过单独的电子表格和文档执行，应用程序需要半手工、点对点连接，频繁的数据导入、导出和手工输入使得一个标准计划结构的执行非常困难，还会增加数据输入错误的可能性。石油公司通过投资数字化技术来控制钻井作业，以提高效率和降低成本。

英国石油公司控股的阿克分公司重建了开放、标准、结构化的数字分解生态系统，该系统可以实现不同工艺的相互作用，并按照标准化结构执行，可用于油井建设、周期位移和时间规划；通过“智能中心”对施工计划进行更新，基于一致性原则对计划模式进行检查和验证，在突破设计和施工的全生命周期内作为一个参考，实现钻井和完井数据的重复利用。

3. 人工智能

马来西亚国家石油公司针对伊拉克南部复杂岩性油藏（石灰岩和页岩为主）钻

进困难大、机械钻速低等挑战，利用该地区丰富的钻井数据，使用机器学习来改善分解计划和成本性能。机器学习是一种统计工具，特别是人工神经网络(ANN)可以对样板数据进行学习训练，并促成对新参数的预测。ANN 可在模型中选择典型的分级参数，例如钻头重量、重组、钻头水力、岩性和狗腿度，作为生成机械钻速的输入参数，一旦将模型校准为历史数据，就可以找到最佳参数以使机械钻速最大化。在一个受大数据支配的行业中，将真实数据与“噪声”相分离不切实际，但机器学习可通过简单且容易复制的方式优化参数，提升机械钻速。使用该技术在 4 口井测试了最佳钻井参数，与原始现场数据比较，机械钻速较原先提高 50%。

三、钻井新材料技术进展

(一)基于纳米 SiO_2 和氧化石墨烯的页岩水基钻井液体系

传统的钻井液体添加剂尺寸断裂时无法对页岩的微裂缝和纳米孔起封堵作用，在水基钻井液中添加纳米级材料，可以对页岩储层的微裂缝进行有效的物理封堵。密苏里科技大学的研究人员通过实验方法设计和评估了添加了二氧化硅纳米颗粒(SiO_2-NP)和石墨烯纳米片(GNPS)的纳米颗粒水基分解液体系(NPWBM)，试验结果表明，纳米水基分解液体系显示出良好的抑制性能和低浓度下的稳定性，纳米添加剂可减少与降解作业相关的环境污染。

(二)用于页岩井壁稳定的纳米型植入液体系

德克萨斯大学奥斯汀分校研究了纳米颗粒与地层流体及其他流体的相互作用原理，进行了页岩井壁稳定的纳米型转化液体系研究，发现纳米溶液与页岩接触后的相互作用原理，测量了液体侵入页岩的压力和纳米颗粒穿透页岩表面的压力。

(三)DELTA-TEQ 新型低密度油基分解液体系

该体系使用特制的黏土和聚合物抑制网架结构，交联强度的持续增加降低了开停泵时钻井液产生的压力波动(0.1 g/cm^3)，在开停泵和下套管过程中，可以保护地层免受激动压力的破坏。

(四)MEGADRIVE 乳化钻井液体系

中国南海麦克巴泥浆有限公司推出 MEGADRIVE 乳化体系，该分解液体系具有性能稳定、耐高温(180℃)等特点，不会引起交联强度的提高，此外，流体耐高固相污染，高温高压滤失量低，耐海水、水泥污染。MEGADRIVE 体系使用 MEGADRIVE P 高性能主乳化剂和 MEGADRIVE S 辅乳化剂及包被剂协同改善体系的乳化稳定性。该钻井体系现场应用后，每口井预计节省钻井成本数百美元。

四、钻井技术发展趋势展望

当前及未来技术的发展特点主要体现在“准”“好”“快”三个方面。“准”即测量准、导向准，使用钻头上的传感器测量的数据更准确。“好”即井筒顶部技术使井眼质量好，利于后续开发作业；钻井流体性能好，使钻井作业安全快速；利用数字技术作业效果好，消除人工带来的不确定性和风险。帮助减少非生产时间，改善性能，然后催生出新的商业模式。“快”即设计带来扭转的破岩速度，减少事故，减少钻头用量，减少起下钻次数，使钻井过程更快速。

在全球能源转型和数字化转型的背景下，新冠肺炎疫情重叠低油价的双冲击对钻井技术未来的发展提出了绿色低碳、数字化和提质增效的高要求。

本章学习小结

本章主要介绍了钻井工程在石油行业的地位、施工过程中的组成、中国钻井技术现状及全球钻工技术的最新进展。通过本章的学习了解石油钻采基础知识和国内外的最新技术进展，认识现阶段钻井工程采用的已不是传统的低技术和高人力的生产模式，而是高端技术和智能设备相结合的模式。

思考题

1. 钻井施工过程中包含哪些主要内容？
2. 目前国内外钻机技术的区别和联系是什么？
3. 目前国内外知名的钻井技术的智能化发展方向有何不同？
4. 目前智能化钻井技术主要解决什么场景下的问题？

推荐阅读资料

1. 蒲晓林，王平全，黄进军．钻井液工艺原理[M]．北京：石油工业出版社，2020.

2. 黄伟和．钻井工程工艺[M]．2版．北京：石油工业出版社，2020.

3. 杨小华．钻井液安全使用必读[M]．北京：中国石化出版社，2020.

4. 中国石油集团川庆钻探工程有限公司．钻井清洁生产井场钻前工程设计图册[M]．成都：四川科学技术出版社，2017.

第二章 采油工艺的发展

本章主要目标是使学生在了解采油技术发展历程的基础上，能够掌握与采油工艺流程和技术措施相关的基本概念、基本原理、基本方法和主要内容。通过学习本章，学生能初步学会运用所学知识，熟悉采油施工中遇到的技术问题，为今后从事石油采油相关工作打下基础。

本课程除讲述有关采油理论基础知识外，重点突出生产环节的操作规范，以完成钻井生产各工序涉及的知识为重点，让学生了解跨学科领域的前沿钻井技术和前沿动态。

第一节 采油工程在石油工业中的地位

对于油田企业而言，油田开发工作主要包含三项内容，分别为地面工程、采油工程和储藏工程，其中，采油工程在油田的开发中起到了重要作用。此外，采油工程也需要与储藏工程和地面工程进行紧密地沟通，确保三项工程的紧密结合。

对于油田企业的采供工程来说，采油技术至关重要，它关系着石油勘探过程的效果。在采油工程技术的应用中，作为油田开发工程的重要组成部分，只有与石油钻井技术和藏油技术的有效结合，才能实现相互补充、相辅相成的效果。通过这三种技术的应用，同时依托石油工程的地质研究工作，例如采油工程技术就是以地质勘探作为理论依据，从而更好地解决石油地质的问题，实现对油藏地质的了解。

采油工程技术不但能够全面分析油藏地质的情况，还可以全面分析地质情况，从而实现油田的全面开发。此外，采油工程技术也是基于油田开发的整体思考并结合提升地质的出矿和采油的储量实现油田的改造效果，由此提高采油工程的产量。在应用采油工程技术时需要先对旧的油田进行水驱注，从而实现分层效果。为了不断提升石油产量，可以将三次采油工程技术有效结合，实现完整的采油体系，并且可以在一些渗透率比较差的油田进行高效开采活动。

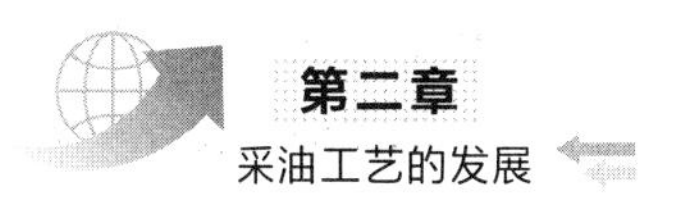

第二节　采油工程技术发展历程

采油、采气工程技术是实现油气田开发方案的重要手段，是决定油田产量高低、采油速度快慢、最终采收率大小、经济效益的优劣等重要问题的关键技术。中国采油、气工程技术大致经历了五个阶段：探索、试验阶段，分层开采工艺配套技术发展阶段，发展多种油藏类型采油工艺技术阶段，采油工程新技术重点突破发展阶段及采油系统工程形成和发展阶段。

一、探索、试验阶段(20 世纪 50 年代到 60 年代初)

1949 年，玉门油田共有生产井 48 口，年产原油 6.9×104 t，再加上延长油田 15 口井和独山子油田 11 口油井，全国年产原油总计 7.7×104 t。1950 年进入第一个五年计划时期，玉门油田被列为全国 156 项重点建设工程项目，苏联和罗马尼亚等国相继派专家到玉门油田帮助建设。开始时油井都靠天然能量开采。1953 年，在苏联专家帮助下编制了老君庙第一个顶部注气、边部注水的开发方案。这一阶段全国探索试验的采油工程技术有：边部注水顶部注气试验、油田堵水试验、油层水力压裂试验、人工举升试验、火烧油层试验、多底井和侧钻井试验、防砂试验、注蒸汽吞吐开采试验。

二、分层开采工艺配套技术发展阶段(20 世纪 60 年代到 70 年代)

陆相砂岩油藏含油层系多、彼此差异大、互相干扰严重，针对这些特点，玉门油田和克拉玛依油田对分层注水、分层多管开采进行了探索。20 世纪 60 年代大庆油田根据砂岩油藏多层同时开采的特点，研究开发了一整套以分层注水为中心的采油工艺技术。

(一)分层注水

大庆油田在采用早期内部切割注水保持地层压力开采时，笼统注水过程中因注入水沿高渗透层带突进导致含水上升快，开采效果差。为此，大庆油田开展了同井分层注水技术，包括分层注水工具和管柱、配水技术、测试技术和增注技术。

(二)分层采油

分层采油发挥低渗透层的潜力进行自喷井分采，可分单管封隔器、双管分采和油套管分采三种形式。抽油井分采有轮换开采和分采泵开采两种形式。

(三)分层测试

分层测试采用测试仪器定期测量注水井各注水层段在不同压力下的吸水量。分层测试的目的是了解油层或注水层段的吸水能力,鉴定分层配水方案的准确性,检查封隔器是否密封、配水器工作是否正常,检查井下作业施工质量等。

(四)分层改造

压裂酸化工艺是油田增产的重要工艺。常用的分压或选压方式有封隔器分层压裂、限流压裂和堵塞球选择压裂。酸化方式有解堵酸化、深穿透酸化、基质酸化、压裂酸化。按所用酸液体系又分为常规酸、降阻酸、胶凝酸、交联酸、泡沫酸和乳化酸等。

(五)分层管理

分层管理目的是完善调整注采系统,进行注水结构的平面调整,提高注水井分注率,并进一步提高细分注水,以"提液控水"为原则进行分层堵水,对未动用的井间剩余油挖潜,增加生产能力,达到结构调整、控液稳产。

(六)分层研究

应用动静态结合的方法,依据密闭取心、水淹层测井、产出剖面、吸水剖面等资料,结合油水井改造,分析研究判断油层动用状况和开发动态以及剩余油分布,从而始终立足于地下,掌握油田生产主动权。

三、发展多种油藏类型采油工艺技术(20世纪70年代到80年代)

1967年6月海1井中测日产油35 t,成为第一口海上工业油流发现井。1970年9月26日,庆1井喜喷工业油流,发现马岭油田。1975年5月27日,任4井经酸化获高产,日产油1014 t,发现任丘古潜山碳酸盐岩油藏。之后,我国又相继发现大港、华北、辽河油田,从而形成了渤海湾地区一批复杂的多种类型油气藏。在这些油气藏开发过程中,研究形成了适合各类油气藏的采油工艺技术。

(一)复杂断块油藏采油工艺技术

根据复杂断块油藏大小不一、形态各异、断层上下盘互相分隔构成独立的开发单元等特点,采用滚动勘探开发方法,注水及油层改造因地制宜,达到少井多产、稀井高产,形成了复杂断块配套的工艺技术。这些技术包括:早期注水开采、单管分采和双管分采工艺、小泵深抽技术、高压注水和精细过滤提高水质的注水技术、加漂浮转向剂的分段加砂压裂技术和水力振荡解堵技术等。

（二）碳酸盐岩潜山油藏开采技术

潜山油藏以任丘油田为代表，与砂岩油藏完全不同，其油气储存在孔隙、裂缝和溶洞中，下部由地层水衬托，成为底水块状油藏。以任丘奥陶系、震旦系油藏为主，初产高、递减快，油田开采中形成了碳酸盐岩高产潜山油藏开采配套技术，即以裸眼先期完井技术为主，射孔完井为辅，钻到油层顶部 3～5 m，用 φ177.8 m 套管完井，再用 φ168.275 mm 钻头钻开油层。包括裸眼测试和裂缝认识技术、裸眼大型酸化压裂技术和裸眼封隔器卡堵水技术以及大排量耐高温电潜泵技术等。

（三）低渗透油藏采油工艺技术

20 世纪 70 年代，我国先后开发了长庆马岭、大庆朝阳沟等低渗透油藏，形成了低渗透油田采油工艺技术，包括：细分和限流压裂技术，分层早期注水和提高水质高效注水技术，钻井、完井和作业中保护油层技术，简化地面流程和人工举升及提捞采油技术等，从而使一些边界油藏投入开发，并获得较好的经济效益。

（四）稠油热力开采技术

在 20 世纪 50 年代到 60 年代在注蒸汽攻关的基础上，1976 年我国开始在克拉玛依油田、辽河油田、胜利油田等油田进一步开展注蒸汽开采稠油攻关，20 世纪 80 年代在上述油田开展了更大规模的工业试验和开采，包括蒸汽吞吐和蒸汽驱等。

（五）气顶砂岩油藏开采技术

气顶砂岩油藏开采技术以大庆喇嘛甸油田为代表，采用先采油、后采气的程序，在含油区采用早期内切割注水，保持油区和天然气区压力基本平衡，防止天然气窜入油区，做到合理开采。形成的配套技术有：确定最佳射孔井段技术、维持水锥和气锥的稳定技术、高聚物和氰凝封堵气窜技术、深井泵井下旋转气锚防气技术等。

（六）天然气田开采技术

天然气在开采过程中，具有压力高、产气量大、含 H_2S、CO_2 等腐蚀性气体的特点。为此发展了井控技术、井筒防腐技术及气层压裂酸化增产工艺技术，对有底油水气藏进行排水采气、机抽、化排等采气技术和防止水化物生成技术，对低压气藏进行井口喷射增压输送技术。

（七）高凝油油藏开采技术

以河南魏岗油田、辽河静安堡油田、沈阳大民屯油田、大港小集油田等为重点，在原油凝固点大于 40℃的高凝油藏的原油流变性和井筒温度场研究的基础上，配套形成了以井筒加热为核心、以有杆泵、电潜泵、水力泵为主的人工举升技术和相应的注热水及动态监测技术，并配套了开式水力泵、闭式热水循环、双管掺水等集输流程。

(八)常规稠油油藏开采技术

胜利孤岛油田、孤东油田、辽河曙光油田等的开发采用了保持压力注水、大排量提液开采、防砂、堵水调剖等工艺，初步形成了常规稠油油藏冷采配套工艺技术。

四、采油工程新技术重点突破发展阶段（20世纪80年代到90年代）

石油天然气集团公司为推动重点技术的发展，在全石油行业成立了完井、压裂酸化、防砂、电潜泵和水力活塞泵5个中心，对采油工艺的发展起了很大促进作用。例如：压裂酸化中心与吐哈油田合作，在鄯善油田成功试验油田开发整体压裂技术，把压裂技术推向一个新水平。在此期间，水平井开采工艺技术通过“八五”“九五”攻关取得巨大成就，攻下了水平井完井、射孔、压裂（分段）、酸化、举升、防砂等技术难关，配套了水平井油藏、工艺适应性筛选技术。在塔中4油田CⅢ油组用5口水平井开采主力层位，创造了每一口井超千吨的新水平，取得底水油藏水平井开采的好效果；在胜利乐安油田取得稠油油藏水平井（21口）和直井组合开采的好效果。超深井采油工程技术在西部油区得到发展，超深井人工举升电泵机组采用耐磨、耐压和耐温(145℃)电缆，泵挂深度达到3200 m以上，酸化压裂解决压裂液携砂性能、高压施工管柱和液氮返排等技术。“九五”期间以大庆长垣油田为代表的“控水稳油”配套技术初见成效，为大庆油田5000×104 t稳产20年以上起了巨大作用。在不同时期针对油藏动态“控水稳油”应有不同内容，以适应油藏的变化。

五、采油系统工程形成和发展阶段（1990—1999年）

为保证集团公司的持续稳定发展，20世纪90年代以来，采油工程技术在完善现有配套技术基础上，进一步形成系统工程，重点研究和发展的有八个方面。

①油田开发方案要由油田地质、油藏工程、钻井工程、采油工程、油田地面建设和经济评价六个部分组成，提高油田整体经济效益，形成整体方案。

②编写了中长期采油工程规划和科技发展规划，进一步处理好近期应用技术和基础研究的关系，下决心攻克一批技术难题，形成21世纪初油田开采需要的技术储备。

③加强研究,进一步改善高(特高)含水老油田“稳油控水”、注聚合物和三元复合驱,扩大波及体积,提高开采效果,提高最终采收率,提高经济效益。

④对低渗透油田采用小井距、加强注水、简化举升方式和简化地面流程,进一步提高单井产量,实现经济有效开采。

⑤发展蒸汽吞吐接替技术,扭转稠油开采被动局面。

⑥完善配套深层酸压、举升、堵水采油工艺技术,保证高速高效开采。

⑦减缓套管损坏速度,提高油水井利用率。

⑧适用于高压高产的天然气开采的完井、干气回注和地下储气库等技术问题逐步解决,保证“西气东输”战略举措的实施。

“九五”期间进一步加强了采油工程的应用基础研究和目前正在组建的重点实验室,为进一步发挥采油工程系统在油田开发过程中的决策作用和提高经济效益打下了基础。

第三节　采油工艺及配套技术

随着20世纪50年代老君庙油田和新疆克拉玛依油田的开发,我国引进和自我探索了一批适应油田开发的采油工程技术。在20世纪60年代到70年代大庆油田和渤海湾油田的开发过程中,形成了中国的采油工程技术,并在实践中逐步完善配套。20世纪80年代以后,在老油田全面调整挖潜和特殊类型油藏开发中,通过国外引进和自我研究发展了多种新技术,形成了适用中国多层砂岩油藏、气顶砂岩油藏、低渗透砂岩油藏、复杂断块砂岩油藏、砂砾岩油藏、裂缝性碳酸盐岩油藏、常规稠油油藏、热采稠油油藏、高凝油油藏和凝析油油气藏等十类油藏开发的13套采油工程技术。

一、完井工程技术

勘探井和开发井在钻井的最后阶段都是完井,我国已掌握和配套发展了直井、定向斜井、丛式井和水平井等的裸眼完井、衬管完井、下套管射孔完井和对出砂井的不同的防砂管(如套管内外绕丝筛管、砾石充填)等多种完井方法。对碳酸盐岩裂缝油田采用先期裸眼完井方法,保护了生产层段,取得了油井的高产,如华北雾迷山油藏;对注水开发的老油田,由于油田压力高,对加密井用高密度钻井液钻井完井并进行油层保护,如大庆油田加密钻井完井获得成功。

近几年来，我国的水平井钻井和开采技术得到了发展，水平井下套管射孔完井、裸眼完井、各种衬管完井都获得成功，如砾石充填，割缝衬管、金属纤维管、烧结成型管、打孔衬管完井和管外封隔器完井等。大庆油田采用水平井测井和射孔联作取得好效果；塔中4油田水平井500 m水平井段连续完井射孔1次4000发以上；海上油田钻成的水平大位移井西江24-3-A14水平井段长达8062.7 m，衬管完井工程获得成功。特别值得提出的是，我国在实践中发展了配套采油、钻井联合协作技术，以保护油层、达到高产为目标，以油层流出动态和油管节点分析为基础，形成以解决生产套管直径问题的一套崭新的优化完井设计的新方法，这个方法是对完井工程技术的创新，是对传统完井工程概念的更新。

射孔是完井作业中一项主要工艺，根据开发方案的要求，采用专门的油井射孔器穿透目的层部位的套管壁及水泥环阻隔，构成目的层至套管内井筒的连通孔道。因此射孔是油田开发的重要步骤，是开采油、气、水井的重要手段，射孔质量的优劣关系到开发方案能否按设计目标实施并全部实现的重要条件之一。射孔参数设计是实施射孔施工、提高射孔效率和经济效益的前提。要获得理想的射孔效果，必须针对不同的储层特点和不同的射孔目的对射孔参数、射孔条件和射孔方法进行综合优化设计。

射孔参数的优选过程：建立各种储层和产层流体条件下射孔完井产能关系数学模型，获得各种条件下射孔产能比的定量关系；收集本地区、邻井和设计井的有关资料和数据，用以修正模型和优化设计；调配射孔枪、弹型号和性能测试数据；校正各种弹的井下穿深和孔径；计算各种弹的压实损害系数；计算设计井的钻井损害系数；计算和比较各种可能参数配合下的产能比、产量、表皮系数和套管挤毁能力降低系数，优化出最佳的射孔参数配合。目前国内外在对射孔参数进行计算设计时，一般采用软件进行分析。

(一)射孔定位和射孔深度计算

1. 射孔定位

实现定位射孔方法需要有测量套管接箍位置的井下仪器作为定位手段，目前主要采用磁性定位器。

2. 射孔位置计算

①套补距指套管头平面至钻机方补心上平面的垂直距离。

②仪器零长指射孔磁性定位仪器的记录点至射孔磁性定位仪上提环内圆的长度。

③炮头长指射孔磁性定位仪器的记录点至下井枪身上界面的距离。

④当上提值采用磁定位射孔时，射孔磁性定位仪器的记录点对准标准接箍后枪身并没有对准油层，为了使射孔弹对准油层，需要使枪身上提一段距离，这段距离叫做上提值。

⑤点火记号深度指在定位射孔时，当枪身正好对准油层时，电缆零点至套管头平面的长度。

⑥点火记号丈量值指前一次点火记号深度与下一次点火记号深度之差，或者是前一次射孔油层顶部深度与后一次射孔油层顶部深度之差。

3. 射孔位置计算的基本公式

①上提值的计算公式即：

$$S=(B+P)-Y+\Delta H$$

式中，S 为上提值(m)，B 为标准接箍深度(m)，P 为抱头长(m)，Y 为射孔井段油层顶部深度(m)，ΔH 为校正值(m)。

②点火记号深度计算公式，即

$$D=Y+\Delta H-(P+T+Y_1)$$

式中，D 为点火记号深度(m)，Y 为油层顶部深度(m)，ΔH 为校正值(m)，P 为炮头长(m)，T 为套补距(m)，Y_1 为仪器零长(m)。

③点火记号丈量值计算公式，即

$$Z=Y_{前}+Y_{后}$$

式中，Z 为点火记号丈量值(m)，$Y_{前}$ 为前一次射孔油层顶部深度(m)，$Y_{后}$ 为后一次射孔油层顶部深度(m)。

(二)射孔工艺设计

射孔工艺设计主要包括射孔方式选择、射孔枪及射孔弹选择、射孔液选择。

1. 套管枪负压射孔

套管枪正压射孔具有施工简单、成本低、高孔密、深穿透的特点，但正压会使射孔的固相和液相侵入储层导致较严重的储层损害，因此特别要求使用优质的射孔液。套管枪负压射孔与套管枪正压射孔基本相同，只是射孔前将井筒液面降低到一定深度，使井底压力低于油藏压力以建立适当的负压。负压射孔可以使射孔孔眼得到“瞬时”冲洗，形成完全清洁畅通的孔道，这样可以避免射孔液对油气层的损害。因此，负压差射孔是一种保护油气层、提高产能、降低成本的完井方式。负压值是负压射孔的关键。

2. 油管输送射孔

油管输送射孔具有高孔密、深穿透的优点，负压值高，易于解除射孔对储层的损害，对于斜井、水平井和稠油井等电缆难以下入的井更为有利。由于在井口预先装好采油树，故安全性能好，适用于高压油气井。同时射孔后即可投入生产，便于测试、压裂、酸化等和射孔联合作业联作，减少了压井和起下管柱次数，减少了对油层的损害和作业费用。

3. 油管输送射孔联作

油管输送射孔和地层测试联作是指将油管输送装置的射孔枪、点火头、激发器等部件接到单封隔器，测试管柱的底部，管柱下到待射孔和测试井段后进行射孔校深，做好封隔器并打开测试阀，引爆射孔后转入正常测试程序。这种工艺尤其适合于自喷井。

4. 电缆输送过油管射孔

电缆输送过油管射孔首先将油管下至油层顶部，装好采油树和防喷器，射孔枪和电缆接头装入防喷管内；然后打开清蜡闸门，下入电缆，射孔枪通过油管下出油管鞋。用电缆接头上的磁定位器测出短套管位置，点火射孔。该方法具有负压射孔、减少储层损害的优点，适合于不停产补孔和打开新层位的生产井，避免了压井和起下油管作业。

5. 超高压正压射孔

超高压正压射孔利用聚能射孔时射流局部的高压和高速，采用高于油层破裂压力的正压进行射孔。加油管传输氮气正压射孔工艺是在射孔枪下至射孔位置后，将液氮替入井内，并在井口加压使井底压力高于油层破裂压力的条件下射孔。

6. 高压喷射和水力喷砂射孔

高压喷射射孔是指利用高压液体射流配合机械打孔装置在套管上钻孔，并以高压射流穿透地层，带喷嘴的软管边喷边向前进，射孔后收回。该方法的优点是孔径大、穿透深度深。水力喷砂射孔的原理是利用高压液携砂，利用高压喷砂液体将套管射穿，继而射向地层。因射流压力高，若地层不是坚硬地层，则可能将地层射出一个洞，不利于今后生产。所以除非特殊要求，一般情况下不采用此方法。

(三)射孔枪和射孔弹选择

根据射孔枪的枪体结构，可分为有枪身射孔枪和无枪身射孔枪。有枪身射孔枪是使用最早、适合各种用途的射孔枪，尤其是在不允许套管和管外水泥受到破坏以及打开油水或油气界面附近的较薄地层时，通常采用该方法。其基本特点是爆炸材料与井内液体无接触，爆炸的飞出物和弹筒的碎片残留在壳体内。无枪身射孔枪分为全销毁型和半销毁型，主要用于过油管射孔作业。目前，在生产中普遍使用的是聚能射孔弹，它由弹壳、聚能药罩金属衬套、炸药和导爆索组成。射孔弹设计要考虑的主要参数有导爆索、聚能罩、炸药柱和间隙穿透能力等。射孔弹的最大可能尺寸主要受枪身内部径向尺寸以及枪身或套管允许变形尺寸的限制。

(四)射孔液选择

射孔液总的要求是保证与油层岩石和流体配伍，防止射孔过程中和射孔后对油层的进一步损害，同时又能满足下列性能要求：

①密度可调节。为在套管枪射孔时有效地控制井喷，射孔液的密度必须适合油气层压力，既不能过大也不能过小，过大易压死油层，过小易发生井喷。

②腐蚀性小。要求射孔液减少对套管和油管的腐蚀，同时也要减少不溶物的产生，防止不溶物进入射孔孔道对油层造成损害。

③高温下性能稳定。采用聚合物配置的射孔液要求在高温下聚合物不降解且保持性能稳定，对盐水配置的射孔液要防止随温度的变化而产生结晶。

④无固相防止堵塞孔道。

⑤低滤失减少进入储层的液体，降低对油层的损害。

⑥成本低、配制方便。

二、分层注水技术

多层油藏注水开发中的一项关键技术就是要提高注入水的波及效率。20 世纪 50 年代克拉玛依油田在调整中对分层注水进行了探索，研究成功的管式活动配水器和支撑式封隔器在油田分注中发挥了一定的作用。1963 年大庆油田采油工艺研究所经过上千次试验，研制成功水力压差式封隔器(糖葫芦封隔器)。20 世纪 70 年代研制成功活动式偏心配水器，使 1 口井分注 3～6 个层段，分层注水工艺完整配套，并在大庆油田大面积推广应用。20 世纪 80 年代以来，江汉油田、胜利油田、大港油田、华北油田等对深井封隔器和配水器做了相应的研究和发展，为深井分层注水创造了条件，达到每井分注 2～3 层的基本目标。90 年代大庆油田、河南油田进一步研究成功液压投捞式分层注水管柱，达到了液压投捞一次可测试、调整多层的细分注水的目的。

三、人工举升工艺技术

根据各类油田在不同开发阶段的需要，我国发展配套和应用了多种人工举升工艺技术。

(一)抽油机有杆泵采油技术

抽油机有杆泵采油技术是机械采油方式的主导,其井数约占人工举升总井数的95%。我国的抽油机、杆、泵和相应的配套技术已形成系列,其中抽油机有常规游梁式抽油机、异型游梁式抽油机、增距式抽油机、链条机和无游梁式抽油机等8种。抽油杆有各种强度级别的常规实心抽油杆、空心抽油杆、连续抽油杆、钢丝绳抽油杆和玻璃钢抽油杆等。根据开采的要求和流体性质的不同,研制了定筒式顶部固定杆式泵、定筒式底部固定杆式泵、动筒式底部固定杆式泵、整筒管式泵、组合管式泵、软密封泵和抽稠油泵、防砂卡抽油泵、防气抽油泵、防腐蚀抽油泵、双作用泵、过桥抽油泵、空心泵等特种泵,形成了抽油泵全套系列。20世纪80年代以来,在引进、消化、吸收国外先进经验的基础上,研究和发展了抽油井井下诊断和机杆泵优化设计技术,平均符合率达到85%~90%,提高了抽油机井的效率和管理水平。

(二)电动潜油泵采油技术

电动潜油泵分井下、地面和电力传递3个部分。井下部分主要有潜油电机、保护器、油气分离器和多级离心泵,地面部分主要有变压器、控制屏和电泵井口,电力传递部分是铠装潜油电缆。我国的潜油电泵已形成4个系列,适用于套管外径139.7 mm A系列,其它套管直径的QYB、QYDB和QQ系列共37种型号,最大扬程3500 m,最大额定排量700 m^3/d,生产了7个型号的电缆额定耐压3 kV,研究了电动潜油泵采油设计及参数优选、诊断、压力测试及清防蜡等配套技术。电动潜油泵采油井数占4%,但排液量占21.7%,已成为油田举升的一项重要技术。

(三)水力活塞泵采油技术

水力活塞泵是液压传动的复式活塞泵,效率高达40%~60%;扬程高,最大可达5486 m;排量大,最大可达1 000 m^3/d;可适应用于直井、斜井、丛式井、水平井等。我国在应用中开发了配套水力活塞泵系列,形成了基本型长冲程双作用泵、定压力比单作用泵、平衡式单作用泵、双液马达双作用泵、阀组式双作用泵,并研究成功水力活塞泵抽油设计和诊断技术,高含水期水力活塞泵改用水基动力液等配套技术,使水力活塞泵采油技术更加完善。在高凝油开采和常规油藏含水低于60%的情况下应用,取得良好效果。

(四)地面驱动螺杆泵采油技术

近年来,我国研制成功用地面驱动头,通过抽油杆带动井下螺杆泵采油的成套容积泵，其特点是钢材耗量低，安装简便，适于开采高粘度原油，在出砂量高的井可正常工作。目前投入正常生产的有 GLE、LB 和 LBJ 三个系列 29 个品种，其理论排量 3.5～250 m^3/d，最大扬程 500～2100 m，海上应用较普遍，在陆上中深井逐步推广。

(五)水力射流泵采油技术

水力射流泵(也称喷射泵)是利用射流原理将注入井内的高压动力液的能量传递给井下油层产出液的无杆水力采油设备。射流泵采油系统由地面系统和井下系统两大部分组成。地面系统包括地面高压泵机组、动力液处理装置、高压控制管汇、产出液收集处理装置、计量装置、采油树和地面管线，井下系统包括动力液及产出液在井筒内的流动系统和射流泵。

射流泵主要由喷嘴、喉管及扩散管组成。喷嘴是用来将流经的高压动力液的压能转换为高速流动液体的动能，并在喷嘴后形成低压区。高速流动的低压动力液与被吸入低压区的油层产出液在喉管中混合，流经截面不断扩大的扩散管时因流速降低，使高速流动的液体的动能转换成低速流动的压能，混合液的压力提高后被举升到地面(如图 2-1)。

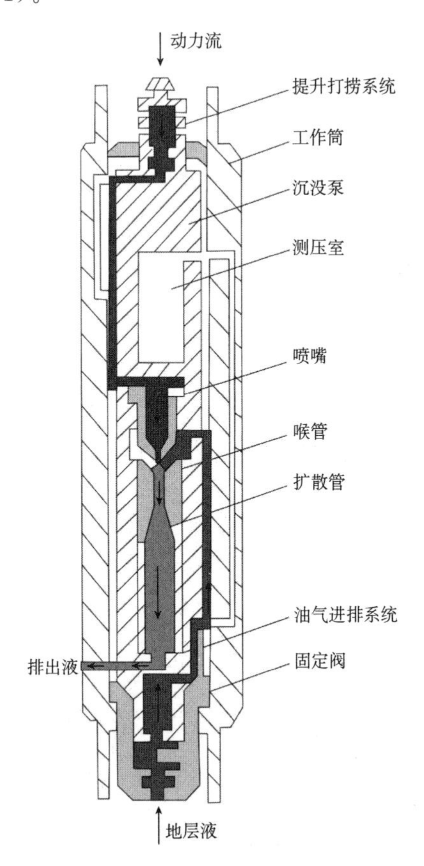

图 2-1　水力射流泵系统

射流泵通过流体压能与动能之间流体能量的直接转换来传递能量，而不像其他类型的泵那样，必须有机械能量与流体能量的转换。因此射流泵没有运动部件，结构紧凑，泵排量范围大，对定向井、水平井和海上丛式井的举升有良好的适应性。由于可利用动力液的热力及化学特性，水力射流泵可用于高凝油、稠油和高含蜡油井。射流泵可以采用自由安装，因而检泵及井下测量工作都比较方便。

埕岛油田埕岛西合作区是胜利油田与美国能源开发公司合作的中心平台。其主要采用水力射流泵系统进行生产。由1口水源井和采出处理液作为动力液和注水井用水。该区目前共有14口水力射流泵，产油量为890 t/d，占全部产量的82%，平均单井产油量为64 t/d，单井最高产量240 t/d，取得了成功的应用效果。

射流泵的工作原理如图2-2所示，在动力液压力为p_1、流量为q_1的条件下，动力液被泵送通过过流面积为A_n的喷嘴；压力为p_3、流量为q_3的井中流体则被加速吸入喉管的吸入截面，在喉管中与动力液混合，形成均匀混合液，在压力下离开喉管；在扩散管中，混合液的流速降低，压力增高到泵的排出压力p_2，这个压力足以将混合液排出地面。

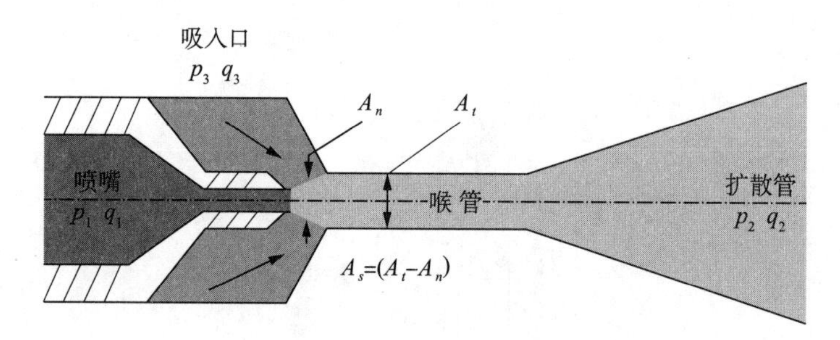

图2-2　射流泵原理图

水力射流泵的排量、扬程取决于喷嘴面积与喉管面积的比值。对于一个过流面积为A_n的喷嘴来说，如果选用的喷嘴面积(A_n)为喉管面积(A_t)的60%，那么，它们的组合将是一个压头相对较高、排量相对较低的射流泵。此时喷嘴四周供油井流体流进喉管的环行面积(A_s)相对较小。这将导致油井流体的流量低于动力液的流量，并且由于喷嘴的能量是传给低产量油井流体的，因而将产生高压头。所以，这种射流泵适用于大举升高度的深井抽油。当然如果采用结构大的射流泵，也可以获得大的油井流体流量，但油井流体的总流量小于动力液的流量。相反，如果选配的喷嘴面积(A_n)为喉管面积(A_t)的20%，那么，喷射流周围供油井液体进入喉管的环行面积(A_s)就大得多了。但是，由于喷嘴射流的能量是传递给比动力液流量大的油井产量，因而会产生低的压头，所以这种泵将适用于低举升高度的浅井抽油。

有了一定数量的不同面积比的喷嘴-喉管组合，就有可能最好地满足不同流量和举升高度的要求。要用喷嘴-喉管面积比为20%的组合在比动力液流量小的油井进行生产作业，由于高速喷射的动力液和低速流动的油井流体之间产生高湍流混合损失，效率将极低。用喷嘴-喉管面积比为60%的组合在比动力液流量大的油井进行生产作业，由于油井流体快速流过相对较小的喉管产生较大的摩阻损失，效率也将极低。可见，要选择最佳的喷嘴-喉管面积比，就要在混合损失和摩阻损失之间进行协调。

根据油井的具体情况进行选泵时，要选定泵的特性曲线上的最佳流量比、压力比，在此基础上以油井的产量和动力液流量为依据，求出最佳喷嘴直径及喷嘴与喉管的面积比。

射流泵控制井口注入压力就可以控制泵底压力，而井口压力的控制以及动力液流量仅由生产管汇上的可调水嘴就可以控制。要改变泵的参数，只需关闭井口闸门，用动力液提捞即可。

(六)气举采油技术

气举过程需要通过生产井中的油管——套管环空注入天然气。注入的天然气可在油管内的产出液中形成气泡，从而降低液体密度。这就使地层压力有可能举升油管内的液体，提高井筒产出液的产量(如图2-3)。通过降低井内液柱的静水压头，气举可提高石油产量(右)。在气举井中，井下油管压力是注气量、流体性质、产量和油井与储层参数的函数。单井产油量是地面注气量的函数(左侧插图)。注气量的增加会使石油产量提高，一直到采出气量替代采出油量的那个点，此时的产油量最大。在典型的作业中，必须要将油井气举成本作为整个系统经济情况的一部分来考虑。影响气举成本的因素包括天然气成本、气体压缩与燃料成本、非烃类(采出水)液体处理成本以及每桶石油的市价。在许多情况下，与最大的注入量和石油产量相比，最佳注入量及与之相关的石油产量更为经济，每桶油的气举成本要低很多，因此能获得较好的收益率。

目前，全世界有近100万口产油井。其中，有90%以上的产油井采用人工举升方式提高产量。一般来说，这些油井的油藏压力不足以将石油举升到地面，所以，作业者必须补充油藏天然驱动能量来提高总产液量。尽管仅有约3万口油井选用了气举，气举也是海上老油井最常使用而且是最经济的人工举升方法。

由于气体是气举系统的能源而且通常需要不断注入，因此必须要有充足的气体供应。在大多数情况下，气体是从相邻的产气井获取，经过压缩后利用地面管道网络配送给单独的油井。在气举井生产石油或伴生井液时，可在地面回收注入气体，回收的气体经过重新压缩后回注到同一口井中。

为了设计最佳、高效的气举系统，应用工程师必须利用专门软件和诸如PIPESIM生产系统分析软件之类的程序。

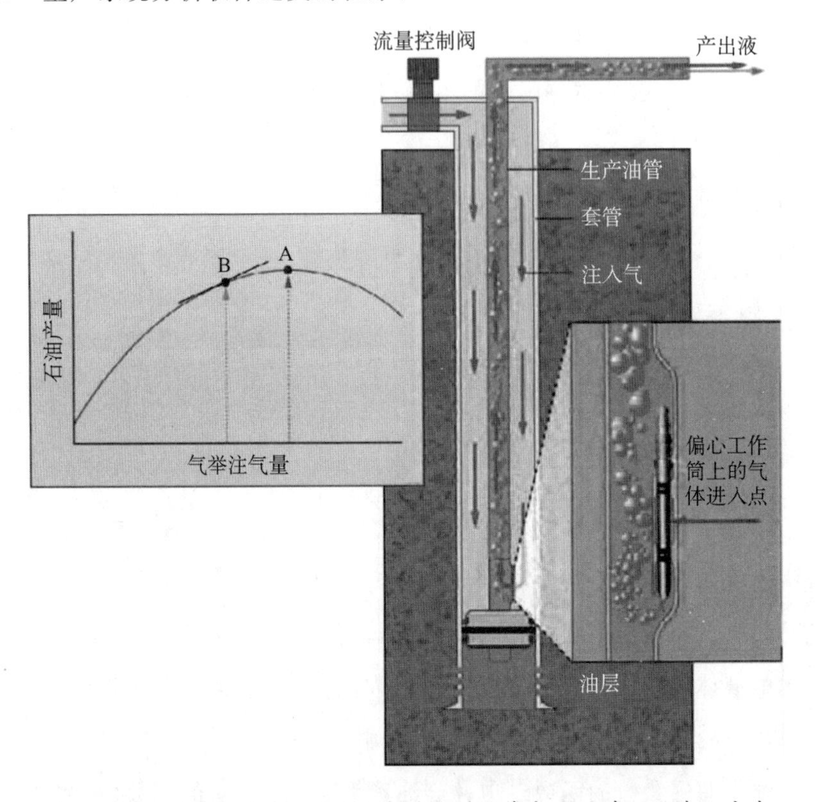

注：A点表示油套环空中的原油全部进入到油管中，B点表示油套环空中的原油开始进入到油管中。斜线表示斜率，即注气量的增加速率。

图2-3　气举采油示意图

此软件工具可准确表示生产网络中每口井的生产潜力。根据当前注气压力和向生产网络内油井供应的气体体积，可计算出每口井的产油量和气举配产。通过计算系统潜在流量，模拟过程就可帮助选择合适的井下气举设备。

该综合系统方法将每口生产井的石油产能——向井流动动态关系（IPR）与流向地面生产设施和管线网的生产油管流动能力密切结合。

理想的气举井作业系统是在井筒的最深点保持不断而且稳定的注气速度。恒定注入压力下稳定的注气速度可促进液体从油藏中以稳定的流速流出，同时可将井底不良压力波动的可能性降至最低，并通过连续气举使石油产量最大化。

四、压裂、酸化工艺技术

压裂、酸化是采油工程的主导工艺技术之一。我国发展完善了中深井和深井压裂以后，4500～6000 m 的超深井压裂技术在塔里木油田的实践中取得成功。塔里木油田相继研究成功和推广应用了限流压裂技术和投球、封隔器、化学暂堵剂选择性压裂技术。水平井限流压裂和化学剂暂堵压裂在大庆油田和长庆油田取得良好效果。20 世纪 90 年代以来的油田整体压裂技术从油藏整体出发，开发了压前评估、材料优选、施工监测、实时诊断和压后评估等配套技术，使压裂工作创出了新水平。对低渗透的碳酸盐岩气田，在渗透率小于 $0.01\times10^{-3}\ \mu m^2$ 的条件下进行酸压，在四川气田取得良好效果。对碳酸盐岩油田、气田进行酸化处理，在任丘油田雾迷山油藏获得多口千吨高产井。

五、堵水、调剖工艺技术

我国 20 世纪 50 年代开始进行堵水技术的探索和研究。老君庙油田 1957 年就开始封堵水层，1957 年至 1959 年 6 月，共堵水 66 井次，成功率 61.7%。20 世纪 80 年代初期，老君庙油田进一步提出了注水井调整吸水剖面，提出改善 1 个井组、1 个区块整体的注入水的波及效率的新目标。经过多年的发展，已形成机械和化学两大类堵水、调剖技术，主要包括油井堵水技术、注水井调剖技术、油水井对应堵水、调剖技术，油田区块整体堵水调剖技术和油藏深部调剖技术；研制成功六大类 60 多种堵水、调剖化学剂；研究了直井、斜井和机械采油井多种机械堵水调剖管柱，配套和完善了数值模拟技术、堵水、调剖目标筛选技术、测井测试技术、示踪剂注入和解释技术、优化工程设计技术、施工工艺技术、注入设备和流程等技术，达到年施工 2000 井次，增产原油 60×10^4 t 的工业规模，为我国高含水油田挖潜、提高注水开发油田的开采效率做出了重要贡献。同时开展了室内机理研究，进行了微观、核磁成像物模的试验，使堵水、调剖机理的认识更加深入，为进一步发展打下了技术基础。近年来开发的弱冻胶（可动性冻胶）深部调剖和液流转向技术为实现低成本高效益地提高注水开发采收率指出了一个新方向。

目前，各油田常用的堵水方法可分为机械堵水和化学堵水两类。机械法封堵水层是用封隔器将出水层位在井筒内卡住，以阻止水流入井内；化学堵水是利用化学堵水剂对水层造成堵塞。目前应用和发展更多的是化学堵水。

（一）碳酸盐岩油藏有机堵剂堵水工艺设计

1. 堵剂量

①堵剂量计算公式：

$$Q=\pi r^2 h\varphi$$

式中：π 为圆周率，取 3.14；r 为挤注半径，取 10 m～18 m；h 为处理段厚度（m）；φ 为处理段孔隙度（%）；Q 为堵剂量（m^3）。

②施工中不采用封口剂时，堵剂按计算量确定。

③施工中采用封口剂时，堵剂总剂量包括封口剂量，半径取 0.5 米～1 米。

2. 排量

挤注排量控制在 0.2～0.4 m^3/min 之间。

3. 施工压力

当堵剂进入地层时，自喷生产井自喷井爬坡压力升至 2～3 MPa 时，停注堵剂；机械采油井机采井爬坡压力升至 3～6 MPa 时，停注堵剂。

4. 顶替液与用量

①为堵后投产方便，自喷井采用轻质原油或柴油作顶替液，机采井采用轻质原油、柴油或清水。

②顶替液用量为目的层以上油管或环形空间内容积加上地面管汇内容积的 1～1.2 倍。

5. 投产方式的确定

①自喷井堵后井口压力高于管线回压 1 MPa 以上者，按原生产制度投产；井口压力低于管线回压 1 MPa 者，下泵转抽投产。如堵后井口压力下降太多，又不便转抽，则采取小剂量（3～5 m^3/井）酸化。酸化后待残酸含量化验合格后方可投产。

②机采井堵前动液面在井口者，堵后按原泵挂深度和生产制度试油投产；堵后动液面下降，按实测动液面设计加深泵挂深度，确定合理生产参数投产。

（二）水玻璃——氯化钙油井堵水及调剖工艺设计

1. 选井原则

①封堵有接替层和高含水、高产液层的油井。

②层间无串槽、套管不变形、具备施工条件的井。

③分层堵水时，有卡住封隔器厚度的稳定夹层。

2. 堵剂的组成及其配方

水玻璃符合 GB/T 4209-2008 的质量指标，选用模数 2.8～3.5；氯化钙符合 HGB 3208-1960 的质量指标，隔离液为清水或煤油、柴油。

堵剂配方如下。

水玻璃：相对质量比为 15～42%，相对密度为 1.2～1.4。

氯化钙：相对质量比为 10～40%，相对密度为 1.1～1.4。

水玻璃与氯化钙溶液的体积比为 1∶1～6∶1。

3. 堵水设计参数

①堵剂用量计算公式：

$$V=\pi\varphi hr^2$$

式中，V 为堵剂量(m^3)；π 为圆周率，取值 3.14；φ 为孔隙率(%)；h 为封堵层射开厚度(m)；r 为封堵半径(m)。

②隔离液用量每段 0.1～1 m^3。

③非段塞式封堵，顶替液量计算公式如下：

$$V_{替}=V_1+V_2+V_3+V_4$$

式中，V_1 为地面管线内容积(m^3)，V_2 为井下油管内容积(m^3)，V_3 为封隔器胶筒卡距内环空容积(m^3)，V_4 为附加量(m^3)。

段塞式封堵采用多次顶替，每次顶替 3～15 m^3。

④挤注压力应低于油层破裂压力。

(三)注水井调剖工艺设计

1. 选择调剖剂

根据注水井调剖层的地层温度、油层岩性、液体物性、出水类型和预计处理半径，确定所用调剖剂类型。调剖剂应具有封堵能力强和热稳定性好的特点。

2. 调剖剂挤注量

挤注量的设计计算公式：

$$V=\pi\sum_{i=1}^{n}h_i\cdot\varphi_i r_i^2$$

式中：V_1 为挤注量(m^3)；π 为圆周率，取值 3.14；h_i 为 i 层段的厚度(m)；φ_i 为 i 层段的有效孔隙度；r_i 为 i 层段的处理半径(m)。

3. 前置液量

前置液量一般为 5～15 m^3。

4. 顶替液量

顶替液量的设计计算公式：

$$V_{替}=V_1+V_2+V_3+V_4$$

式中，V_1 为地面管线内容积(m^3)，V_2 为井下油管内容积(m^3)，V_3 为封隔器胶筒卡距内环空容积(m^3)，V_4 为附加量(m^3)。

5. 挤注泵压

挤注压力应控制在地层破裂压力以下，以防压开水层。

6. 平均挤注排量

平均挤注排量的设计应满足下式：

$$q_1 > \frac{V_1 + V_2}{t_p}$$

式中，q_1 为设计挤注调配剂的平均排量，t_p 为调配剂的可泵时间(min)。

7. 调剖剂的可泵时间

调剖剂的可泵时间大于挤注时间。调剖剂的配制量略大于设计挤注量。

六、稠油及超稠油开采技术

我国 20 世纪 50 年代就在新疆克拉玛依油区发现了浅层稠油，于 20 世纪 60 年代到 70 年代进行蒸汽驱和火烧油层的小井组试验。到 90 年代，我国 12 个盆地中已发现 70 多个稠油油田，地质储量超过 12 亿平方米。80 年代以来稠油的热力开采逐步走向工业化，1997 年稠油热采产量稳定在 1100×10^4 t。经过几十年的科技攻关和实践，引进先进技术、设备和自力更生相结合，已形成与国内稠油油藏的特点配套的热采工艺技术。

七、多层砂岩油藏控水稳油配套技术

20 世纪 90 年代以来，以大庆油田为代表，在油田进入高含水期后为达到稳定原油生产指标和控制不合理注水、产水和含水上升速度的目的，发展配套了控水稳油技术，实现了大庆油田年产 5000×10^4 t，原油稳产 20 年；减缓了油田含水上升速度，由年上升 4.15 个百分点下降为 0.23 个百分点；控制了年产液量增长速度，由年均增长 5.58%降为 0.795%；控制了注水量的不合理增长，在注采比持平的情况下，地下存水率和水驱指数有所提高，地层压力有所回升。控水稳油配套技术主要有以下几种：

①以细分沉积相为重点的精细地质描述技术。

②以可采储量预测为重点的稳油控水指标预测及规划优化技术。

③以注采结构调整为重点的高含水期综合调整技术。

④以薄层为重点的水淹层测井技术。

⑤以提高薄层固井质量为重点的防窜封窜技术。

⑥以高产液量机采井为重点的找水堵水技术。

⑦以薄差层改造挖潜为重点的压裂技术。

⑧以提高油、水井利用率为重点的套管保护及大修技术。

⑨以注入水质深度处理和注采系统节能为重点的地面工程技术。

八、水平井开采技术

20 世纪 80 年代后期进行的水平井科研攻关，促进了水平井开采技术的发展，

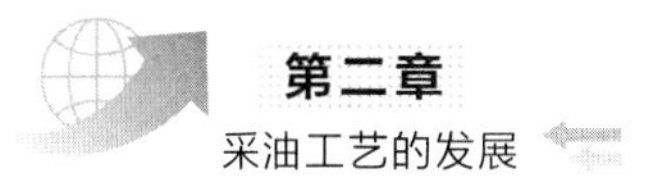

取得可喜的成果。初步形成了不同类型油气藏水平井适应性筛选方法、深层特稠油油藏水平井开采技术、砂砾岩稠油油藏水平井开采技术、浅层超稠油水平井开采技术、低渗透油藏水平井开采技术、火山岩裂缝性油藏水平井开采技术和水平井物理模拟与数值模拟技术等，包括油藏地质研究、完井、射孔、测井、举升、防砂增产等主要技术；同时，在侧钻水平井中进行分段酸化，调剖堵水、冲砂技术也在现场试验成功；对水平井成功地进行了限流法压裂和暂堵法分段压裂，取得了施工技术的成功，也取得了油田应用的好效果。

九、油水井大修技术

油气田开采后期，由于各种原因造成井下落物、套损、窜槽、腐蚀等大量待大修的暂闭井。经过多年的攻关和现场实践，目前已基本配套的油（水）井大修技术有：复杂井（电泵、绕丝筛管）打捞技术，套管损坏机理分析、检测、预防技术，套管侧钻和侧钻水平井修复报废井技术，套管段铣、取套、补贴、复位和加固技术，套管防腐、除垢、防高压注水地层滑移技术，连续油管作业及液氮助排技术等。

十、油气井防砂工艺技术

我国疏松砂岩油藏分布广、储量大，油水井出砂危害极大，影响正常生产。20 世纪50 年代末期开始进行防砂工艺技术的研究和应用。20 世纪 60 年代，玉门油田开展了人工水泥砂浆、酚醛核桃壳等防砂技术，随着渤海湾油田的开发，防砂工艺技术得到了较大的发展。目前已配套发展形成三大类防砂技术，即机械防砂技术、化学防砂技术和砾石充填防砂技术，使我国不同类型油藏都有了适用的防砂技术。

（一）机械防砂技术

机械防砂技术是在出砂井中下入专门的机械管柱或下入管柱后再充填颗粒物质，达到滤砂、防止砂粒流出井筒的一套工艺技术。机械防砂技术在油田应用的主要有绕丝筛管砾石充填防砂技术和滤砂管防砂工艺技术。

（二）化学防砂工艺技术

化学防砂工艺技术是向地层挤注化学剂以达到加固地层或形成人工井壁的目的，防止油井出砂，广泛用于油田的有胶固地层防砂技术和人工井壁防砂技术。

（三）复合防砂技术

由于高含水和强采液造成的严重出砂井的需要，玉门油田试验成功防砂效果更可靠、有效期更长的复合防砂技术。主要有：压裂与砾石充填复合防砂技术、预涂层砾石与砾石充填复合防砂技术、预涂层砾石与各类滤砂管复合防砂技术、固砂剂与滤砂管复合防砂技术等。同时还研究应用了出砂预测技术和防砂方法筛选技术等，提高了对出砂预测和防砂方法决策的能力和水平。

十一、油井清防蜡工艺技术

我国大多数油田含蜡量较高，严重影响油井生产，由人工清蜡到电动清蜡绞车、玻璃衬里、内涂层油管防蜡、热油洗井清蜡、电热清蜡和磁防蜡、化学清蜡、微生物清防蜡等技术，到目前已发展七套清防蜡技术。

(一)机械清蜡技术

机械清蜡技术主要清蜡工具与设备有刮蜡片、麻花钻头、毛刺钻头、钢丝及电动绞车等。定期刮蜡适应于自喷井和斜井清蜡，施工简单，成本低。

(二)热力清防蜡技术

热力清防蜡技术主要用热介质加热循环清蜡。常用的有热洗锅炉车、空心抽油杆和热载体水力活塞泵及热油循环清蜡等。适用于自喷、抽油井和各种定向井、丛式井及原油粘度高、蜡性复杂的油井。

(三)玻璃衬里和涂层油管防蜡技术

玻璃衬里和涂层油管防蜡技术主要包括玻璃衬里油管防蜡和涂料衬里油管，适用于自喷井。

(四)电热防蜡技术

电热防蜡技术主要有自控式电热电缆和空心电热杆涡流加热两大类，我国大港油田、辽河油田、青海油田和吐哈油田等使用效果较好。

(五)磁防蜡技术

磁防蜡技术中油流通过磁防蜡器切割磁力线后，减轻清蜡程度，延长检泵周期，常用的有固定式、投捞式、杆式3种，用于自喷井和抽油井，但对不同原油性质有敏感性。

(六)化学清防蜡技术

化学清防蜡技术是在油套环形空间加入化学剂，使化学剂在原油中溶解混合，改变蜡晶结构或使蜡晶处于分散状态，它目前已成为一种有效的清防蜡技术。常用的化学剂有油溶型清防蜡剂和水溶型清防蜡剂、乳液型清防蜡剂和井下EVA固体防蜡棒等。

(七)微生物清蜡技术

微生物清蜡技术是近几年发展起来的新技术，用于清蜡的微生物有食蜡性微生物与食胶质和沥青质性微生物的放线菌、真菌、酵母菌，在吉林油田和大港油田、辽河油田等油田应用,增油效果好、成本低,已建立了微生物研究、筛选、培养和生产基地。

十二、分层生产测试技术

(一)分层产液剖面测试

分层产液剖面测试是在油井生产过程中测试录取分层产液量、产水量、密度、温度、压力等动态资料。

(二)分层注入剖面测试

分层注入剖面测试是在测试注入井正常注水、注汽、注聚合物等分层注入量和分层注入厚度。

(三)井下套管技术状况测试

井下套管技术状况测试包括检测套管损坏、腐蚀及变形。

(四)措施效果和作业质量测试

措施效果和作业质量测试主要包括固井水泥胶结质量检查、射孔质量、井下作业质量的电视照像及压裂、酸化效果检测等。

(五)套管外地层流体和地层参数测试

套管外地层流体和地层参数测试主要包括确定油、气和油水界面及地层剩余油饱和度、孔隙度、渗透率等参数测试。

(六)抽油机计算机诊断技术

抽油井计算机诊断技术是以波动方程为基础,分析抽油井问题的数学方法。首先,根据测得的光杆载荷及位移,计算出每级抽油杆柱顶部及抽油泵柱塞上的载荷和位移,并绘出相应的井下示功图。其次,根据地面及井下示功图分析抽油系统的工况。全部计算和分析工作都由计算机完成。

(七)环空分层测试

环空分层测试指在生产过程中从偏心井口下入各类环空测试仪器,测试分层压力、温度、产液量、产水量、环空找水仪、液面探测仪等测试参数,其特点是仪器外径均小于25.4 mm。

我国研制分层测试仪器时间短,与国外还有很大差距,与油田开发的要求有较大的距离。近年来引进了CP-1型生产测井仪、DDL-V生产数控测井系统、CSU数控测井仪、AT+数控测井仪等先进的生产测试仪器设备,对推动我国分层生产测试技术的发展起到了促进作用。

第四节　微生物采油技术

1926年，微生物采油技术（MEOR）设想就已提出，但早期发展十分缓慢，主要有两方面原因：一是当时没有较强的技术需求。微生物采油技术提出时，世界大部分油田都处于一次采油或二次采油初期阶段，至20世纪80年代到90年代也只有极少数油田开始三次采油，且主要是在中国。而当三次采油技术启动应用时，化学驱技术以其机理单一、明确而快速形成工业化规模的优势占据了三次采油的主要阵地。二是微生物采油技术机理较为复杂，其代谢产物几乎具备了所有提高采收率的功能，但对微生物在油藏中的功能表达和群落演化难以准确认识及控制，所以，该项技术在当时一直处于试验阶段。

近十几年来微生物采油技术进入快速发展时期，这主要有两方面原因：一是对微生物采油技术需求在逐渐增加。进入“十二五”之后，化学驱现场应用效果在逐渐变差，其较适用的Ⅰ类、Ⅱ类油藏已基本完成了现场实施，剩下的Ⅲ类、Ⅳ类油藏主要是高温、高盐断块油藏，化学驱技术难以适应，而新的接替技术目前尚未形成，微生物采油技术因其有一定的研究和应用基础重新得到重视。二是微生物学学科本身的发展推动了微生物采油技术的进步。近十几年来，基于16S-rRNA基因分析技术，特别是高通量基因测序技术的迅速发展使油藏微生物群落结构的全面认识得到极大的提高，代谢组学和合成微生物技术的发展使油藏环境中微生物群落结构和功能的控制成为可能，这将直接提高微生物采油技术的实施效果和成功率。

中国微生物采油技术的发展在世界范围内处于领先地位。由于中国东部油田在“九五”期间就已进入三次采油阶段，客观需求推动了化学驱和微生物驱技术的快速发展，特别是大量的现场试验为技术的发展提供了丰富的原始数据。同时，从“九五”开始，国家科技部就开始组织力量持续攻关研究，在基础研究和现场试验等方面均取得了巨大的进步，至今，技术水平和现场应用规模均领先于其他石油生产国。

一、国外微生物采油研究进展

近十年来，多个国家一直开展微生物采油技术研究和现场试验，研究内容涉及微生物采油机理、微生物驱油物理模拟及数值模拟、利用营养激活油藏中内源微生物、生物表面活性剂、生物多糖、微生物降低原油黏度和界面张力以及现场试验等。

德国在此方面的研究主要有以下几方面进展：

①证明油井井口取样微生物分析结果与井底密封取样分析结果基本一致，因此，井口取样分析结果可以代表油藏中的微生物群落结构信息。

②从细菌细胞水平解析了微生物对原油的趋向性，证明了微生物能主动向原油移动，富集于油水界面，提高微生物对原油的作用效果。

③岩心物理模拟实验证明微生物采油主要机理包括选择性封堵、乳化、产气及改善油水相流度比等，并在物理模拟基础上形成了微生物采油的数学模型。

④开展了生物表面活性剂和生物多糖的驱油应用研究，在德国北部老油田的高温高盐油藏现场试验提高产量25%（如图2-4）。

⑤在温特斯豪开展了微生物吞吐试验，为实施微生物驱油奠定了基础。

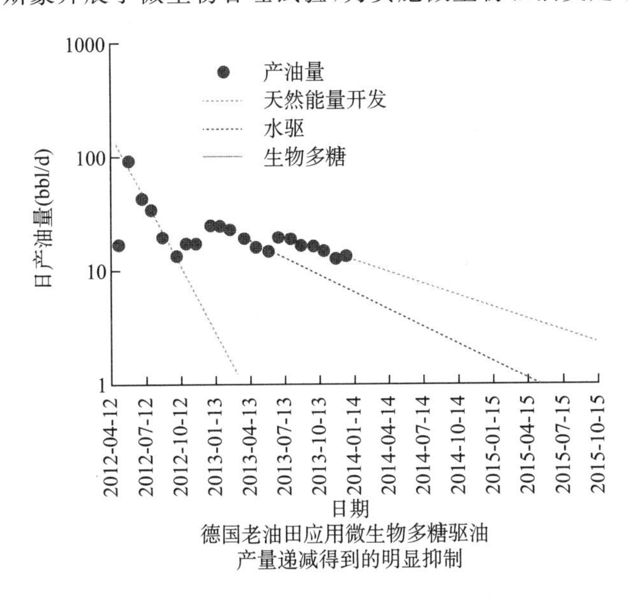

图2-4　德国微生物采油现场试验

阿曼苏丹国的微生物采油研究包括利用微生物降解作用开采稠油、在高温高盐油藏应用生物表面活性剂驱油、应用普鲁兰多糖提高稠油开采效果。美国的微生物采油研究一直没有中断，近年来，加利福尼亚大学研究了通过微生物作用引起油藏中矿化沉淀，实现选择性封堵作用；密西西比州立大学针对气驱指进的问题研发了高温下（115℃）微生物的封堵技术，应用于CO_2驱，并在小河油田成功应用；得克萨斯大学奥斯汀分校研究了微生物原位产生生物表面活性剂，并通过数值模拟预测提高采收率，采收率可以达到10%～15%。美国有多个微生物采油专业公司，主要有美国泰坦石油回收（Titan Oil Recovery）公司，美国格洛里能源（Glori Energy）公司和美国杜邦（DuPont）公司，这三家公司先后与英国BP石油公司，法国道达尔（Total）公司和荷兰壳牌（Shell）公司等石油公司合作，开展微生物采油的现场试验与应用；近几年又出现了美国全球钻井（Transworld）公司，不仅从事微生物采油，同时也开展微生物采煤相关技术服务。泰坦石油回收公司在美国和加拿大实施了大量的现场试验和应用，该公司分析了其实施效果明显的11个区块，这些见效区块含水率在75%～90%之间，其中含水率高、渗透率高的区块增油效果较差；随着油藏温度的升高原油产量呈增加的趋势，当温度超过 90℃时驱油效果变差；原油重度都在 15°API(相对密度为 0.97)以上，试验区块中随原油重度的升高增油量逐渐增加，说明原油的黏度越低越有利于微生物驱油。美国杜邦公司也开展了外源微生物驱油现场试验，其中有个试验区块 17 口油井中有 15 口出现了含水率下降的趋势，含水率在试验阶段下降了 5%，产量提高了 15%～20%，同时，硫酸盐还原菌也得到有效抑制。

20 世纪微生物采油技术主要以“地下法”为主，近十几年“地面法”也受到关注。地下法是向油藏中注入外源微生物或只注入营养激活油藏中的内源微生物，其机理主要是依靠微生物在油藏中形成生物膜引起堵塞，从而提高水驱波及体积，也有依靠微生物产生生物表面活性物质和生物气的作用，乳化原油、改善油水界面和岩石表面润湿性的。地面法将微生物在地面生产代谢产物用作驱油剂，近几年研究较多的集中在生物聚合物和生物表面活性剂的研发方面。生物聚合物由于具有较好的耐温和耐盐性能(耐盐可达 50 000 mg/L)，可应用于不适合化学驱的油藏。生物表面活性剂的研究也一直没有中断，关注较多的是脂肽，因为脂肽在较低的浓度下具有较强的作用效果，可以替代现有的化学表面活性剂。地面法应用的驱油剂是微生物的代谢产物，可被生物降解，既环保又没有产出液处理问题，随着微生物代谢产率的提高和地面发酵成本的降低，其应用规模正在不断扩大。

二、国内微生物采油研究进展

中国微生物采油技术起步于 20 世纪 60 年代，发展于 90 年代后期。国家科技部先后支持了“九五”国家重点科技攻关课题“微生物驱油探索研究”、“十五”国家重点科技攻关计划“极端微生物石油开采技术研究”、以及“十二五”国家高技术研究发展计划(“863”计划)重点项目“内源微生物采油技术研究”，推动了微生物采油技术理论研究和现场试验的发展，尤其是在项目研究过程中，增强了高校、研究院所与油田企业的密切合作。近十几年主要在以下几方面取得显著的进展。

(一)对油藏微生物群落的认识

在进行微生物采油研究过程中，首先必须要了解油藏中微生物群落的结构和功能，前期主要从油井井口取样，以培养法分析其中的微生物组成。

1. 解决微生物样品处理问题

油井井口取样方式及样品处理会直接影响分析结果。油井井口都在野外露天环境，取样过程很容易受到污染，同时，样品从油井向实验室运输需要一段时间，样品放置时间过长，其中的微生物组成会发生变化，从而会影响测试结果。另外，通过滤膜收集水样中的微生物前，为了防止滤膜的堵塞，需先分离油水相，该过程也可能造成水相中微生物的流失。为此，胜利油田经过多次反复试验，优化了现场取样方式和样品处理标准流程。在高通量基因测序前的样品处理过程中，对油藏采出液室温放置5天内的微生物群落结构以及连续5天独立取样的同一油井水样间的微生物群落结构进行比较。研究发现，样品室内放置0～5天过程中，细菌和古菌群落结构中的优势菌群没有发生明显改变，但是细菌和古菌的多样性存在逐渐减少的趋势，其中古菌多样性的变化比细菌更为明显。研究还发现，同一口油井连续5天独立取样的样品间，细菌和古菌群落结构中的优势菌群也没有发生较大的变化，与室内放置样品的优势菌属一致。说明油藏采出液室温放置短期内优势菌群结构具有稳定性，一次取样的油水井样品具有阶段代表性，该研究结果为高通量测序技术在油藏微生物群落结构解析中的应用提供了重要的理论支撑。

2. 完善样品分析方法

油藏是一个极端环境，其中存在的微生物多为极端微生物，由于环境中只有不到1%的微生物可以实现室内培养，所以，常规的培养分析无法获得准确的油藏微生物群落信息。近十几年来，基于16S-rRNA的分子微生物分析方法日臻完善，并很快应用到微生物采油技术研究领域，包括变性梯度凝胶电泳(DGGE)、末端限制性片段长度分析(T-FRLP)和高通量测序(High-throughput sequencing)等技术。“十二五”期间，胜利油田、新疆油田、北京大学、南开大学和华东理工大学对中国温度为30～90℃的各类油藏进行了普查，发现不同油藏中微生物组成存在较大差异，但在不同的油藏中也存在共有的“核心微生物组”，多数的核心微生物具有采油潜力(见表2-1)。

表2-1　油藏中常见的具有驱油功能的微生物

驱油功能	细菌类型
生物类表面活性剂	芽孢杆菌属
	假单胞菌属
	埃希氏菌属
	不动杆菌属
	肠杆菌
产酸、产气、产生物溶剂	梭菌属
	肠杆菌
	弧菌属
	芽孢杆菌属
	乳酸菌属
	链球菌属
	小球菌属
	产甲烷古菌

续表

驱油功能	细菌类型
生物膜、生物聚合物	克氏杆菌属
	噬细胞菌属
	根瘤菌属
	明串珠菌属
	芽孢菌属
	肠杆菌属
生物乳化剂	地芽孢杆菌属
	不动杆菌属
	芽孢杆菌属
烃代谢	假单孢菌属
	芽孢菌属
	短芽孢菌属
	放线菌属
	不动杆菌属

（二）对微生物采油机理的认识

微生物采油机理复杂多样，几乎涵盖了提高采收率的所有机理，通过微生物在油藏中的生长代谢作用，既能提高洗油效率，也能扩大水驱波及体积，还可以通过产生生物气提高地层压力（能量）。机理的复杂性给实际应用带来不少困惑。早期认为微生物通过降解原油中的石蜡大分子，降低原油黏度或凝点，后来的研究证实这不是微生物采油的主导机理。近二十年的研究和试验结果表明，微生物采油机理虽然复杂，但在具体应用时仅有一至两方面机理占主导，其他方面的机理作用贡献极小，无论是油井吞吐还是微生物驱油，目前公认的主导机理是乳化降黏及产气增能，前者是通过微生物在地下产生生物表面活性物质实现原油乳化，启动不能流动的残余油，同时改变润湿性，降低原油流动阻力；后者是通过产气微生物产生CO_2、N_2、CH_4 等生物气补充地层能量，同时生物气产生时对流体的扰动作用也可大幅度提高乳化效率。目前有关微生物在油藏中利用碳水化合物发酵生热的采油机理还没有相关的研究，理论计算在厌氧环境中微生物通过生长产热可提高液体温度 20℃左右，虽然与热采相比升温幅度不大，但在有其他采油机理作用的同时，温度升高 20℃可能会显著提高整体驱油效率，有关微生物在油藏中生热的作用贡献还有待进一步研究。

（三）对微生物采油物理模拟和数值模拟的研究

与化学驱相比，微生物采油的特点就是微生物在油藏驱替过程中不断地发生变化，所以，在物理模拟研究时，近年来发展的趋势是向长岩心方向发展，目的是让微生物在岩心中停留更长的时间，同时结合高通量测序及荧光定量PCR（聚合酶链式反应）技术定量描述物理模拟驱出液菌群结构、多样性指数及驱油功能细菌浓度的动态变化规律，并分析生物特征动态变化规律与含水率变化之间的对应关系。大量的物理模拟实验结果表明，多轮次段塞激活剂注入后，内源菌群呈现连续动态演替变化，菌群结构趋于简单化，多样性指数逐渐降低，在时间尺度上存在明显的好氧、兼性及厌氧驱油功能菌的激活规律，厌氧产甲烷古菌激活时整个代谢链被启动，驱油效率最高。同时证实油藏内源微生物的好氧、厌氧空间接替分布规律，岩心前端主要存在一些好氧类的产生物表面活性剂类微生物如假单胞菌属，岩心中段主要存在兼性和厌氧类的微生物，如地芽孢杆菌和厌氧杆菌属，岩心末端主要分布严格厌氧类细菌和产甲烷古菌。除了长岩心物理模拟实验外，三维物理模拟和微观物理模拟实验也正在进行，这些研究结果将为微生物采油数值模拟和工艺的优化提供理论支撑。

目前的微生物采油数值模拟研究已建立了能全面反映微生物驱油过程的三维三相六组分数学模型，模型涉及的组分有油、气、水、微生物、营养物以及代谢产物，并综合考虑了微生物生长、死亡、营养消耗、产物生成、化学趋向性。对流扩散、油相黏度降低、吸附、解吸附以及油-水界面张力变化等特性。数值模拟研究发现，在微生物作用下提高原油采收率最高可以达到24.53%，但目前对油藏条件下微生物生长代谢规律、微生物采油机理等认知仍存在较大的局限性，现有的微生物采油数学模型还无法为该技术的现场应用提供准确、有效的支撑。

三、现场应用效果

微生物采油应用工艺仍然是单井吞吐和微生物驱，但具体工艺也有较多的改进。单井吞吐的改进主要是注入总量和注入配方，以前单井吞吐主要是向油井注入菌液或营养，主要目标是解决近井地带的有机物和无机物堵塞，注入量只有几十方，一般不超过一百方，关井时间一周左右。而现在要解决的不仅是近井地带，而是油井的井控储层体积，注入量增加到几百方，甚至上千方，关井时间延长到几个月，使微生物在油藏中与残余油充分作用；注入的体系主要是微生物菌液和营养，有时复合少量化学降黏剂或气体（CO_2 或 N_2）以增加地层能量、扩大微生物在油藏中的作用范围、提高微生物吞吐的总体效果，这种吞吐工艺比较适用于常规稠油（地层原油黏度为100～500 mPa·s）油藏，效果好的一个轮次能增产1000～2000 t。一些多轮次蒸汽吞吐的稠油油井也正在尝试应用微生物吞吐技术延长其经济寿命。目前微生物吞吐的成功率仍然不高，仅为70%左右。

微生物驱油技术已在不同的油藏进行试验，从早期的外源微生物驱发展到目前的三种工艺，即外源微生物驱、内源微生物驱和微生物制剂驱。新的趋势表明，无论是外源微生物驱还是内源微生物驱，都需要注入营养，而且是含碳、氮、磷的有机营养，微生物可以快速利用这些营养产生有利驱油的代谢产物，从而提高驱油效果。2010 年以来，中国已有 40 多个区块实施微生物驱，主要有胜利油田、华北油田、克拉玛依油田、大庆油田和长庆油田。胜利油田有 5 个区块正在进行微生物驱油试验，均为水驱稠油高含水区块，其中沾 3 区块油藏温度为 63℃，渗透率为 682 mD，地层原油黏度为 1885 mPa·s。2019 年年底，累积增油量为 6.13×10^{4} t，阶段提高采收率 3.13%。辛 68 区块为高温高盐深层稠油区块，不适合于化学驱，油层温度为 89～93℃，产出水矿化度为 55 920 mg/L，平均渗透率为 813 mD，地层原油黏度为 321 mPa·s。2019 年年底，试验区累积增油量为 9891 t，提高采收率 2.52%，目前胜利油田正在一些水驱稠油的断块油藏扩大微生物驱规模。

大庆油田主要在外围低渗透油藏和聚合物驱后油藏开展微生物驱试验。其中南二区东部聚合物驱后的水驱区块实施了内源微生物驱油现场试验，4 口采油井最高增油量为 13.4 t/d，综合含水率最低下降 2.2%，表明聚合物驱后油藏仍然可以采用内源微生物驱油技术进一步提高原油采收率。

华北油田针对其储层非均质性强，平面、层间矛盾突出问题，将微生物驱与凝胶结合，以调驱扩大微生物工作液的波及体积，提高微生物凝胶组合驱效果。

克拉玛依油田油藏温度较低，油藏内源微生物种类丰富，具有开展微生物驱油的物质基础，但由于适应该温度范围的微生物种类繁多，驱油功能菌定向激活难度大。该油田先后在六中区和七中区开展了微生物驱油试验，其中七中区克上组砾岩油藏油层温度为 37℃，渗透率为 123 mD，地层原油黏度为 5.55 mPa·s，综合含水率为 88.6%，采出程度为 41.2%。在这样高的采出程度下，实施微生物驱油后累积增油量为 3.93×10^{4} t，阶段提高采收率达到 5.46%。

长庆油田在冯 66-72、盘 33-21 和王 16-5 井组等低渗透油藏开展了微生物驱现场试验，并在王 46-035 和西 25-15 等区块开展了微生物解堵试验，均取得明显的增油效果。近年来又在 6 个区块开展了微生物活化水驱，将回注水在地面进行生化处理，然后直接注入地下实现微生物驱油，已初步见效，正准备扩大试验区。

2019 年，中国共有 25 个区块正在实施微生物驱油，累积增油量超过 80×10^{4} t，试验区块数量与十年前相比有明显的增加趋势，表明该技术具有较广的油藏适应范围（见表 2-2）。

表 2-2　部分国内微生物驱油试验区块油藏条件及试验效果

试验区	年份	工艺	井数	渗透率（mD）	含水率（%）	增油量（t）	提高采收率（%）
大庆油田朝阳沟	2009 年	外源微生物驱	9×24	1～25	46.8	60 000	4.95
大庆油田萨南	2013 年	内源微生物驱	1×4	414	91.5	6243	3.93
长庆油田华庆白 153 区	2011 年	微生物活化水驱	3×14	0.41	20.2	4473	5.3

续表

试验区	年份	工艺	井数	渗透率(mD)	含水率(%)	增油量(t)	提高采收率(%)
长庆油田延9	2012年	外源微生物驱	6×21	66.4	85.5	5836	4.7
长庆油田新14	2018年	外源微生物驱+活化水驱	43×113	127.5	80.8	3035	7
新疆油田七中区	2014年	内源微生物驱	4×11	123	88.6	17375	3.8
新疆油田六中区	2010年	内源微生物驱	4×9	101	78	5399	5
华北油田巴19、巴38	2007—2016年	微生物凝胶组合驱	>500	145.5(巴19)32.4～131.6(巴38)	82.1(巴19)85.6(巴38)	182 300	7.3
胜利油田罗801	1999—2019年	外源微生物驱+内源微生物驱	3×8	211	67.8	168 700	16.4
胜利油田沾3	2011—2019年	内源微生物驱	3×11	352	93	63 140	3.13
胜利油田68	2016—2019年	代谢产物+内源微生物驱	2×6	913.4	95.1	9591	2.45

四、困境与建议

尽管微生物采油在单井吞吐和微生物驱油现场试验中均见到增油或提高采收率的效果，但在工业应用过程中仍然存在不少问题，影响了该技术的大规模推广应用。

近年来高通量测序技术的应用证实油藏中存在大量未知的微生物，该技术虽然能准确高效地解析油藏中微生物生态结构，但未知的微生物占有较大比例且广泛分布于各种类型的油藏中，这些微生物的分类及功能仍不清楚，在实施微生物采油过程中一定会有影响。

与化学驱相比，微生物驱增产和含水率下降的幅度普遍较小且变化缓慢，这主要是因为微生物在地下生长代谢需要一个过程，而且其生长代谢存在极限值，这个极限值是微生物本身的生理特性，不会因为增加细菌和营养的注入量、注入浓度而突破。一定时间段内微生物的作用存在极限值，可通过延长作用时间提高最终的效果。所以，微生物提高采油速度幅度有限，但可提高最终采收率，理论上认为同一油藏可多次实施微生物驱油。

现有的微生物采油工艺还需进一步优化。由于目前仍没有较完善的微生物采油数学模型，所以微生物和营养物的用量、使用浓度以及注入速度等关键工艺参数难以优化，多数实施方案是以物理模拟实验结果和现场经验为依据，所以，并没有充分发挥微生物的作用优势，需要建立微生物对残余油的作用与微生物生长代谢两者之间的关系模型。

在确定营养配方时，一直存在选择有机营养还是无机营养的争论。中国多数现场使用有机营养，希望微生物能在地下尽快生长繁殖，尽快见到增产效果。而无机营养只提供无机盐，微生物只能利用石油烃作为原始碳源，生长代谢速度慢，见效迟缓。但有机营养成本也要高得多，所以，需要研发成本更低的有机碳源和氮源的营养体系。

经过长期水驱和化学驱的油藏，进一步提高采收率难度越来越大，单项技术很难奏效。在实施微生物采油过程中也需要一些配套技术，特别是堵调技术，这样才能最大限度地发挥微生物采油技术优势，只要不影响微生物的生长繁殖，也可复合其他类型驱油注剂，包括液体或气体，以达到与微生物的协同作用，提高整体采油效果。

微生物采油技术在中国经过二十多年的发展，整体技术水平已领先于国外，主要是因为中国有大量的油藏已进入三次采油阶段，而可供选择的提高采收率技术并不多。内源微生物驱从单纯的注入基本营养广泛激活向油藏微生物生态定向调控方向发展，理论上认为除了一些低渗透油藏（渗透率小于 10 mD，微生物无法进入），或原油在油藏条件下不能流动的稠油油藏，其他油藏均可实施微生物采油，其中低于 100℃的油藏可实施内源或外源微生物采油，而高于 100℃的油藏可实施微生物制剂驱油。

本章学习小结

本章主要介绍了采油工程在石油行业的地位、各个工艺的类型和应用、采油技术现状和进展（特别是微生物采油，这一工艺和传统的工艺有很多区别）。通过本章的学习，学生不仅要把基础基础知识掌握好，同时也要学习各种学术平台的使用方法，并了解国内外的最新技术进展，认识到现阶段采油工程的复杂性和多样性。

思考题

1. 采油工程包含哪些主要工艺类型？
2. 采油工程的发展历程是什么？
3. 国内外知名的采油技术的未来发展方向有哪些？
4. 目前的微生物采油技术主要解决什么场景下的问题？难点是什么？

第三章　人工智能背景下的钻采技术变革

本章导读

人工智能在石油工程领域的研究应用已有几十年历史，应用范围包含从管理到勘探开发施工现场的各个环节。SPE（美国石油学会）专业数据库调查显示，从2000年开始，石油工程领域对人工智能保持了较高的研究热情，2010年之后公开发表的研究文章数量大幅增长。本章主要目标是使学生在了解管理、钻井、采油等领域的研究成果，通过剖析石油公司、油服公司对人工智能技术的成功应用，分析人工智能对石油工程领域的工作效率、投资效益、公司组织结构及流程、行业竞争态势的潜在影响，并针对人工智能大规模商业化应用所面临的可信任程度、数据保密性等主要问题，了解相关技术研发和储备、攻关可解释型人工智能技术、推动行业数据标准化管理等应对措施。

第一节　人工智能在石油工程领域的研究应用概况

人工智能在石油工程领域的研究应用已有几十年的历史，20世纪70年代中国已参与国际石油工程师协会（SPE）论坛。2009年，SPE数字能源科技部门的部分会员成立了“人工智能与预测分析”分会，定期组织相关研讨活动，推动人工智能技术在油气领域的应用。Onepetro（SPE文献资料平台）的文献调研表明，从2000年开始，石油工程领域对人工智能保持了较高的研究热情，2010年之后公开发表研究文章的增长速度大幅提升（如图3-1）。从应用方法的选择上来看，人工神经网络、模糊逻辑和遗传算法是石油工程应用中最常用的人工智能技术，其他如支持向量机、功能网络和基于案例的推理等方法也有应用。2010年之后，关于机器学习的研究和应用超过了人工神经网络，成为研究最多的领域（如图3-2）。

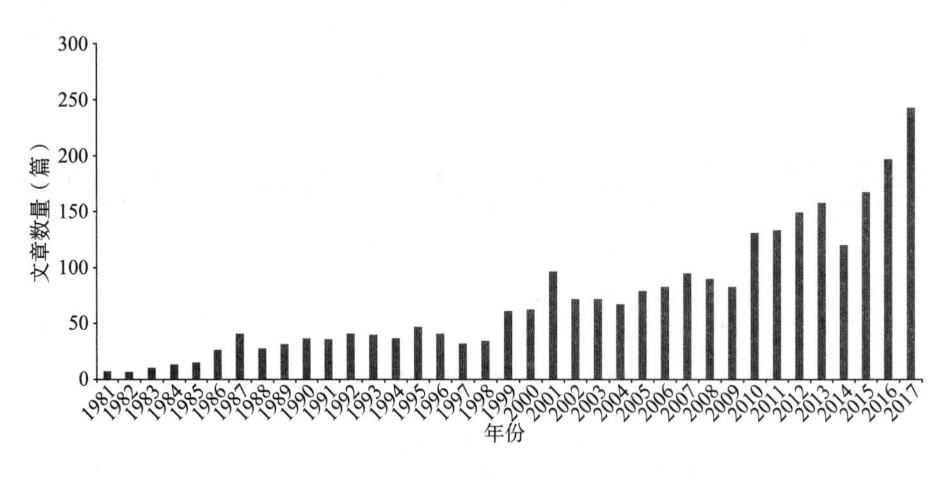

图 3-1　SPE 研究人工智能的文章数量

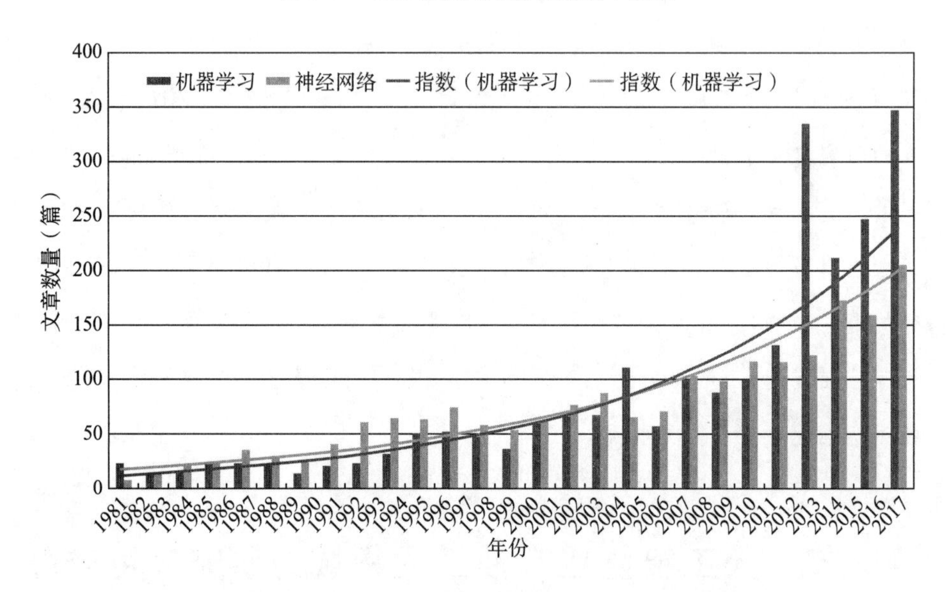

图 3-2　SPE 研究神经网络和机器学习的文章数量

2014 年国际油价断崖式下跌后，石油工程领域的参与者为了提升竞争力和抗风险能力，希望通过数据分析、实时监测和自动化来寻求可持续性发展。人工智能技术以软件、智能装备、作业平台及专项服务等多种形式在石油工程领域广泛应用，应用的领域已渗透到从管理到勘探开发施工现场的各个环节，提升了石油工程领域自动化和智能化水平。

一、构建多环节、多学科生产和管理平台

石油企业为了全面提升自身管理水平以及决策质量，许多石油企业积极开展数字油田工程项目，部分石油企业将公司名字命名为“一体化数字油田”“未来智能油田”“智慧油田”等。通过构建完善的数据存储以及数据采集模式，将数据合理应用在构建石油企业的生产管理以及研究工作当中，积极搭建智能平台，更好地开展

石油企业相关决策支持以及经营管理工作，逐渐形成智能化的生产模式，给石油工程决策质量和工作效率提供更多的支撑。在促进石油企业的健康发展过程中，石油企业应在开展石油工程数据检测和分析等每个生产工作环节时，合理应用人工智能技术，充分展现可视化以及一体化管理优势。开展石油工程时，石油企业领导人员需要意识到人工智能技术的优势，充分发挥出人工智能技术的可视化、分类聚类、结构化以及数据降维优势，有效提升石油工程整体生产产量以及质量，这有利于提升石油企业自身经济效益。

二、减少石油工程人工劳作量

在开展石油工程生产过程中，通过合理应用人工智能技术，不仅可以提高生产质量，同时可以减少人工劳作量，确保工作人员自身生产安全。例如采用虚拟助手、智能机器人等方式替代施工人员开展一些重复性强以及高危的施工作业活动。

第一，石油工程项目施工时，通过采用智能机器人的方式，可以精准定位、精确识别油气管道内外壁存在的缺陷情况，在操作方面只需要一位工作人员开展远程操作，就可以实现检测油气管道工作。第二，工作人员在石油工程生产时，采用虚拟助手的方式代替工作人员进行常规的观察及问答，并做好采集石油工程中数据等相关工作。

三、确保资产管理维护技术水平

工作人员在进行石油工程项目过程中，应对石油工程生产设备定期开展检测维修工作。只有详细地开展检修设备工作，才能确保机械设备正常运行。调查显示，人工开展机械设备检测时，设备错误发现率没有达到2%，同时需花费大量的财力及人力，不仅影响石油工程生产效果，而且降低了石油企业自身经济效益。在检修石油工程设备时，通过科学采用人工智能技术工具，能够对机械设备实现自动检测模式；对设备可能存在的故障情况进行早期预警，并根据设备当前可能存在的风险制定完善的检修方案。通过人工智能技术，可以有效节省工作人员开展常规的设备定期维修检测工作的时间，同时确保石油工程项目有序进行。

四、提供可靠的数据资料

石油工程项目在开展地球物理勘探工作时，工作人员应全面分析重力、电磁、地震等有关信息数据，分析数据信息以后，可以综合分析沉积演化规律和构造运动。由于智能技术在海量数据信息当中找寻相关规律与地球物理勘探操作流程基本相同，在进行石油地球物理勘探时，施工人员可科学采用人工智能技术，结合多种算法积极开展地球物理反演技术(具体包含了粒子群算法、模拟退化算法以及基因算法等)。此外,在石油工程领域合理应用人工智能技术能够实际解决作业过程中存在的难题。首先,解决数据型作业难题。通过采用综合测井曲线绘制方式,将岩心数据、地震数据以及测井曲线进行结合,构建油藏特征,对天然气产量进行预测等。其次,解决公式型作业难题。对测井数据信息进行解释,逐渐提升采收率识别效果。最后,解决知识和数据融合型相关问题,包含了确定和选择井的方式。

五、提高钻井施工的高效性及安全性

第一,石油工程在开展钻井设计工作时,设计人员在设计过程中,通过采用人工智能技术的方式,可以科学预测裂缝梯度、钻井液、坍塌压力、钻头选择,以及钻井平台等工作内容。第二,工作人员在开展钻井作业时,通过采用人工智能技术的方式,可以实时开展风险预警以及优化调整工作。通过采用木湖推理模式开展石油工程风险预警工作,对比参考数据库信息以及现场实际数据信息内容,人工智能技术还能对两者存在的数据偏移情况进行提示,根据实际情况做好风险预判工作,并帮助工作人员对存在的风险进行分析,给出合理的相关风险控制的建议,对石油工程风险进行合理规避。

此外,采用人工智能技术的方式可合理选择石油工程作业程序。为了更好地节约作业成本、提升石油产量,避免在石油工程生产时出现浪费情况,应合理采用钻井作业程序,对适用的作业程序进行科学判断,针对钻井参数进行详细的研究。

六、实现油田产出最大化目标

在进行油田开采、开发时,科学采用人工智能技术可以不断优化油田生产历史数据整体开发效果,逐渐提升石油工程整体油田产量,合理选择层位、施工井,逐渐优化压裂施工设计方案,确保石油工程作业方式更加精确;开展大量压裂历史数据收集,能够优选产能参数、岩石力学参数、压裂施工参数以及储层参数等,并将相关数据信息构建完善的模型,通过设置产能模拟神经网络专家组、裂缝模拟神经网络专家组,合理采用遗传算法的方式,不断优化石油工程作业方案,确保压裂效果。

七、探究人工智能技术相关措施

在开展石油工程领域项目过程中,通过合理运用人工智能技术能够有效提升整体作业质量和效率,并有助于推动我国石油工程领域的健康发展。

第一,油田地面合理运用设施系统模拟。以西南某油田资源作为案例进行分析,该油田 700 多口生产井,作业过程中需要将生产液体合理运送至三相分离设备当中，并通过分离设备将适量高压气进行分离并运送至管网结构当中。然而，值得注意的是，环境温度会对设备整体工作效率带来一定的影响，并影响后期石油产量。为了实际解决这个问题，在开展石油工程项目时，需要工作人员合理运用人工智能技术，构建完善的智能模型，对石油工程地面系统具体运行情况进行准确测量，确保分离设备产油量。工作人员应对神经模型结构进行全面分析，认真审核统计数据信息内容（数字矩阵补孔以及鉴定识别两方面内容），并运用变量分析方法和模糊聚类方式深入探讨石油工程领域中涉及的相关数据变量内容。针对各个变量中可能产生的相关影响进行综合性考虑，可以有效避免数据信息产生很大的变化。

第二，合理运用油藏特性模拟。工作人员通过共振图像曲线和常规测井曲线的最新调查可对地层特征进行深入研究。在应用地层油藏特性模拟试验过程中，可以通过磁共振测井资料信息不断优化和构建渗透率强、流体饱和度高的智能模型结构。

第三，石油工程合理运用模型，能够对油藏特征具体分布进行真实反映。工作人员在应用过程中应注意：下套井中不应运用磁共振图像技术。此外，由于生产层构成岩石的特征和质量会存在一定的差异，因此数据质量可以表示岩石的最高数值和具体变化情况。对石油工程领域做好全面的分析和探究，制定完善的石油工程方案，并通过运用井口数据信息创建网络模型，能够确保石油工程测量整体准确性，充分展现出人工智能技术的优势，有效提高石油工程领域在应用人工智能技术的整体效果。

综上所述，随着我国经济和科学技术的快速发展，石油工程领域在应用人工智能技术时，并不是打破当前石油工程生产运营模式以及生产思维，而是需要管理人员及时转变思维模式，更好地适应时代科学技术发展趋势，不断创新石油工程生产和管理模式。通过对人工智能技术进行科学应用，可以确保石油企业更好地适应社会的发展，并给企业创造更多利益。

第二节　人工智能在石油工程中的主要应用领域

高德纳公司在界定及分析颠覆性技术方面具有丰富经验，在其2017年发布的报告中显示，人工智能类新兴技术在成熟度曲线上快速移动，正处于曲线的巅峰位置，与之相适应的数字化平台类技术在曲线上处于上升期，与之相关的商业生态扩展类技术区块链等有望在未来5～10年产生变革性影响。美国国会下属的政府问责局对人工智能的发展前景进行了专题调研，认为即使人工智能技术停止前进，由今天的人工智能引发的变革仍将产生广泛而深远的影响。目前，人工智能还没有被广泛接受的严格定义，笼统地说，是提高机器的计算力、感知力、认知力、推理能力等智能水平，使其具有判断、推理、证明、识别、感知、理解、沟通、规划和学习等思维活动，让机器能够自主判断和决策，完成原本要靠人类智能才能完成的工作。主要研究内容包括逻辑推理与定理证明、专家系统、机器学习、自然语言理解、神经网络、模式识别、智能控制等。

一、基于人工智能的智能工作流，形成了多学科、多环节协作的工作平台

为了提高决策质量和管理水平，石油公司纷纷启动数字油田项目，如壳牌的智能油田、英国石油公司的未来油田项目等。这些数字油田项目基本路径都是以数据采集和存储为基础，在数据应用层形成相互支撑的协同研究平台、生产管理平台、经营管理平台和决策支持平台，以优化工作流程、提高工作效率和决策质量。对各个环节实时监测数据的智能分析、一体化协同和可视化展示是这些项目成功的关键，而以数据降维、结构化、分类、聚类、可视化为主要特征的人工智能技术是这些项目最核心的支撑。

英国 BP 公司、荷兰壳牌公司、美国雪佛龙公司、挪威国家石油公司等公司在数字油田建设方面处于领先地位。壳牌的智能油田项目由智能井、先进协作环境、整体油藏管理等子项目构成，通过基于井筒中传感器传输的实时信息的分析决策，控制相关控制阀，实现油田生产的最佳状态。Statoil 的“整合运营项目”，通过创新的数字化工作流的应用，实现了跨学科、公司组织、地方的协同合作。英国石油公司在未来油田项目建设中，在全球建立了 35 个协作中心，将地面与地下的实时数据传送到远程中心进行分析，实现了多学科多地区的协同。

科威特国家石油公司的数字油田（KwIDF）建设启动于 2010 年初，经过数次升级完善，现已形成地上地下一体化的智能工作流。科威特国家石油公司的数字油田内部结构可分为 4 个层次（如图 3-3）：第一层是分析及数字化工具，主要用来记录生产历史，使用的方法主要包括节点分析、递减曲线分析、虚拟计量和数值模拟等；第二层是统计工具，主要用来监测实时生产现状，应用的方法主要包括线性回归、蒙特卡洛分析等；第三层主要利用智能代理进行短期预测，主要方法包括模型识别、神经网络、模糊逻辑等；第四层主要是应用数值模拟方法进行中长期产量预测。科威特国家石油公司第一代的数字油田主要侧重于生产工程工作流上的共享和优化，包括关键性能指标检测、井筒性能评价等 9 个主要功能，随着基础设施的逐渐完备，又增加了地下模型更新及重新计算、地下注水优化和一体化生产优化的

功能，其地面系统和地下系统集成的高级智慧工作流如图 3-4 所示。

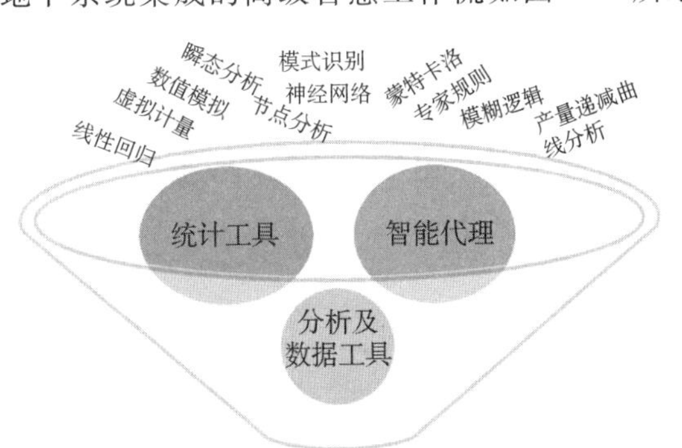

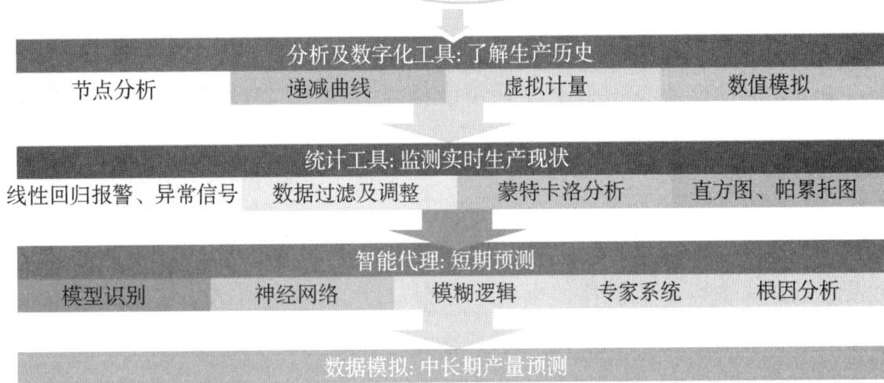

图 3-3　科威特数字油田(KwIDF)工作流结构

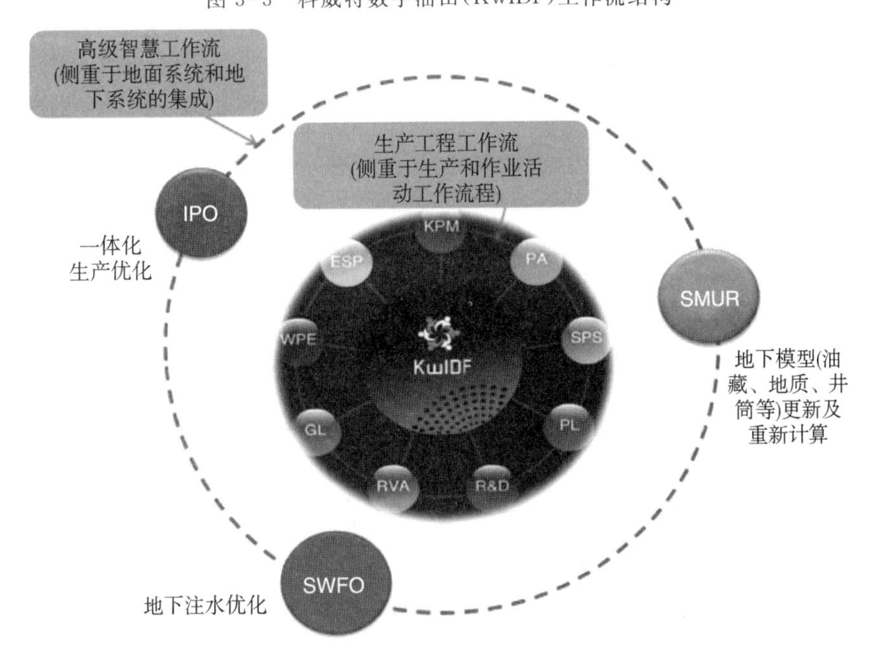

图 3-4　第二代 KwIDF 自动工作流的主要功能

KPM——关键性能监测；WPE——井筒性能评价；SPS——智慧生产监控；PL——生产损失分析；RVA——油藏可视化及分析；ESP——电潜泵诊断及优化；PA——生产分配；GL——气举优化；R&D——汇报及分布

美国斯伦贝谢公司推出的感知勘探与生产多维环境平台软件集成了机器分析和学习、高性能计算、物联网等技术。通过项目管理、嵌入式引擎、实时工程协作和自动化设计确认来完成钻井设计。同时,该平台还可提供1000个三维地震勘探、500万口井、100万组录井和4亿组生产数据作为模型训练的基础。

(一)基于人工智能的管理工具已替代部分人类员工

基于人工智能的管理工具,如智能机器人、虚拟助手等,不仅在高危或重复施工时替代了人类,在日常办公管理中也逐渐显示出优势。

2017年,中国航天科工集团第三研究院35所研制出的用于海底油气管道检测的蛇形机器人可实现管道内外壁缺陷的准确识别、精确定位,现已通过油田实际检测。为了监测哈萨克斯坦卡萨干油田的硫化氢气体,壳牌公司开发出配备有传感器、摄像头和无线通信系统的探测车——“Sensabot”机器人,只需一名工人远程操控。

法国道达尔能源公司发起了油气田地面机器人(ARGOS)国际比赛,并研制出可全天候巡逻及执行紧急操作的机器人原型,目前虽没有测试和应用的后续报道,但在公司年报中重点提到要通过人工智能技术来提升勘探能力。另外,埃克森美孚公司和麻省理工学院、挪威国家石油公司和挪威科技大学等均在联合研究人工智能机器人。

虚拟助理已在壳牌公司多个管理环节中使用,如使用机器学习技术,将员工与合适的项目相匹配,成为人力资源管理助理;使用Amiela虚拟助理响应供应商关于发票的询问;在门户网站上的虚拟助理Emma和Ethan,可通过在线聊天的自然语言交流提供所有润滑油的产品信息,包括产品名称、主要特性、包装规格和购买渠道等。在荷兰壳牌公司的发展计划中,自动化机器人将逐渐接管人类员工常规查询问答、观察和数据等收集任务。

(二)基于人工智能的资产管理工具可提供更高效准确的预测性维护

美国贝克休斯公司利用数字孪生体技术,实现物理机械和分析技术的融合,通过储存于Predix工业互联网平台上的深度学习模型,可以自动检测设备缺陷和异常情况,提供潜在故障的早期预警,根据风险制定检测计划,避免不必要的常规周期检测维修。2016—2017年,该公司为丹麦马士基钻井公司10部钻机的顶驱、绞车、推进器、主发动机等关键部件提供了基于数字孪生体的性能管理方案。目前,该公司已经为5000多个装备仪器建立了数字孪生体,正在研究建设井的数字孪生体(通过安装在井筒内的传感器获取井筒内的工具和设备信息以及储层状态信息,可将井的状态、设备的运行状态与井的生产状态结合在一起)。

油气行业泵制造商美国福斯公司的SparkCognition软件也可提供类似服务。

该软件提供自动化模型构建方法，可以在模型训练所需的故障数据缺失的情况下，建立可靠的模型，进行预测性维护。

(三)人工智能持续助力地震资料分析，为更精确钻井提供坚实基础

石油地球物理勘探通过大量地震、电磁、重力等数据分析获取构造运动和沉积演化规律，这一过程与人工智能技术从海量数据中寻找规律的路径完全一致，石油地球物理勘探成为人工智能技术的天然试验场。初创公司"Nervana"基于深度学习方法，训练数据根据地震资料发现油气资源，在其云端开发的油气勘探解决方案可在没有人工干预的情况下从三维地震图像中识别大量地下断层，从而减少地质人员在重复性工作上花费的时间。

(四)人工智能促进了钻井自动化

在数据采集、传输技术发展的协同下，人工智能技术在钻井设计、钻井实时优化、操作故障预警等方面发挥了积极作用。

1. 钻井设计

人工智能技术在钻井设计中的应用主要有钻头选择、钻井液与裂缝梯度预测、坍塌压力预测及海上钻井平台选择等。

美国国民油井公司采用人工神经网络方法对钻头选择数据库的数据进行训练，形成优化钻头选型的人工智能方法。数据库中的信息包括：在特定岩层中使用的钻头、钻头在IADC(国际钻井承包商协会)中的代码、岩石强度数据、地质特性和钻头在该类岩石的常规钻速。经过训练后的人工神经网络，用户输入地理位置数据、地质数据、岩石力学数据和已钻井数据后，即可输出选择的钻头类型、该钻头的性能预测及使用指南。与此同时，用户输入的数据会进入到数据库中，继续参加数据训练，如图3-5所示。

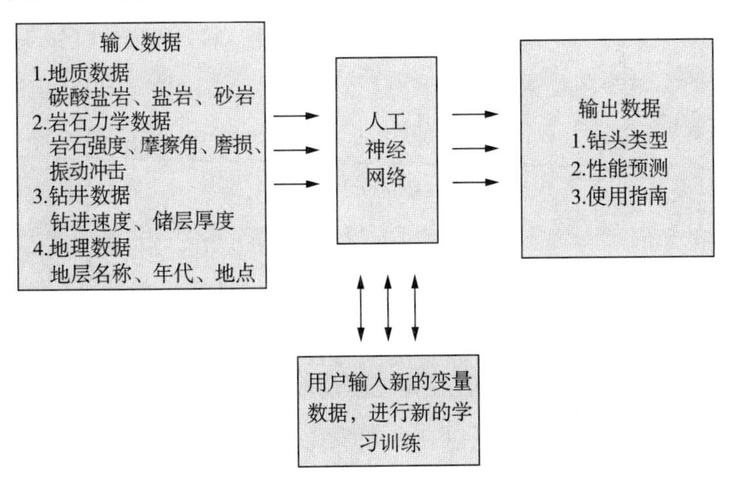

图3-5 使用人工神经网络方法优化钻头选择的原理

在中东地区，油服公司使用人工神经网络方法来预测套管坍塌的发生概率和深度；使用BP神经网络程序，用户定义的内部(隐藏)层的反向传播网络可以连接到输入和输出层，提供一个估计井筒套管坍塌深度的“经验值”。数据层可以有多个输入变量，如位置、深度、孔隙压力、腐蚀速率、套管强度等(如图3-6)。

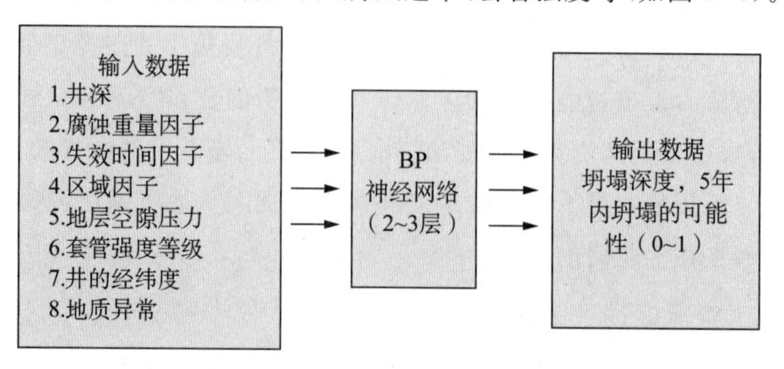

图3-6　应用BP神经网络预测套管坍塌深度的基本框架

海上钻井平台的选择需要基于区块位置、水深和井深、预期生产速度、成本、作业者经验、预期的天气和潮汐条件等诸多因素来决策。中海油田服务股份有限公司(以下简称“中海油服”)2011年建立了基于BP人工神经网络的深水浮式平台选型模型：使用经LM算法改进BP神经网络，具有9个输入节点，包含5个模型功能和1个隐藏层。该模型对10个初始样本数据计算准确率达到70%以上。

另外，遗传算法和模糊理论(案例推理)被用在海上钻井轨迹规划中。广义回归神经网络系统(GRNNs)预测钻井液和裂缝梯度在中东地区的油水互层中有应用研究。由于这些应用强烈依赖于输入数据的范围，预测需要通过软件仿真来验证，因此在泛化应用中需要进一步的数据训练和研究。

2. 钻井实时优化和风险预警

实时风险预警基于模糊(或基于实例)推理方法，将现场数据(钻头、钻柱和底部钻具组合的实时监测数据)与数据库参考集进行基础比较，并提示实际值和参考值之间的偏移，预估钻井风险，确定原因，提出预防或控制措施，通过操作者对可控影响因素调控，达到优化和规避风险的目的。

利用大量钻井的日常钻井报告(DDRS)、井段完钻报告(EORS)和完井报告(EOWR)建设数据库，使用2～3个完全互连的前馈隐藏层的网络(反向传播学习规则)，基于一些钻井参数建立的模型，可以自动追踪关注的参数，必要时提示操作者对可控因素进行调整。近年来，在人工智能技术的帮助下，压差卡钻事故明显减少。2006年后，人工智能技术可以在卡钻发生前准确预测，而且形成了很多预测卡钻和释放管柱压力的方法。

另外，钻柱振动的控制也得益于人工智能技术的发展。钻柱振动是造成钻具损坏的主要原因,受钻头类型、钻压、转盘转速、地层岩性、井眼条件等多种因素影响。

早期,现场经验丰富的司钻通过钻进时的声音等信息来判断钻具工作状态,缺乏可靠性和可传承性;当前,利用人工神经网络,对地层、井型、装备组合、施工中转速、钻压、扭矩等数据的训练形成模型,通过干预钻具组合、转盘转速等因素实现了减少振动、提高钻井效率的效果。

3. 特定作业程序选择

为了达到提高产量、降低成本、节省时间的目的,工程中经常需要选择一些特殊的钻井作业程序(如欠平衡钻井、过平衡钻井、喷射钻井等),为了评价所选作业程序的适用性,需预先对钻井参数进行深入考虑。

美国雪佛龙公司应用案例推理进行浅疏松砂岩最佳洗井程序的选择。为了进行推理评估,建立了包含近 5000 口井的生产操作和井筒干预的详细信息的数据库。通过一组随机案例的初始测试表明人工智能工具提出的方法和专家现场指导实施的方法有 80%的相似性。

在连续油管作业中,作业程序制定主要依据作业者的经验,传统的连续油管仿真软件没有足够现场数据做支撑,无法有效识别风险,在复杂井施工中该作业方式易降低作业质量,甚至损坏作业设备。美国贝克休斯公司的 CIRCA 连续油管软件则基于过去 30 年积累的现场数据进行学习和建模改进,将理论模型和以往大量的现场经验数据进行拟合,帮助作业者基于可靠的实际数据进行决策。

(五)人工智能在油藏开发中的应用,促进油田在整个生命周期的产出最大化

利用油田生产的历史数据进行开发效果优化是人工智能技术在油藏开发和开采领域的主要应用方式,英国石油公司与硅谷一家公司合作开发的基于人工智能的优化模型将试点项目中的 180 口油井的产量提高了 20%。

另外,人工智能技术为压裂施工方案设计、施工井及层位的选择提供了更为准确的方法。中国石油新疆油田公司收集大量压裂历史数据,优选出储层参数、岩石力学参数、压裂施工参数和产能参数等作为建模基础,采用 BP 神经网络和 LM 算法、Sigmoid 函数作为激活函数,并采用委员会机器的思想建立专家组,分别建立了裂缝模拟神经网络专家组和产能模拟神经网络专家组,应用遗传算法优化施工方案。油田实际应用结果证明,该方法预测的平均相对误差有明显降低,达到了压裂方案科学决策与参数精细优化、切实提高压裂效果的目的。

二、人工智能技术对石油工程业务的影响及应对

(一)有助于提高石油工程施工及决策的效率和质量,提升油气投资收益水平

人工智能技术的应用可提升资产管理、生产优化、钻井过程、油藏管理和供应链管理等各方面的效率,可有效减少石油钻井项目的综合成本,提高油气项目投资的最终收益。

第一,深度机器学习等人工智能技术为决策者从大量非结构化数据中揭示规律提供了手段,可以将更多的决策影响因素纳入考量范围,从而实现多角度、多层次的投资决策评价。如石油公司采用深度机器学习的地理物理技术追踪船只,并将由此获得的能源航运业变化趋势纳入行业发展趋势分析判断中。

第二,人工智能工具的研发可替代部分人力,在提升效率的同时减少员工风险。以前需要耗费研究人员或工程师很长时间的搜索、阅读、编译和分析的工作,人工智能工具可在几秒内完成,可显著提高效率、降低成本。

第三,人工智能技术可提升决策质量,减少决策失误带来的损失。根据麦肯锡公司的统计数据,使用人工智能算法可更准确地筛选地震数据中的信号和噪声,避免了10%的干井投资损失。

(二)有望带来公司结构彻底变革,业内企业需及早谋划

微软公司曾表示,人工智能在未来5～10年内或将成为石油和天然气工业的最大威胁。这种威胁首先来自于更多智能化设备会替代人类工作。更深远的影响在于,人工智能技术的发展及应用,刷新了对新一代石油工程师在数据分析方面的要求,也在改变着对未来石油人才的综合技能考核标准,要最大限度地释放人工智能技术的潜力,不可避免地需要更多具备软件和数据科学技能的人才,这意味着彻底改革公司人员结构。为了应对信息技术革新的冲击,美国斯伦贝谢公司投入了大量时间和精力,重新培训员工使用分析技术和人工智能技术。建议业内企业及早谋划和应对,加快人工智能技术成为地球物理、钻井、测井等各专业人才

(三)人工智能工具的商业化需注意应用瓶颈,相关的技术研发以可解释型人工智能为目标

目前,大部分人工智能工具和软件正处于研究和试验阶段,商业化应用受多种因素制约,如可靠性问题。由于人工智能对数据有严重的依赖性,是基于训练数据集映射输出和输入变量之间的关系,导致训练好的模型用在变化的环境或领域时性能会明显下降。更严重的制约在于,人工智能的数据处理过程通常被标记为“黑箱”,操作者只是知其然而不知其所以然,不知道什么时候该信任它,什么情况下它会出现失误,这些都会形成信任障碍。只有打开“黑箱”,使用户明白内部的逻辑关系,才能形成真正的信任。美国政府问责局的研究报告中,对于目前的人工智能与可解释的人工智能比较如图3-7所示。对于石油工程这个专属性比较强的领域,只有真正实现了可解释人工智能,才能为商业化应用奠定坚实基础。

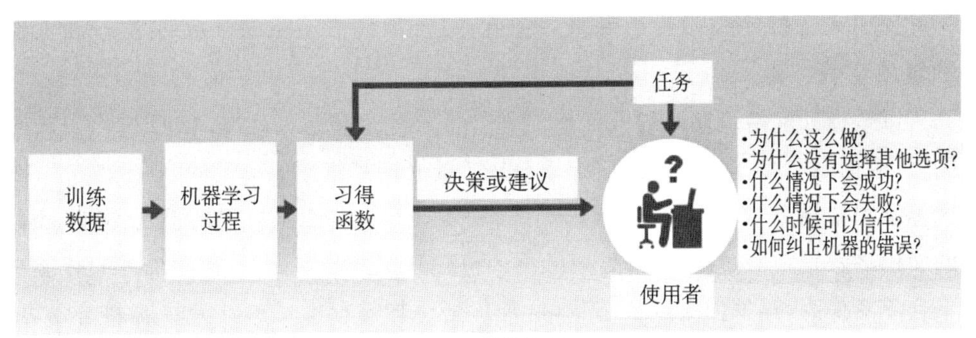

(a) 目前的AI

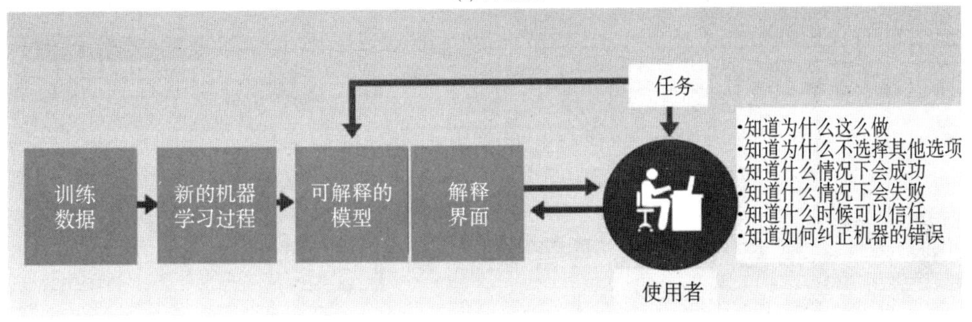

(b) 可解释的AI

图 3-7　美国政府问责局对可解释人工智能的阐释

(四)高质量数据的安全共享是人工智能发挥更大优势的前提,需行业机构持续推动

数据是人工智能最核心的部分。人工智能只有在行业内有大量数据后才能发挥作用。在正确的时间和条件下,将正确的数据和由此数据分析得到的见解传递给用户,是人工智能系统最基本的工作原理。多环节数据共享才能为人工智能创造发挥更大作用的空间,石油工程作业过程涉及多个环节,每个环节都存在多个专业的众多参与主体,在数据信息高度保密的前提下,各个环节众多数据的生产者、所有者、使用者需进一步仔细界定。另外,不同公司、不同专业设备传输数据的一致性、可靠性直接决定了人工智能系统的数据处理复杂程度和分析质量。

油气行业已经认识到数据质量的重要性,为了提升不同参与者之间数据共享的可行性,降低数据处理难度,2016 年,美国石油学会的作业者数据质量小组(OG-DQ)组织钻井承包商、原始设备制造商(OEM)和服务公司合作,共同规范石油工程领域钻井数据的采集、传输、存储、转换、集成和应用等各个环节,在各类机构之间形成数据的校准和统一,形成的规范可大幅提升数据一致性和可靠性。另外,输入错误数据,引导产生错误模型,从而形成样本攻击都是人工智能技术广泛应用时必须面对的问题,这些问题的解决都需要行业机构对各环节进行进一步的规范和标准化。

(五)人工智能技术应用带来的锁定效应、黑洞效应会进一步改变石油工程领域的竞争态势

以数据和网络为基础的人工智能将会带来竞争态势的改变,信息技术一般遵循“机遇优先”的发展规则,依托于信息技术的新产品将形成一定的“锁定效应”,形成标准和使用习惯,自动生成市场壁垒。另外,与物质使用过程的损耗不同,数据的使用过程是增值过程,随着处理数据的范围和频次增多,人工智能工具的智能水平会不断提高,竞争力会越来越强,这种优势叠加就会形成一种天然的网络张力,从而形成黑洞效应(进入较早的强势技术犹如宇宙里的黑洞,会最大可能地吸纳更多的资源,并将资源转化成财富,从而在激烈市场竞争中生存下去)。建议国内石油工程企业要充分认识人工智能技术发展的紧迫性,及早进行科学规划,采取并购、合作等有效手段快速发展,在新一轮竞争中争取优势地位。

第三节　人工智能在钻井方面的技术

一、基于人工智能的钻井液完井液体系优选技术

钻井是勘探与开采石油和天然气资源的一个重要的环节,也是石油天然气勘探和开发的重要手段。在安全、优质和快速钻井的过程中,钻井液起着关键作用。在钻开油气层的时候,完井液的自身性质对保护储集层来说是十分重要的。但通常不是在钻达油气层顶部后才把钻井液全部换为完井液,而是把原钻井液改性为完井液。因此当优选钻井液完、井液时,不仅要考虑保护储集层,而且要在考虑地质、工程、井眼质量和环保等各方面的因素后,对一口井所使用的钻井液体系分段地进行合理的选择,确保其适用性和可行性。所谓钻井液体系是指钻井液的基础成分或主要的特殊功能相似且形成系列,其中容纳有个性的差异,故在一种体系中包括许多品种。随着石油行业技术的突飞猛进,钻井液完井液体系也随之增多,在面对越来越多的钻井液、完井液体系品种选择时,人工选择效率越来越低效。而且,由于油气层数据信息非常复杂,不确定性较高,同时,某些钻井液完井液对地层参数的影响还不能用精确数值来量化描述,具有一定的模糊性和非线性。一般情况下,在不能用精确数值量化描述的情况下,石油工程师会在一定实验分析基础上,采用经验公式等方法进行分析解释。而这时又存在预测效率低、预测的结果可靠性误差大等问题。这些问题都将严重影响钻井施工。对于此类问题,通常会大量借用以往的选取经验,配合石油工程师的分析比较,从而得出相对合适的钻井液完井液体系。这种方法比较可行,唯一的不足就是人工进行分析比较耗时,且准确度不是非常高,存在人为误差。近年以来,机器学习技术飞速发展,越来越多的学

者尝试将机器学习引入不同领域，而且大多取得了非常不错的效果，为人类科技的进步铺砖垫瓦。通过对选择钻井液完井液体系的历史数据信息进行分析，构建基于机器学习的钻井液完井液体系优选的模型，从而在数据较少和有一定模糊数据的情况下完成钻井液完井液体系优选。

(一)算法分析

由于钻井液完井液体系优选的参数达到16个，考虑到BP神经网络优选模型高维输入参数可能使得优选模型的规模过于庞大，引起训练效果低下、准确度低、训练时长剧增等问题。故考虑对其先进行前期的处理，分析以下3种方法来避免此种问题的发生。

1. 主成分分析法

主成分分析法主要通过降维的思想，将原始的特征集通过其矩阵之间的相关关系找出各个特征不相关的、可代表所有特征的、比原始特征少的特征项。从而达到用少数特征项全权代表全体原始特征项的目的。

钻井液完井液体系的优选中可构建模型为：假设有 x 个样本，每个样本有16个特征项，分别为 $CS_1, CS_2, CS_3, \cdots, CS_{16}$，则原始特征项矩阵为：

$$CS=\begin{bmatrix} CS_{11} & CS_{22} & \cdots & CS_{116} \\ CS_{21} & CS_{22} & & CS_{216} \\ \vdots & & \ddots & \vdots \\ CS_{x1} & CS_{x2} & \cdots & CS_{x16} \end{bmatrix}=(CS_1, CS_2, \cdots CS_{16})$$

由特征项矩阵，可得到该体系综合特征项线性组合：

$$\begin{cases} T_1=A_{11}CS_{11}+A_{12}CS_{12}+A_{116}CS_{116} \\ T_2=A_{21}CS_{21}+A_{22}CS_{22}+A_{216}CS_{216} \\ \cdots \\ T_x=A_{x1}CS_{x1}+A_{x2}CS_{x2}+A_{x16}CS_{x16} \end{cases}$$

线性组合式中的组合系数A满足该项组合系数平方和为1。

假如有 x 条数据，有16个特征项，主成分分析算法的具体步骤如下。

①将原始数据集组成 x 行16列的矩阵 CS。

②将 CS 的每一列(即一个特征项属性)进行均值化操作(在此采用零均值化)，也就是减去该列的平均值。

③计算出协方差矩阵。

④计算出协方差矩阵的各个特征值及相对应的特征向量 R。

⑤把特征向量 R 按照相对应的特征值的大小顺序由上至下组成矩阵，通过实验观察选取合适的前 M 项，组成新矩阵 CSS。

⑥CSS 即为降维处理后的数据集。

2. 奇异值分解法

奇异值分解法是通过数学中矩阵的因式分解，通过求出奇异值个数和奇异值，同时得到一个重新排列的、可用于代替原始数据矩阵的相似矩阵，将该数据集的奇异值按大小顺序排列，得出其重要程度表，从而根据实际需求确定留下重要程度大的特征项，舍去不重要的特征参数，从而达到减少原始数据集项的目的，找出原始数据集中的主要影响项。

奇异值分解算法具体步骤如下。

①获取矩阵 CS(需要降维的原始数据集)。

②计算出应为 $CS^T CS$ 和 $CS\ CS^T$，“^{T}” 表示转置矩阵。

③计算出 CS^TCS 和 $CS\ CS^T$ 的特征向量 λi 与 λj，vi 与 ui。

④依据原始正交基映射后还是正交基的性质，得出 $CSvi=\sigma iui$，由此可求出奇异值 σi。

⑤根据 $CS=U\Sigma Vt$，可以得到 CS 的奇异值分解，$U\Sigma$ 即为所求的数据集。

⑥根据奇异值的大小，通过实验观察，确定需要留下的奇异值个数，即可得到相应的降维数据集。

3. 灰色关联度分析法

灰色关联度分析法是通过确定性数据集列(即结果)和若干个比较数据列(即特征参数项)的几何形状的相似程度来决断它们之间的紧密关系，从而找出它们之间的关联程度，该方法一般用于分析、研究各个特征因素对结果的影响程度大小，将其应用于寻找 16 个特征参数影响钻井液完井液体系选择结果的影响程度之中，从而确定 16 个特征参数中最重要且最终保留，用于进行后续训练的特征参数。

灰色关联度分析算法步骤如下。

①确定分析数列：确定反映钻井液完井液体系优选的参考数列和影响钻井液完井体系选择的比较数列。

②参考数列，即为钻井液选择结果项。

③比较数列，即为 16 个特征参数项：

$$Z_i=Z_i(k)\,|\,k=1,2,\cdots,n;i=1,2,\cdots,m$$

④对变量进行无量纲化操作，通过对比较数列进行均值化处理，达到无量纲化的目的：

$$Z_i(k)=Z_i(k)\div Z_i,k=1,2,\cdots,n;i=0,1,2,\cdots,m$$

⑤根据下式计算出关联系数：

$$\xi_i(k)=\frac{\min_i\min_k|g(k)-Z_i(k)|+\rho\max_i\max_k|g(k)-Z_i(k)|}{|g(k)-z_i(k)|+\rho\max_i\max_k|g(k)-z_i(k)}$$

在此将 $\Delta i(k)=|g(k)-zi(k)|$ 代入上式。ρ 为分辨系数，一般取值为 0.5，将上式化简为：

$$\xi_i(k)=\frac{\min\limits_i\min\limits_k(\Delta_i k)+0.5\max\limits_i\max\limits_k\Delta_i(k)}{\Delta_i(k)+0.5\max\limits_i\max\limits_k\Delta_i(k)}$$

⑥根据上式计算出关联度：

$$R_i=\frac{1}{n}\sum_{k=1}^{N}\xi_i(k),k=1,2,\cdots,n.$$

⑦对关联度 R 进行排序，依据排序大小找出对应的重要项，确定留下多少项特征参数。

4. BP 神经网络优选

BP 神经网络的主要思想是在输入历史数据集样本之后，用反向传播的算法思想对 BP 神经网络的权值和偏差进行反复多次性的调整训练，最终使得到的向量同用户希望的向量尽可能的接近，当学习模型输出的误差小于事先指定的误差时，则训练结束，保存此时的权值和偏差值，以备后续的训练学习使用。

神经网络模型主要分为三部分：输入层、隐含层和输出层。在此处使用的神经网络模型为 16 个输入节点，1 个输出结点，隐含层(L)借用下式来确定，其中 N 为输入神经元的个数，M 为输出层神经元的个数，A 为[1,10]之间的常数。

$$\mathrm{L}=\sqrt{N+M}+A \tag{5}$$

BP 神经网络优选算法的主要步骤如下。

①输入信号的前向传播：输入数据通过输入层传至隐含层，最后到达输出层。

②误差反向传播：从输出层传至隐含层，再从隐含层传至输入层，依次调整隐含层至输出层的权重和偏置量，输入层至隐含层的权重和偏置量。

(二)优选模型

对于钻井液完井液体系优选，主要采用如下算法模型(如图 3-8)进行模型构建。

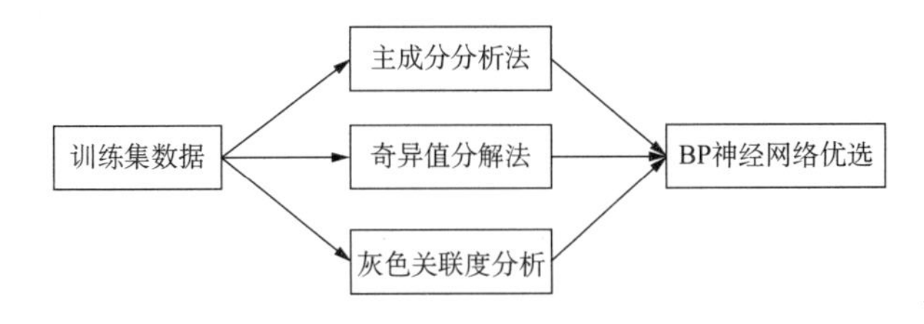

图 3-8　算法模型思维图

对于钻井液完井液体系优选的研究主要采用如算法模型思维图所示的方式进行优选模型的构建，采用 3 种方式，分别是“主成分分析法＋BP 神经网络优选”“奇异值分解法＋BP 神经网络优选”“灰色关联度分析＋BP 神经网络优选”。具体的模型训练过程如图 3-9 所示。

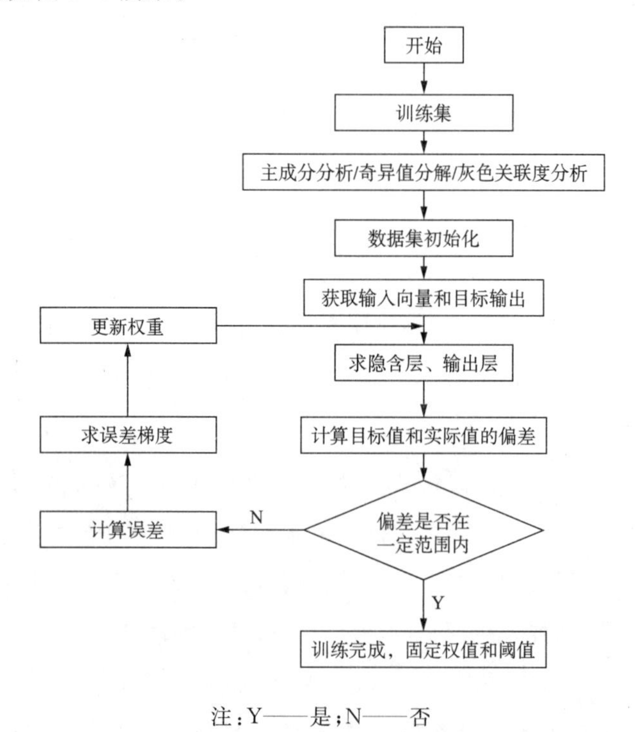

注：Y——是；N——否

图 3-9　钻井液完井体系优选流程图

二、基于人工智能的钻井监测数据处理技术

机器学习对钻井过程进行监测具有诸多好处，首先，可以实时获得钻机的参数，避免钻机过载破坏；其次，获得的随钻参数可以和地层信息一一对应起来，辅助工程地质钻探，使得钻探更加快捷、准确。通过在钻机上安装位移传感器、油压传感器、转速传感器实时监测钻机的参数，将得到的监测数据用机器学习的算法进行分析，实现边钻边预测地层信息得到的结果表明，钻探过程产生的大量数据结合机器学习算法是个很好的组合，预测结果优良，对钻井监测数据进行大数据挖掘有助于更好的了解地层和辅助钻探。

(一)研究方法和流程

1. 数据采集

通过在钻机上安装油压传感器、转速传感器和位移传感器对钻机的油压、钻杆转速和机头位移进行实时监测，如图 3-10 所示(因油压传感器很小，实物只有鸡蛋大小，故图中未标出)，监测时数据采集频率为 1 次/s。数据采集过程中，需记录钻机稳定钻进的时间节点，供后期筛选数据参考。

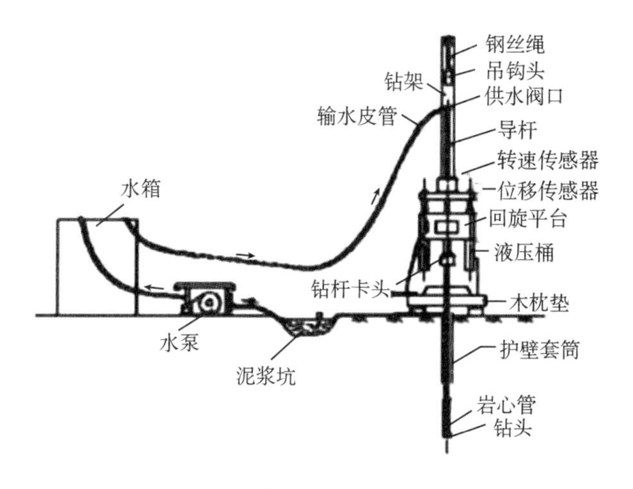

图 3-10　液压回转旋转钻机和构件示意图

2. 数据筛选

由于钻井过程监测数据采集是连续的，而钻机的工作是间断性的，并且钻机工作期间纯钻进时间也是断断续续的，所以需要对采集的数据进行清洗，把没有意义的数据剔除，便于分析。

针对钻井过程监测对工程地质勘探的辅助作用，只研究纯钻进过程，所以需要剔除掉停工、钻机空转、提钻等未钻进的情况。除了可以通过记录纯钻进的时间节点来进行数据的筛选以外，还可以根据通过两类机器学习算法来实现对数据的分离。

3. 数据建模

将经过筛选得到的纯钻进过程的数据通过算法进行分析。

①选择变量。要想通过对钻机的参数监测从而识别岩石的各项性质和力学指标必须要了解岩机相互作用的机理。其中钻压、转速、扭矩、钻速是最重要的几个参数，前 3 个参数可以说是“因”，而第 4 个参数是“果”。这 4 个参数也是数据分析所要选择的参数。首先，不同性质的岩石作用在钻机上，体现在钻机上是各个参数的变化；其次，相同的钻机参数作用在岩石上，最能体现的是钻进速度的不同，但是这种情况在施工过程中比较少，施工过程不会保持着同样的参数让钻机钻进，他们会根据钻进的情况来调整钻压、转速，以便快速钻进，这对利用 DPM（钻井过程监测）数据进行地层分析提出了挑战。

②选择算法。针对数据分析的不同阶段，采取相应的适合的算法。整个算法体系中，分为监督学习、无监督学习、半监督学习三种算法。监督学习是通过已有的一部分输入数据与输出数据之间的相应关系。生成一个函数，将输入映射到合适的输出，比如分类和回归。其代表的算法有 K-近邻算法、支持向量机、决策树、朴素贝叶斯、逻辑回归这 5 种。无监督学习直接对输入数据集进行建模，数据集中没有预先做的标签，比如聚类和降维。其代表算法有最大期望算法、K-MEANS 聚类、稀疏自编码器、限制波尔兹曼机，高斯混合模型。半监督学习问题是从样本

的角度出发利用少量标注样本和大量未标注样本进行机器学习，也是综合利用有标签的数据和没有标签的数据，来生成合适的分类函数。

③加载算法与测试结果。

4. 目标预测

通过训练数据集，我们可以对岩石的岩性和完整性进行预测，如果有岩石的抗压强度训练集，还可以对抗压强度进行回归预测。

(二)应用与分析

结合机器学习方法，通过一个DPM(某钻井公司的钻井平台数据系统)实例预测地层岩性和完整性。

1. 数据来源

该钻孔位于延安，是一个地质勘察钻探孔，钻孔深度为244.5 m。有取芯对应的DPM数据61750组，时间间隔为1秒。

2. 算法选择及输入因素选择

出于预测地层岩性及完整性的功能需要，将采用监督学习的算法来预测。又因为不同的地层性质对应有不同的钻机参数，相同地层对应的钻机参数具有一类特征，所以在这个目标预测中采用了k-近邻算法(knn算法)。

输入的因素有转速、油压、钻速、地层深度4个因素。输出为岩层的岩性和完整性，其中岩性标签有13种，完整性标签有4种，分别为完整、较完整、较破碎、破碎(见表3-1)。

表3-1 地层原始情况

岩性代号	完整性代号	岩性	完整性	深度区间/n	
1	1	黄褐色粘土，可塑，干后强度中等，土质均一	完整	143.44	147.43
2	2	黄色泥岩	较完整	147.43	148.00
3	3	黄色夹灰黑色泥岩	较破碎	148.00	152.58
2	3	黄色泥岩	较破碎	152.58	155.06
4	2	黄色砂岩	较完整	155.06	157.35
4	2	黄色砂岩	较完整	157.35	162.64
5	3	黄色砂岩，内含少量泥岩	较破碎	162.64	165.84
6	1	深青色泥岩	完整	165.84	167.49
5	3	黄色砂岩，内含少量泥岩	较破碎	167.49	170.37
4	2	黄色砂岩	较完整	170.37	174.07
7	2	灰色泥岩	较完整	174.07	175.00
8	2	青色泥岩，含紫斑	较完整	175.00	178.69
7	3	灰色泥岩	较破碎	178.69	178.83
9	3	青白色泥岩过度黑色碳质泥岩	较破碎	178.83	183.14
10	3	黑色泥质砂岩	较破碎	183.14	186.16
11	4	黑色碳质泥岩	破碎	186.16	187.67
11	4	黑色碳质泥岩	破碎	215.86	218.23
12	2	灰白色砂质泥岩	较完整	218.23	218.81

续表

岩性代号	完整性代号	岩性	完整性	深度区间/n	
13	4	碳质泥岩	破碎	218.81	220.53
12	3	灰白色砂质泥岩	较破碎	220.53	225.66
12	2	灰白色砂质泥岩	较完整	225.66	229.25
10	3	黑色泥质砂岩	较破碎	229.25	230.03
14	1	青白色细砂岩	完整	230.03	232.52
10	1	黑色泥质砂岩	完整	232.52	236.16
10	2	黑色泥质砂岩	较完整	236.16	241.16
13	4	碳质泥岩	破碎	241.16	244.49

3. 结果分析

训练数据集数量为 3040 组，预测数据集数量为 49 133 组。预测准确率为 0.86013。从科学研究上讲，DPM 采集的数据可以帮助我们用量化的方式来评价地层信息，并且为工程提供可靠的地质情况。通过 DPM，人们可以快捷、有效、定量、客观地测量或计算得到岩石块体的单轴抗压强度、大小和地下分布，以及它们之间界面断面的产状、延伸、凸凹起伏平整度、厚度和充填物质的物理和力学性质。DPM 为进一步完善和解决现有工程岩体质量评价方法存在的诸多问题提供了一条可行的途径和手段。在传统岩体质量评价方法、岩体地质条件和 DPM 的基础上，可建立新的方法和规范来快捷、有效、定量和客观地评价岩体质量。更可将这个新方法和规范推广到全世界岩土工程界。DPM 钻孔过程实时监测将成为一种常规力学试验，成为岩土工程生产力的一部分，从而有效地降低岩土工程中的事故和灾难。从工程管理角度上讲，DPM 可以实现对钻孔过程的实时监测，可以知道钻机的实时状态，进而可以防止虚假钻孔和虚假编录。

三、基于人工智能的岩心钻探工况判别技术

钻探工程具有隐蔽性，出现事故时仅凭人工经验难以在第一时间察觉，容易造成经济损失，降低作业效率，产生人员伤亡，因此能够在事故发生初期将影响降至最低的工况判别系统在钻探工程中扮演着重要角色。基于机器学习的智能分类算法可将多种监测参数变化趋势映射到工况类别中，在影响因素无法用数学关系确定的钻探工况判别方面具有优势，与钻参仪结合可起到实时判别工况的效果。

(一)异常工况分析

发生在地下的岩心钻探事故具有隐蔽性和发生原因多样性的特点，只能通过孔内变化对事故进行间接判断。根据钻遇地层特性做好预防措施，在孔内情况发生异常变化时及时调整钻进手段和钻进参数，能够将大部分的钻探事故防患于未然。

1. 岩心钻探特点

岩心钻探工程可分为地上和地下两部分，地上主要与钻探设备有关，包括钻机、泥浆泵、动力机、钻塔等；地下主要与钻探工艺有关，包括钻孔结构、钻具、钻井液循环方式、岩心采取工艺和钻进方法等。钻探中的复杂情况及事故的成因与工作环境、岩心钻探设备等特点联系紧密。

(1)钻探环境

岩心钻探工程是为了查明基岩的性质或地质构造、工程建筑的地基承载能力及水文地质情况等而进行的取心钻探，包括矿产普查勘探、工程地质勘察钻探、水文地质钻探、超深科学地质钻探等类型，工作环境以山区为主。受山区地势制约，工作场地不如石油钻井开阔，且勘探规模较小，除了科学超深钻外，勘探深度一般在 1000m 左右。岩心钻探以岩心采集或岩屑收集为主要目的，在钻探中不但要保证钻进效率，还要保证岩心采取质量，影响因素众多，整个施工过程难以用数学方法精确描述，钻孔内出现事故时基本靠人工反应。

(2)钻探流程

岩心钻探主要包括钻前准备和取心钻进两阶段。钻前准备时需要对钻孔结构进行设计。岩心钻探的钻孔结构较简单，为保证孔壁稳定性，钻孔直径设计一般较小，但在新的勘查区钻进或试验新工艺时，为防止复杂情况的发生，需要留出备用直径。取心钻进时，需密切关注泵压、返浆流量和上返泥浆的状况；每次提钻都需要对钻头和钻杆柱的磨损情况进行检查，并及时更换损坏的钻具；钻进不稳定地层时，下套管或者改变钻井液配方防止井壁塌落，同时每 50～100 m 测量倾角和方位角，预防孔斜。

2. 孔内复杂情况成因分析

孔内情况既受地质因素制约，又受工程技术因素影响。前者是客观存在的地质条件，复杂地质情况会在事先无法完全掌握、现有技术水平无法采取到位的预防措施时发展成自然事故；后者在人工操作失误或钻探规程未得到严格执行时导致孔内出现复杂情况，或在出现事故预兆没有及时察觉时，使孔内出现的复杂情况最终发展为事故。

(1)地质因素

岩心钻探中的地质因素主要包括岩石性质、岩层孔隙性与含水情况、受各类地质作用影响而形成的地质构造以及地层压力，在这些地质因素作用下形成的复杂地层分类、特征、及可能导致的钻进中的复杂状况概括见表 3-2 所列。

表 3-2　地质因素分析表

地层类别	地层特性	代表地层	复杂情况
力学不稳定地层	松散破碎裂隙	砂砾石层、断层破碎带节理、断层发育的地层	漏失、孔壁坍塌、超径漏失、掉块、孔壁坍塌
遇水不稳定地层	遇水松散	各类风化岩层	掉块、孔壁坍塌、孔内岩屑过多导致的糊钻
	遇水溶胀	黏土、泥岩、软页岩等	缩径、超径
	遇水剥落	片岩、千枚岩等结构不均匀地层	孔壁坍塌
	遇水溶解	各类盐类地层	超径

(2)工程因素

孔内复杂情况主要由复杂地质因素导致,但是在处理措施采取不当、钻进方法采用不合理的情况下,会加重孔内情况的复杂程度。工程因素可以人为更改调节,属于主观影响因素,其对孔内复杂情况的影响具体见表 3-3 所列。

表 3-3　工程因素分析表

工程因素		技术要求	主要作用
钻孔结构		设计时考虑套管封固不稳定和漏失地层,尽量简化结构,减少裸眼钻进时长	防止坍塌、漏失和涌水
钻探装备	钻机	钻压调整范围广,传递动力,变换角度	出现复杂情况时可灵活调节
	泥浆循环系统	泵量调节范围广,泵量确定后不随泵压变化而变化,泥浆池固控性能完备	保证钻探适应性,保证泥浆上返速度,清洗孔底、冷却钻头
	钻头	根据地层可钻性选择	保证合理钻速,防止跳钻
	钻探管材	强度大,耐磨,弹性好,表面光滑平整	保证岩心的提取,防止中途断钻
	钻井液	根据地层压力、岩性、钻进方法等确定	防塌孔、烧钻、糊钻、埋钻等
钻探技术操作规程		操作人员严格遵守规程	防止操作失误使事故扩大化
安全措施		日常检查设备完好程度和工作状态,制定安全技术措施指导施工,发现问题及时处理	减少工作人员失误,提高钻探效率

3. 异常工况与特征分析

对岩心钻探中常见异常工况发生的原因、征兆及表征进行分析,得到异常工况与异常工况下特征参数变化的映射关系，为工况判别模型的构建提供先验理论支持。

(1)正常钻进工况

正常工况下，各主要钻探参数波动不超过限制，变化平稳，地面钻探设备及孔内设备正常作业，不出现钻进受卡、钻具回转吃力等现象，钻速稳定，可认为正常工况下各参数处于一定的范围中。

(2)烧钻

烧钻主要出现在金刚石钻进中，是孔底温度过高而导致钻头烧毁的现象。烧钻事故产生的关键原因是钻井液的循环出现问题，导致孔底钻头附近流量小或基本无流量，无法发挥钻井液的冷却效果。钻具回转，与孔底岩屑、岩粉等摩擦发热，在钻井液流量小的情况下，钻头温度升高，将钻头、下部钻具、孔底岩石等融为一体，钻具无法回转和提拉，在软岩中进尺缓慢，硬岩中不进尺。烧钻的产生有两种情况：①孔底循环不畅，钻头无法得到冷却，此时泵压下降，孔口返浆正常，但因为没有携带孔底岩屑而使返浆密度下降；②钻进时人工操作盲目追求进尺或由硬岩层钻入软岩层，导致钻速过快，造成孔内岩粉淤积，出现憋泵现象，导致泵压增加。随着烧钻事故的发展，钻具孔底负荷、钻机动力负荷都会增加，转速下降，钻机扭力表扭矩增大，动力机功率表产生突变。

(3)糊钻

钻进时，钻井液的上返不能将孔底产生的岩屑、岩粉、泥等彻底清除，导致这些物质不断粘附在下部钻具(钻头、钻铤等)附近。随着下部钻具的旋转和挤压，它们会逐渐在钻头处形成糊包，对钻进形成阻碍，即糊钻事故。糊包对钻孔的堵塞使钻头无法移动和转动，产生卡钻和钻头磨损；由于活塞作用，起钻时产生负压，极易导致孔壁的剥落和坍塌；此外，钻头受糊包影响，钻进时受力不均，使钻进路线产生偏差。糊钻产生的主要原因是钻孔内井壁脱落的泥皮和钻进过程中产生的岩屑包裹在钻头或下部钻具，因此当上返泥浆中存在岩屑或泥皮组成的结块且钻头难以钻进时，就应当考虑是否有糊钻现象发生。钻头处的糊包使井眼产生堵塞，泵压上升，返浆密度增加，提钻时大钩悬重增加，钻具转动吃力，扭矩增大，钻速下降较快。

(4)卡钻

造成卡钻的原因很多，形成的各类卡钻也不尽相同，本书仅对掉块卡钻、悬桥卡钻、缩径卡钻进行详细分析。掉块卡钻：地质岩心钻探中常见，主要原因是钻进不稳定地层时，泥浆上返流速过快，或失水量大，导致复杂岩层塌陷。仅出现岩块坍塌的掉块卡钻易处理，若出现大量岩粉掉落可能出现环状间隙受堵的埋钻事故，导致冲洗液不能流通。产生掉块卡钻时不影响泥浆循环，扭矩迅速上升，泵压和返浆流量变化不明显，转速和钻速急剧下降。悬桥卡钻：也称砂桥卡钻，常出现于钻孔换径或直径不规则处。泥浆携孔底岩屑上返时，在钻孔直径变大的部位速度下降，部分泥浆形成漩涡，导致岩屑下沉，在使用清水钻进时更易发生。出现悬桥卡钻的预兆时，扭矩和泵压逐渐上升，至卡钻后扭矩迅速增大。缩径卡钻：钻进黏土、泥岩等膨胀性岩层或泥浆滤失量过大时，岩层吸水膨胀或泥浆在井壁上形成较厚的泥皮使得原孔径缩小。出现缩径卡钻的预兆是起下钻和回转时感受到阻力增加，产生憋泵。

(5)断钻

断钻即钻进中钻具系统受拉、压、扭而产生断裂脱落的现象。发生断钻的原因包括钻具受力情况复杂，弯扭提供了主要的破坏力；钻具回转时不断与井壁接触，加快了钻具的破坏速度；钻具连接处不紧密、磨损严重或钻杆和岩心管弯曲程度过大等。发生断钻前，钻杆出现裂纹，并随时间增加而扩大，出现泥浆短路现象，导致泵压逐渐降低；断钻发生时，扭矩减小，大钩载荷下降，转速不变，此时钻速下降。

(6)泥浆漏失

钻进时，孔内泥浆在压差作用下逐渐渗入孔壁岩层之中，导致返浆流量大大小于出口流量，即漏失事故。严重时泥浆完全漏失，钻进中泥浆的冷却、润滑、造壁作用消失，不能排出孔底岩屑，容易引发烧钻、卡钻、埋钻等各类事故。泥浆漏失的主要特征表现为孔口返浆流量持续降低或无返浆，泵压降低，转速、扭矩等参数不发生变化。

(7)异常工况参数响应关系总结

研究的工况判别模型仅包含正常钻进中由参数变化可反映的异常工况类别，而不对有人为干预的操作阶段(如起下钻)进行考虑。井下复杂情况和事故的预测、预防、识别和控制是一个系统且复杂的过程，影响钻进工况的因素众多，且相互联系，无法用具体的数学关系反应，只能通过经验或大致的参数变化趋势描述。表 3-4 中为正常工况、烧钻、糊钻、卡钻和泥浆漏失情况发生时的参数变化趋势，每种异常工况产生时，特征参数的变化组合不同。同时满足所有特征变化时才会认定为产生了某种异常工况。

表 3-4　工况—变化参数响应关系表

工况＼参数		转速	扭矩	泵压	返浆流皐	钻速
正常		稳定	穏定	稳定	稳定	穏定
烧钻	岩粉排出不畅	降低	升高	升高	降低	降低
	泥浆短路	降低	升高	降低	正常	降低
糊钻		略降低	略升高	升高	不变	降低
卡钻	掉块	迅速降低	迅速升高	不变	不变	降低
	悬桥	降低	升高	升高	减小	降低
	缩径	降低	升高	升高	不变	降低
断钻		不变	降低	降低	不变	降低
泥浆漏失		不变	不变	降低	降低	不变

(二)异常工况判别模型的建立

1. 钻探数据的分析与处理

下文数据来自国家重点研发计划“多金属矿岩心钻探关键技术装备联合研发及示范”在山东平度市山旺-上马台金矿区的示范性 28zk6 钻探孔,该钻孔设计孔深540 m,采用中装建设集团有限公司研发的 XD-12R 型多工艺全液压自动化钻机,在 0～126.86m 下套管钻进,126.86m 之后进行裸眼钻进。XD-12R 型钻机可进行多参数监测与存储,以 1 次/s 的频率采集扭矩、转速、钻压、泵量、泵压、孔深等钻探参数。部分数据见表 3-5 所列。

表 3-5 原始钻探数据

时间	扭矩/N·m	转速/r/min	钻压/kN	泵量/L/min	泵压/MPa	孔深/m
11:06:48	110.349136	395.790802	27.771912	100.635834	2.894425	270.62738
11:06:49	111.467529	405.214386	27.45023	100.492416	3.036773	270.62738
11:06:5	112.58593	405.214386	27.45023	100.97049	2.894425	270.62738
11:06:51	112.58593	386.367188	27.45023	100.348984	2.989324	270.62738
11:06:52	112.58593	386.367188	27.45023	100.731453	2.894425	270.62738
11:06:53	99.910698	386.367188	27.021318	100.157761	2.704626	270.62738
11:06:54	106.993919	395.790802	27.343002	101.592003	2.704626	270.62738
11:06:55	105.875511	386.367188	27.343002	101.209534	2.514828	270.633636
11:06:56	105.502708	405.214386	27.45023	100.57975	2.562278	270.633636
11:06:57	104.757118	405.214386	27.45023	100.874878	2.562278	270.633636
11:06:58	104.757118	386.367188	27.45023	101.104836	2.562278	270.633636
11:06:59	103.63871	414.63797	27.771912	100.82708	2.562278	270.633636

28zk6 钻孔共采集到约 75 万条数据,在整个钻进中未发生钻孔事故,可选取正常钻进段的参数作为正常钻进数据集,以区分异常工况发生时的数据。考虑到数据的连贯性、有效性和代表性,排除因传感器故障未采集到某项钻探参数的钻探数据,选择钻机正常作业采集到的某天数据作为正常钻进工况分析数据。

(1)原始钻探参数可视化分析

通过对获得的 28 119 条钻探数据记录的泵压、泵量、转速、扭矩、钻压、孔深分别进行可视化处理,得到各钻探参数随时间变化图,便于区分正常钻进段。

①泵压。泵压是泥浆泵的工作压力,也是钻井液在孔内循环的阻力总和。正常钻进时,泵压随钻孔的加深而增加;发生烧钻、断钻、井壁坍塌等事故时,孔内受阻,泵压发生突变。28zk6 钻孔当天记录泵压参数变化如图 3-11 所示。

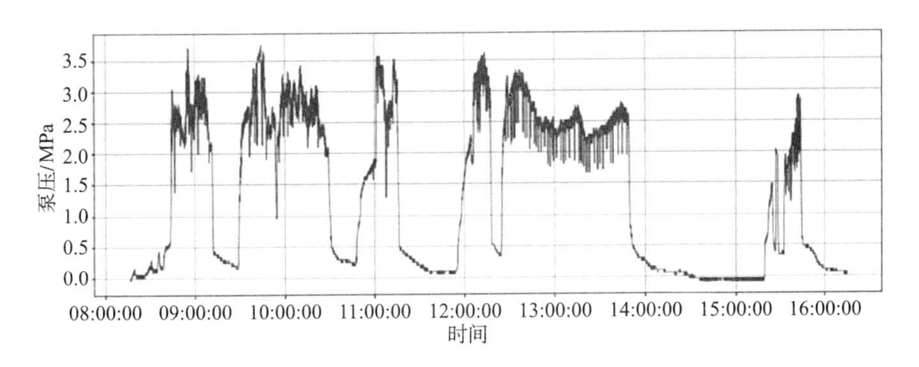

图 3-11　泵压随时间变化图

②泵量。泵量是泥浆泵工作时排出的钻井液流量，正常钻进时不随孔内阻力变化发生改变。泵量过低，孔底岩屑不能及时排出，冷却钻头效果下降，易造成埋钻、糊钻、烧钻等；泵量过高，对孔壁冲刷作用增加，在复杂地层中易造成掉块、塌孔。28zk6 钻孔当天记录泵量参数变化如图 3-12 所示。

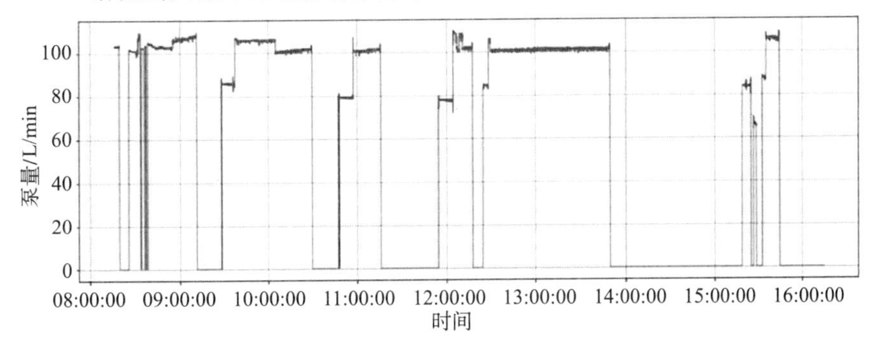

图 3-12　泵量随时间变化图

③转速。转速反映了钻机的工作情况。钻机回转器带动钻具和钻头进行钻进，转速越大，钻头对岩石的切削次数越多，钻速越高。转速由钻机操作人员根据钻孔设计控制，属于钻进规程参数，转速过高易造成钻头磨损和孔底温度升高，可能出现烧钻。正常钻进时转速稳定在一定的区间内，出现钻具卡阻时，转速下降。钻孔当天转速变化如图 3-13 所示。

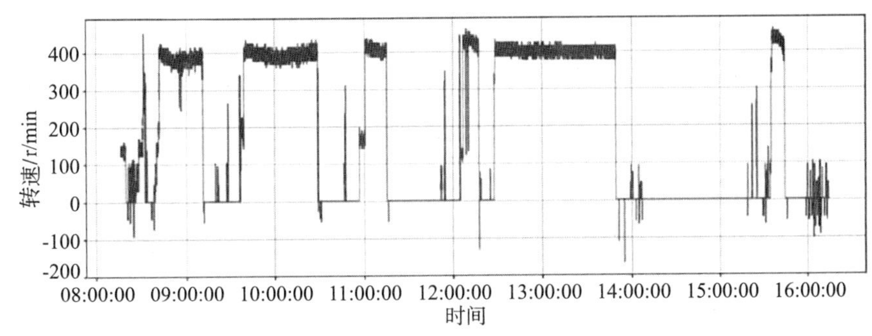

图 3-13　转速随时间变化图

④扭矩。扭矩表示钻进中钻具回转克服阻力的力矩，当钻机功率一定时，扭矩

与转速成反比。正常钻进时，转速稳定，扭矩稳定；钻具受卡时，扭矩增加。28zk6孔当天扭矩变化如图3-14所示。

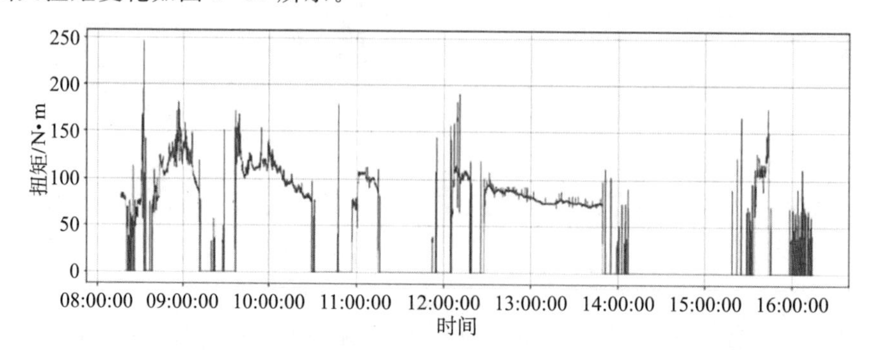

图3-14　扭矩随时间变化图

④钻压。液压钻机中测得的钻压是加压油缸联合钻具重量对钻头施加的轴向力。在其他条件相同的情况下，钻速与钻压成正比，钻压过大时，钻头紧压孔底岩石，转速降低，扭矩增大，易出现跳钻、憋泵现象，钻头的磨损程度增加，甚至产生烧钻现象，钻杆柱受轴向力增加，弯曲程度增加，既会对孔壁造成一定影响，又有可能对钻杆柱造成破坏，造成断钻。28zk6孔当天的钻压变化如图3-15所示。

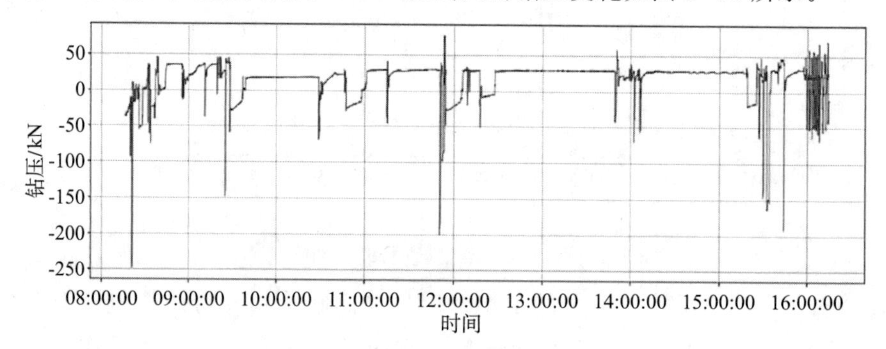

图3-15　钻压随时间变化图

⑥孔深。孔深的实时变化可反映钻进速度的快慢，而钻速能够反应钻探施工的进尺速度和钻进的最基本情况。出现卡钻、因孔底循环不畅导致的烧钻和糊钻时，钻速迅速下降，孔深不产生变化。28zk6孔当天的孔深数据如图3-16所示。

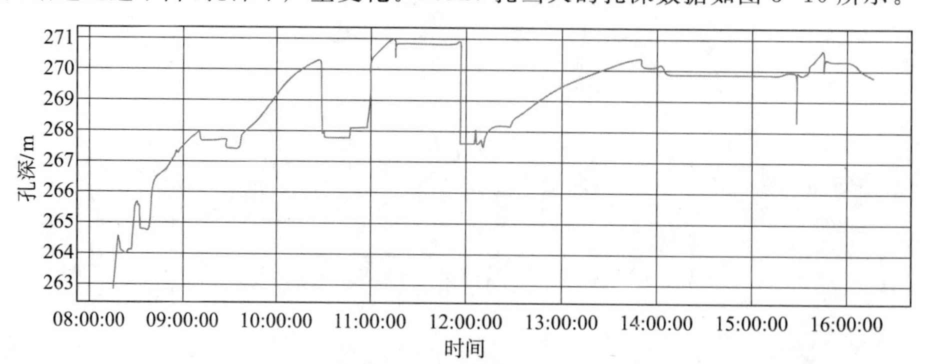

图3-16　孔深随时间变化图

正常向下钻进时，钻孔深度在图 3-17 中反映为随时间规律增加的函数，其增加段与转速所反映的开钻段一致；10:30 分左右钻孔深度由 270 m 快速变化为 268 m，并在 268 m 左右停滞约 0.5h，应是提钻后停钻导致。孔深曲线的斜率即为实时钻速。

(2)原始钻探数据处理

28zk6 钻孔直接获得的特征参数中，泵量和钻压受人工操作调节，在出现异常工况时不产生变化，因此采用钻探数据构建数据集时，仅选择转速、扭矩和泵压作为有效参数。孔深数据在反映钻探工况变化时不够直观，因此根据正常钻进段孔深曲线间接求出钻速变化趋势，将钻速作为特征参数之一。实时工况判别对数据的要求有如下几点：①获取的数据按组送入工况判别模块，如果不经任何处理直接进行判断，数据中的噪声或突变会影响到判别的准确性。为此，需要对数据进行平滑处理。②正常钻进数据不能显示出变化趋势，描述异常工况类型的数据变化需要构造偏差值。③正常钻进时，转速、扭矩、钻速稳定在一定区间内，泵压随孔深的增加而增加。为分辨正常工况，需先获得正常工况变化范围。

据此，对正常数据作如下处理。

①平滑处理。异常工况的参数变化趋势中存在三种形式：迅速变化、缓慢变化和普通变化。为防止判别时噪声干扰，采用滑动平均值方法能够更好地获得变化趋势，因此需要对正常工况下的数据做同样的转化。滑动平均值源于时间序列分析中的时序预测方法，在金融、气象等领域应用较多，用于研究时间序列的变化趋势。在工况判别数据的处理中，可将滑动平均值定义为下式：

$$\overline{x}_i=x_i,i=1,2,3,4$$

$$\overline{x}_i=\frac{\sum\limits_{j=1-4}^{i}x_j}{5},i\geqslant5$$

其中，当"$i=4,3,2,1$"时，获得的 $x_1\sim x_4$ 数据不考虑工况判别，也不用进行平滑处理；从第 5 组数据开始，取 5 个数据的滑动平均值作为工况判别第一组数据的真值，以此类推。对正常工况数据进行处理后，共获得 10 633 个数据。

②偏差值处理。为了使工况判别模型泛化能力更强，选择以偏差值作为训练数据，引入绝对误差，计算公式为：

$$\Delta\,\overline{x}_i=\overline{x}_{i+1}-\overline{x}_i$$

其中$\overline{x}_i=[\overline{x}_i^{(1)},\overline{x}_i^{(2)},\overline{x}_i^{(3)},\overline{x}_i^{(4)}]$为某一时刻记录的钻探数据，共有 4 个特征参数：转速、扭矩、泵压、钻速。

绝对误差可代表前后两组滑动平均值的偏差关系：钻探参数变化趋势为增加时，$\Delta x-i>0$；变化趋势为减小时，$\Delta x-i<0$；不发生变化时，$\Delta x-i=0$。基于正常工况数据的滑动平均值构建趋势参数，共获得 10 628 组正常工况参数差值。

③安全阈值处理。在正常工况钻探参数差值数据中，各组数据作为绝对误差可视为独立样本，每种特征参数增量独立同分布，期望和标准差均可得到计算。根据中心极限定理，任意独立同分布的随机变量样本 X_i，当其期望和方差存在且有限时，任意 x 分布函数如下：

$$F_n(x)=P\left(\frac{\sum_{i=1}^{n}X_i-n\mu}{\sigma\sqrt{n}}\leqslant x\right)$$

式中：n 为样本总量，μ 为均值，σ 为标准差。

此分布函数满足：

$$\lim_{n\to\infty}F_n(x)=\lim_{n\to\infty}\left(\frac{\sum_{i=1}^{n}X_i-n\mu}{\sigma\sqrt{n}}\leqslant x\right)=\frac{1}{\sqrt{2\pi}}\int_{-\infty}^{x}e^{-\frac{t^2}{2}}dt=\varphi$$

中心极限定理说明了当 $n\to\infty$ 时，随机变量近似服从正态分布 $N(n\mu,n\sigma^2)$。在实际应用中，当无数随机因素共同对一个变量产生影响导致其随机取值时，此变量的分布会趋近正态分布，样本均值近似等于总体均值。在钻探工程中，构造的差值满足前述公式中的条件，可认为正常钻进特征参数差值样本能够近似估计正常钻进整体的参数增量范围，为训练获得的判别模型的大规模推广应用提供理论支持。

正态分布的概率密度函数表示为下式：

$$f(x)=\frac{1}{\sigma\sqrt{2\pi}}e^{-\frac{(x-\mu)^2}{2\sigma^2}}$$

其正态分布曲线如图 3-17 所示 。

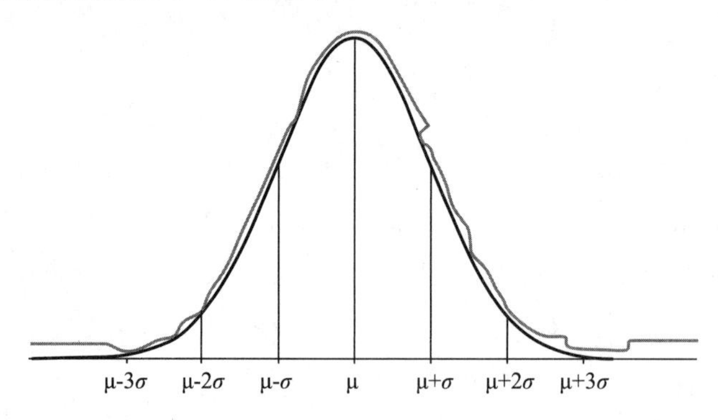

图 3-17　正态分布曲线图

正态分布曲线以 $x=\mu$ 为对称轴，并根据 3σ 原则有：$(\mu-3\sigma,\mu+3\sigma)$ 区间内正态分布曲线对应的面积为 99.73%，即认为正态分布分散范围在 $(\mu-3\sigma,\mu+3\sigma)$ 内，超出此部分的数据仅占 0.27%，可视为野点剔除。对转速、扭矩、泵压、钻速的差值进行统计计算，其均值、标准差及 $\mu\pm3\sigma$ 区间见表 3-6 所列（区间保留三位小数）。

表 3-6 正常钻进工况参数差值统计表

特征增量	最大值	最小值	均值 μ	标准差	$\mu \pm 3\sigma$ 区间
转速增(r/min)	64.0804	−84.8123	0.0291	3.9466	(−11.812,11.869)
扭矩增量(N·m)	15.434	−17.1489	−0.0082	0.8654	(−2.604,2.588)
泵压增量(MPa)	0.5504	−0.6168	0.0002	0.0351	(−0.105,0.106)
钻速增量(m/h)	0.5987	−0.2937	−0.0004	0.0134	(−0.041,0.040)

以 $\mu \pm 3\sigma$ 区间作为正常工况下 99%的置信区间，将超出区间范围的值作为正常钻进中的异常值剔除，获得 10 457 个数据。在异常工况虚拟样本的构建中，可以此正常工况区间作为安全阈值。

(三)样本数据的构建

机器学习的目的是从样本数据中建立模型，充足的训练样本数据是监督学习能够顺利实现的前提。在样本量过小、样本量与特征空间维度相差不大的情况下，容易产生模型泛化能力不足的小样本问题，影响到分类算法的准确性。1992 年，波焦和维特在其论文中提出用对称变换生成的虚拟平面视图样本进行图像识别，这是虚拟样本在机器学习中的首次运用。虚拟样本是采用先验知识，结合已有样本生成的新样本，将这些虚拟样本填充到原有样本中，可提高模型的泛化能力。虚拟样本的构建方法分为以下两种：①对所研究问题中的样本分布函数或先验知识有充足的了解，直接通过已知函数或知识构造样本；②在原样本中添加噪声或扰动，或对原样本进行均匀细分得到新样本。如果要实现对异常工况的判别，仅通过对原有样本添加相关噪声不能实现模式识别的效果，需要根据能够代表变化趋势的参数差值直接构建虚拟样本。以−1、−2、−3 分别表示特征参数降低的程度由小至大——略降、降低和迅速降低；1、2、3 分别表示特征参数升高的程度由小至大——略升、升高和迅速升高；0 表示参数变化稳定，则表 3-7 总结的工况-参数特征响应关系可表示为表 3-8 中的工况-差值变化响应关系。

表 3-7 工况-变化参数响应关系表

工况 \ 参数		转速	扭矩	泵压	返浆流量	钻速
正常		稳定	稳定	稳定	稳定	稳定
烧钻	岩粉排出不畅	降低	升高	升高	降低	降低
	泥浆短路	降低	升高	降低	正常	降低
糊钻		略降低	略升高	升高	不变	降低
卡钻	掉块	迅速降低	迅速升高	不变	不变	降低
	悬桥	降低	升高	升高	减小	降低
	缩径	降低	升高	升高	不变	降低
断钻		不变	降低	降低	不变	降低
泥浆漏失		不变	不变	降低	降低	不变

表 3-8 异常工况-差值变化响应关系表

异常工况		转速	扭知	泵压	钻速
烧钻	岩粉排出不畅	−2	2	2	−2
	泥浆短路	−2	2	−2	−2
糊钻		−1	1	2	−2
卡钻	掉块	−3	3	0	−2
	悬桥	−2	2	2	−2
	−2	缩径	−2	2	2
断钻		0	−2	−2	−2
泥浆漏失		0	0	−2	0

表 3-8 的异常工况特征参数差值变化关系中，烧钻的第一种情况和悬桥卡钻、缩径卡钻的变化相同，仅靠本次获得的特征参数无法加以区分，舍弃岩粉排出不畅导致的烧钻工况判别，并将悬桥卡钻和缩径卡钻合起来，结合已知的正常工况特征参数增量范围(见表 3-6)构建异常工况样本。异常工况虚拟样本与正常工况实际样本组成的混合样本中部分数据见表 3-9 所列，为方便起见，在导入 Python 中进行学习前分别以 0、1、2、3、4、5 代表正常工况、烧钻、糊钻、卡钻、断钻和泥浆漏失。

表 3-9 混合样本示意表

样本编号	转速差值	扭矩差值	泵压差值	钻速差值	工况类别
1	1.885	0	0	−0.001	0——正常钻进
2	0	0.149	−0.019	−0.001	
3	−43.18	5.401	−0.15	−0.301	1——烧钻
4	−62.985	5.144	−0.274	−0.877	
5	−5.003	1.48	0.155	−0.815	2——糊钻
6	−2.923	1.59	0.315	−0.059	
7	−58.563	8.666	0.09	−0.575	3——卡钻
8	−44.517	8.235	−0.081	−0.451	
9	4.686	−8.432	−0.506	−0.104	4——卡钻
10	6.382	−2.79	−0.259	−0.093	
11	−5.989	1.028	−0.291	−0.039	5——漏失
12	1.865	1.767	−0.243	0.005	

异常工况样本数量会影响分类算法性能，为此对异常工况各取 100、500 和 1000 个虚拟样本，获得 3 个样本数据集，在五折交叉验证下寻找各分类算法模型的最优参数，对比各分类器间的性能评价指标。异常工况中卡钻有 2 种变化类型，设置虚拟样本时为其他异常工况的两倍，但类别均标注为 3。分别导入虚拟样本

数量不同的数据集，分割为“训练数据集：测试数据集＝3：1”，即测试数据集占总体数据集 25％，各样本数量见表 3－10 所列。

表 3－10　工况判别数据集

样本数据		工况类别						
		0	1	2	3	4	5	总计
样本 1	训练数据	7862	74	67	145	70	74	8292
	测试数据	2595	26	33	55	30	26	2765
	总计	10 457	100	100	200	100	100	11 057
样本 2	训练数据	7835	381	383	753	368	372	10 092
	测试数据	2622	119	117	247	132	128	3365
	总计	10 457	500	500	1000	500	500	13 457
样本 3	训练数据	7886	733	760	1493	730	740	12 342
	测试数据	2571	267	240	507	270	260	4115
	总计	10 457	1000	1000	2000	1000	1000	16 457

将样本以 DataFrame 格式导入 Python 后，部分数据如图 3－18 所示。

```
In [28]: data100
Out[28]:
```

	样本编号	转速差值（r/min）	扭矩差值（N□m）	泵压差值（MPa）	转速差值（m/h）	类别
0	0	7.538873	-1.118404	-0.104389	0.002264	0
1	1	-3.769434	6.740419	-0.104389	0.007702	0
2	2	-1.884717	0.447360	-0.104389	-0.000583	0
3	3	-1.884717	0.969283	-0.104389	-0.000690	0
4	4	-1.884717	0.298242	-0.104389	-0.000139	0
5	5	0.000000	1.864006	-0.104389	-0.000343	0
6	6	0.000000	0.298242	-0.104389	-0.000320	0
7	7	0.000000	0.074562	-0.104389	-0.000253	0
8	8	0.000000	0.149120	-0.104389	-0.000086	0
9	9	0.000000	-4.399054	-0.104389	0.007702	0
10	10	0.000000	2.833289	-0.104389	0.007702	0
11	11	1.884717	1.043842	-0.104389	-0.000793	0
12	12	1.884717	0.223692	-0.104389	-0.000333	0
13	13	3.769434	1.043842	-0.104389	-0.000771	0
14	14	3.769440	-0.447360	-0.104389	-0.000833	0

图 3－18　Python 数据导入图

（四）工况判别模型的实现

获得混合样本数据集进行分类算法训练之前，需要对数据进行预处理。根据 Scikit－learn 机器学习流程，数据的预处理包括特征提取和特征标准化两个步骤，此处所采用的样本数据集根据岩心钻探异常工况相关理论构建，其特征参数可完全反映对应的工况，因此不必进行特征提取，只需用 StandardScaler 方法对数据按特征进行标准差标准化，计算出每个特征参数的均值和标准差后，将其转化为均值为 0、标准差为 1 的标准正态分布。经归一化后的部分样本数据如图 3-19 所示。

	0	1	2	3
0	−0.928849	−0.069994	0.146086	0.127344
1	0.656746	−0.431943	−0.024937	0.141899
2	0.128196	0.170983	−0.194160	0.141899
3	1.185241	−0.552269	−0.280572	0.119026
4	1.185241	−0.311293	0.061475	0.125264
5	0.128196	−0.069994	−0.024937	0.123185

图 3-19　标准化数据 DataFrame 格式图

1. k 近邻分类模型的实现

将各样本数据导入 sklearn 中的 k 近邻算法评估器，通过训练数据集在五折交叉验证下的网格搜索寻找最佳超参数，并用测试集进行测试。k 近邻算法中的超参数包括：①临近点数 n_neighbors(k)，指待分类点附近的训练样本点的个数，通过训练样本点的类别投票决定待分类点的类别；②距离度量 p，指待分类点到训练样本点的距离，计算公式如下：

$$L_p(x_i, x_j) = \left(\sum_{i=1}^{n} \left| x_i^{(n)} - x_j^{(n)} \right|^p \right)^{\frac{1}{p}}$$

用 L_p 表示明可夫斯基距离；x_i 表示实例的特征向量；x_j 表示实例的类别；n 表示数量；i 表示第几个数据

记录各最佳超参数下的测试时长、准确率、精确率、召回率和 F1 指标，采用网格搜索训练后获得的最佳超参数及在测试集上验证的各项评价指标见表 3-11 所列。

表 3-11　k 近邻分类模型评价表

样本	指标							
	最佳超参数		测试时长	准确率	精确率	召回率	F1 指标	工况类别
	k	p	ms					
样本 1	1	3	179	0.9984	1	1	1	0
					1	0.92	0.96	1
					1	1	1	2
					0.96	1	0.98	3
					1	0.93	0.97	4
					0.93	1	0.96	5
样本 2	6	1	42	0.9965	1	1	1	0
					0.99	0.97	0.98	1
					0.98	1	0.99	2
					0.98	0.99	0.98	3
					1	0.98	0.99	4
					0.98	0.95	0.96	5

续表

样本	指标							
	最佳超参数		测试时长	准确率	精确率	召回率	F1 指标	工况类别
	k	p	ms					
样本 3	4	1	56	0.9962	1	1	1	0
					0.99	0.98	0.98	1
					1	1	1	2
					0.99	0.99	0.99	3
					1	1	1	4
					0.99	0.99	0.99	5

从表 3-11 中可见，k 近邻算法在工况识别中的准确率、精确率、召回率和 F1 指标均能达到 90%以上，最佳超参数 p 对于测试时长的影响比 k 值更大，但在工况判别中，$p=1$ 已经可初步满足工况判别需求。

2. SVM 分类模型的实现

支持向量机算法一般仅解决二分类问题，进行多分类时需要采用 sklearn 中的多分类法：①一对多(OVR)法指在训练时依次将某类视为一类，而剩余类视为另一类，当加入新的样本时，需要对所有的数据都重新进行训练；②一对一(OVO)法，指对任 2 个类别构建 SVM 模型，加入新样本时不需对所有模型重新训练，但训练耗时更长。

考虑到生成的模型可能会在之后的运用中添加新样本，采用“OVO 法”进行训练，且工况判别问题不是线性决策边界问题，使用高斯核函数(RBF)进行转换，此时 SVM 中需要寻找的超参数包括：①惩罚系数 C，表示 SVM 对误差的宽容度，C 值越大，对误差的宽容度越低，训练出的模型越容易过拟合，本文采用 $C=10^t$，其中 $t=[-3,3]$；②gamma(γ)值，表 3-12 中的高斯核函数可写作下式：

3-12 核函数类别表

核函数类型	表达式	注释
线性核	$k(u,v)=u^T v+C$	$C,d>1$：多项式次数
多项式核	$k * u,v)=(r^* u^T v+C)^d$	
高斯核	$k(u,v)=\exp\left(-\frac{d(u,v)^2}{2\sigma^2}\right)$	$\sigma>0$
sigmoid 核	$k(u,v)=\tanh(r^* u^T v+C)$	tanh：双曲正切函数

$$k(u,v)=exp\left(-\frac{d(u,v)^2}{2\sigma^2}\right)=exp(-\gamma d(u,v)^2)$$

γ 在高斯核中决定了数据映射到新空间中的分布，与 SVM 中的支持向量数量成反比，默认为 $1/k$（k 为类别），本文采用 $\gamma=\{0.1,0.2,0.3,0.4,0.5,0.6,0.7,0.8,0.9\}$。3 个样本下的 SVM 分类器在测试集上的表现见表 3-13 所列。

表 3-13　SVM 分类模型评价表

样本	指标							
	最佳超参数		测试时长	准确率	精确率	召回率	F1 指标	工况类别
	C	Gamma	ms					
样本 1	1	0.2	33	0.999	1	1	1	0
					1	0.92	0.96	1
					1	1	1	2
					0.95	1	0.97	3
					1	0.93	0.97	4
					0.93	0.96	0.94	5
样本 2	100	0.1	18	0.9988	1	1	1	0
					1	0.98	0.99	1
					1	1	1	2
					0.99	1	0.99	3
					1	1	1	4
					1	0.96	0.98	5
样本 3	1000	0.1	23	0.999	1	1	1	0
					1	0.99	0.99	1
					1	1	1	2
					0.99	1	1	3
					1	1	1	4
					1	1	1	5

从表 3-13 中可见，SVM 算法的测试时长仅为 k 近邻算法的一半，且各项评价指标均在 90%以上，在解决工况判别问题方面可提高效率。样本 3 中 $C=1000$，可能出现过拟合。

3. 逻辑回归分类模型的实现

逻辑回归算法是基于线性回归的算法，一般情况下解决线性决策边界问题，在对非线性数据进行分类时需要添加多项式特征，使线性决策边界转化为非线性决策边界。本书选择多项式特征参数“degree＝2”进行非线性逻辑回归分类器的训练，输出项的概率阈值选择50％，即在关注某类时，输出概率＞50％可分为此类。逻辑回归算法超参数包括：①惩罚项 penalty，包括 L1 正则化和 L2 正则化，用于防止过拟合；②正则化参数 C，用于调整损失函数中正则项的比重，即惩罚项的权重系数。经训练后逻辑回归分类器的性能见表3-14所列。

表3-14　逻辑回归分类模型评价表

样本	指标							
	最佳超参数		测试时长	准确率	精确率	召回率	F1 指标	工况类别
	C	Gamma	ms					
样本 1	L1	1	3		1	1	1	0
					0.96	0.96	0.96	1
					1	1	1	2
				0.9994	0.98	0.98	0.98	3
					1	0.97	0.98	4
					0.96	0.96	0.96	5
样本 2	L1	1.947	3		1	1	1	0
					0.99	0.99	0.99	1
					0.99	1	1	2
				0.9985	0.99	0.99	0.99	3
					1	1	1	4
					1	0.95	0.97	5
样本 3	L1	3.842	2	0.9983	1	1	1	0
					1	0.99	1	1
					1	1	1	2
					1	1	1	3
					1	1	1	4
					1	0.99	1	5

从表3-14中可见，逻辑回归算法在工况判别中以L1正则化降低过拟合更普遍，且由于以概率判断类别，从分类原理上相比其他两类算法更简易，在测试时长很短的情况下也将各项指标保持在95％以上，属于表现很好的分类算法。

4. 三种分类模型对比

对比分析三种分类模型效果如下：①三种分类模型的测试时长有k近邻模

型>SVM 模型>逻辑回归模型，其中 k 近邻模型的测试时长可达逻辑回归模型测试时长的几十倍，但作为工况判别模块，三种分类模型均可满足工况的实时判别；②各工况下，三种分类模型的精确率有 SVM 模型>逻辑回归模型>k 近邻模型，召回率有逻辑回归模型≈SVM 模型>k 近邻模型。高精确率表示分类模型的错判度低，高召回率表示分类模型的漏判度低，在进行工况判别时，应该更关注对异常工况的漏判；③各分类模型均可对正常工况完全识别，正常工况各项指标均为 1。随着异常工况样本量的增加，正常工况样本在所有样本中占比降低，异常工况与正常工况样本数据从样本 3 开始平衡，各模型准确率降低。存在有偏数据的情况下，准确率不太能体现出分类模型的分类能力。

(五)异常工况判别模型

1. k 近邻分类模型

3 个 k 近邻分类器分别由样本 1、2、3 训练获得，分别编号为 k1、k2、k3，在不同样本数据中获得混淆矩阵和评价指标如下。

(1)k 近邻模型混淆矩阵分析

①k1：以样本 2、3 验证泛化能力，获得混淆矩阵表 3-15 所列。

表 3-15　k1 模型混淆矩阵

	真实值	预测值					
		0	1	2	3	4	5
样本 2	0	10 457	0	0	0	0	0
	1	76	357	0	13	0	54
	2	50	0	450	0	0	0
	3	145	112	84	659	0	0
	4	82	0	1	0	377	40
	5	156	0	0	0	0	344
样本 3	真实值	预测值					
		0	1	2	3	4	5
	0	10 457	0	0	0	0	0
	1	325	467	4	4	0	200
	2	283	0	717	0	0	0
	3	740	265	264	731	0	0
	4	318	0	5	0	557	120
	5	448	0	0	0	0	552

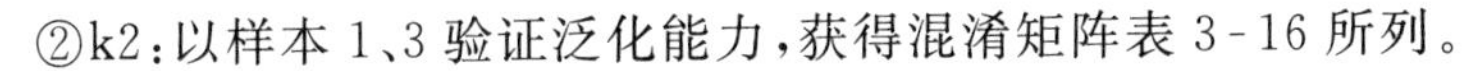

②k2:以样本1、3验证泛化能力,获得混淆矩阵表3-16所列。

表3-16 k2混淆矩阵

样本	真实值	预测值 0	预测值 1	预测值 2	预测值 3	预测值 4	预测值 5
样本1	0	10 114	5	58	7	22	251
	1	0	99	0	1	0	0
	2	0	0	100	0	0	0
	3	0	5	0	195	0	0
	4	0	0	0	0	100	0
	5	0	8	0	0	7	85
样本3	0	10 456	0	0	1	0	0
	1	7	906	1	56	1	29
	2	22	0	978	0	0	0
	3	10	16	41	1933	0	0
	4	13	0	0	0	953	34
	5	101	0	0	0	0	899

对比各k近邻模型在样本中的表现,同比k2、k3在样本1中的表现:k2、k3普遍存在将正常工况(0类)分类为异常工况(1～5类)的情况,但k2的分类错误更少。此外,还存在将卡钻(1类)和泥浆漏失(5类)判断为烧钻(1类)的情况。同比k1、k3在样本2中的表现:比较k1、k3在样本2中的工况识别情况,k1对于异常工况的识别较差,存在将各个异常工况类别识别为正常工况的错误较多,在实际运用中,容易对异常工况产生遗漏。k3对各工况的识别能力较强,不存在异常工况漏判。同比k1、k2在样本3中的表现:普遍将样本3中的异常工况判断为正常工况,k1更甚。

(2)k近邻模型评价指标分析

为进一步比较各k近邻分类模型,对各混淆矩阵计算各类别的评价指标,获得泛化评价表(见表3-17所列)。

表 3-17 k 近邻分类模型泛化评价表

样本	分类器						工况类别
	k1		k2		k3		
	精确率	召回率	精确率	召回率	精确率	召回率	
样本 1	—		1	0.97	1	0.87	0
			0.85	0.99	0.46	1	1
			0.63	1	0.11	0.71	2
			0.96	0.97	0.73	0.93	3
			0.78	1	0.57	1	4
			0.25	0.85	0.08	0.55	5
样本 2	0.95	1	—		1	0.99	0
	0.76	0.71			0.96	0.98	1
	0.84	0.90			0.99	1	2
	0.98	0.66			0.99	0.98	3
	1	0.75			0.99	1	4
	0.79	0.69			0.86	1	5
样本 3	0.83	1	0.99	1	—		0
	0.64	0.47	0.98	0.91			1
	0.72	0.72	0.96	0.98			2
	0.99	0.37	0.97	0.97			3
	1	0.56	1	0.95			4
	0.63	0.55	0.93	0.9			5

对比 k1、k2、k3 在不同样本中的各项指标，可见 k2、k3 异常工况的整体召回率高于 k1，说明 k2、k3 对各异常工况的漏判程度低，提高了异常工况的识别，但容易将正常工况误判为异常工况。k2 总体精确率、召回率基本在 85%以上，泛化能力在 3 个分类器中更优。

2. SVM 分类模型

将 3 个样本训练下的 SVM 分类器分别编号为 s1、s2、s3，在不同样本数据中的表现如下。

(1)SVM 模型混淆矩阵分析

①s1：以样本 2、3 进行测试，获得混淆矩阵如见表 3-18 所列。

表 3-18 s1 混淆矩阵

	真实值	预测值					
		0	1	2	3	4	5
样本 2	0	10 457	0	0	0	0	0
	1	86	318	4	4	0	88
	2	89	0	411	0	0	0
	3	250	19	117	614	0	0
	4	119	0	4	0	321	56
	5	151	0	0	0	0	349
样本 3	真实值	预测值					
		0	1	2	3	4	5
	0	10 457	0	0	0	0	0
	1	421	275	0	1	0	303
	2	408	0	592	0	0	0
	3	1013	48	467	472	0	0
	4	457	0	1	0	380	162
	5	469	0	0	0	0	531

②s2：以样本 1、3 进行测试，获得混淆矩阵见表 3-19 所列。

表 3-19 s2 混淆矩阵

	真实值	预测值					
		0	1	2	3	4	5
样本 1	0	9681	5	450	18	25	278
	1	0	94	0	6	0	0
	2	1	31	53	15	0	0
	3	0	108	0	92	0	0
	4	20	37	0	0	43	0
	5	0	30	0	1	14	55
样本 3	真实值	预测值					
		0	1	2	3	4	5
	0	10 457	0	0	0	0	0
	1	5	918	0	56	0	21
	2	9	0	991	0	0	0
	3	2	0	9	1989	0	0
	4	1	0	0	0	990	9
	5	83	0	0	0	0	917

③s3：以样本1、2作为测试，获得混淆矩阵见表3-20所列。

表3-20 s3混淆矩阵

	真实值	预测值					
		0	1	2	3	4	5
样本1	0	5718	129	4146	36	59	369
	1	84	15	0	1	0	0
	2	8	0	62	30	0	0
	3	127	0	0	73	0	0
	4	68	0	0	0	32	0
	5	3	21	0	0	27	49
样本2	真实值	预测值					
		0	1	2	3	4	5
	0	10280	0	99	2	2	74
	1	0	494	0	6	0	0
	2	0	0	500	0	0	0
	3	1	52	0	947	0	0
	4	0	0	0	0	500	0
	5	0	14	0	0	9	477

对比各SVM分类模型在样本中的表现，同比s2、s3在样本1中的表现：s2、s3在样本1中大量存在将正常工况分为异常工况、将异常工况分为正常工况的情况，s3中单类别分类错误最多可达4146个样本，已经失去了工况判别价值，而s2相比之下对于异常工况的遗漏较少，但将其他各类别分类为烧钻(1类)的情况较多。同比s1、s3在样本2中的表现：s1在所有的异常工况样本中约有1/4漏判为正常工况，s3对于异常工况的遗漏很少，但较容易将其他类别的样本判断为烧钻(1类)。同比s1、s2在样本3中的表现：有不同程度的异常工况漏判现象，s1更严重，将卡钻(3类)漏判为正常工况的情况在所有异常工况中最多。s2在样本3中表现优秀，但在对烧钻(1类)的识别中，容易将其判别为其他类别。

(2)SVM模型评价指标分析

以各SVM模型的混淆矩阵获得泛化评价指标见表3-21所列。

表 3-21　SVM 分类模型泛化评价表

<table>
<tr><th rowspan="3">样本</th><th colspan="6">分类器</th><th rowspan="3">工况类别</th></tr>
<tr><th colspan="2">s1</th><th colspan="2">s2</th><th colspan="2">s3</th></tr>
<tr><th>精确率</th><th>召回率</th><th>精确率</th><th>召回率</th><th>精确率</th><th>召回率</th></tr>
<tr><td rowspan="6">样本 1</td><td colspan="2" rowspan="6">—</td><td>1</td><td>0.93</td><td>1</td><td>0.9</td><td>0</td></tr>
<tr><td>0.31</td><td>0.94</td><td>0.42</td><td>1</td><td>1</td></tr>
<tr><td>0.11</td><td>0.53</td><td>0.02</td><td>0.08</td><td>2</td></tr>
<tr><td>0.7</td><td>0.46</td><td>0.59</td><td>0.88</td><td>3</td></tr>
<tr><td>0.52</td><td>0.43</td><td>0.47</td><td>0.94</td><td>4</td></tr>
<tr><td>0.17</td><td>0.55</td><td>0.03</td><td>0.12</td><td>5</td></tr>
<tr><td rowspan="6">样本 2</td><td>0.96</td><td>1</td><td colspan="2" rowspan="6">—</td><td>1</td><td>0.99</td><td>0</td></tr>
<tr><td>0.83</td><td>0.82</td><td>0.9</td><td>1</td><td>1</td></tr>
<tr><td>0.88</td><td>0.9</td><td>0.97</td><td>0.88</td><td>2</td></tr>
<tr><td>0.99</td><td>0.76</td><td>0.97</td><td>0.95</td><td>3</td></tr>
<tr><td>1</td><td>0.76</td><td>0.95</td><td>1</td><td>4</td></tr>
<tr><td>0.85</td><td>0.67</td><td>0.80</td><td>0.95</td><td>5</td></tr>
<tr><td rowspan="6">样本 3</td><td>0.84</td><td>1</td><td>0.99</td><td>1</td><td colspan="2" rowspan="6">—</td><td>0</td></tr>
<tr><td>0.72</td><td>0.58</td><td>1</td><td>0.92</td><td>1</td></tr>
<tr><td>0.75</td><td>0.72</td><td>0.99</td><td>0.99</td><td>2</td></tr>
<tr><td>1</td><td>0.46</td><td>0.97</td><td>0.99</td><td>3</td></tr>
<tr><td>1</td><td>0.59</td><td>1</td><td>0.99</td><td>4</td></tr>
<tr><td>0.73</td><td>0.49</td><td>0.97</td><td>0.92</td><td>5</td></tr>
</table>

对比 s1、s2、s3 在不同样本中的各项指标，s1 在样本 2、3 中遗漏的异常工况较多，召回率在 3 个模型中最低，而 s2、s3 在小样本中的表现普遍较差。从表 3-21 中可知，s2、s3 的 C 值分别是 100 和 1000，说明为了达到最优指标，网格搜索得到的最佳超参数组合必须在容错率低的情况下才能完成目标，造成了过拟合。s2 在小样本（样本 1）中的表现高于 s3，在大样本（样本 3）中的表现高于 s1，可认为其泛化能力在 3 个 SVM 模型中最好。

3. 逻辑回归模型

对 3 个样本下训练而得的逻辑回归分类模型依次编号为 r1、r2、r3，在不同样本数据中的表现如下。

(1)逻辑回归模型混淆矩阵分析

①r1：以样本 2、3 作为测试，r1 得到的混淆矩阵见表 3-22 所列。

表 3-22　r1 混淆矩阵

	真实值	预测值					
		0	1	2	3	4	5
样本 2	0	10 457	0	0	0	0	0
	1	86	388	2	16	0	8
	2	75	0	425	0	0	0
	3	313	0	50	637	0	0
	4	99	0	0	0	355	46
	5	153	0	0	0	0	347
样本 3	真实值	预测值					
		0	1	2	3	4	5
	0	10 457	0	0	0	0	0
	1	394	551	0	3	0	52
	2	337	0	663	0	0	0
	3	1248	0	139	612	1	0
	4	358	0	0	0	526	116
	5	475	0	0	0	0	525

②r2：以样本 1、3 作为测试，获得的混淆矩阵如见表 3-23 所列。

表 3-23　r2 混淆矩阵

	真实值	预测值					
		0	1	2	3	4	5
样本 1	0	9995	15	127	17	28	275
	1	0	100	0	0	0	0
	2	0	0	62	2	0	36
	3	0	10	0	190	0	0
	4	0	0	0	0	100	0
	5	0	28	0	0	33	39
样本 2	真实值	预测值					
		0	1	2	3	4	5
	0	10456	0	0	1	0	0
	1	10	941	0	43	0	6
	2	13	0	987	0	0	0
	3	1	0	22	1977	0	0
	4	1	0	0	0	980	19
	5	92	0	0	0	0	908

③r3:以样本 1、2 作为测试,获得的混淆矩阵见表 3-24 所列。

表 3-24 r3 混淆矩阵

	真实值	预测值					
		0	1	2	3	4	5
样本 1	0	9442	77	454	48	73	363
		0	100	0	0	0	0
	2	0	0	8	50	0	42
	3	0	23	0	176	0	1
	4	0	6	0	0	94	0
	5	0	32	0	24	32	12
样本 2	真实值	预测值					
		0	1	2	3	4	5
	0	10 345	5	14	3	8	82
	1	0	500	0	0	0	0
	2	0	0	441	25	0	34
	3	0	46	0	954	0	0
	4	0	0	0	0	500	0
	5	0	7	0	1	16	476

对比各分类模型在各样本中的表现,同比 r2、r3 在样本 1 中的表现:不存在将异常工况漏判为正常工况的情况,但普遍将正常工况判断为各类异常工况,且容易将异常工况中的糊钻(2 类)、泥浆漏失(5 类)判断为其他类别。同比 r1、r3 在样本 2 中的表现:r1 普遍将异常工况判断为正常工况,与 r3 相反。此外,二者对异常工况之间的类别判断表现较好,但综合而言 r3 的准确率更高。同比 r1、r2 在样本 3 中的表现:普遍将异常工况判断为正常工况,但 r2 对于异常工况的识别率更高,即对于异常工况的漏判更少。

(2)逻辑回归模型评价指标分析

以各模型混淆矩阵得到的评价指标见表 3-25 所列。

表 3-25 逻辑回归模型泛化评价表

样本	分类器						工况类别
	r1		r2		r3		
	精确率	召回率	精确率	召回率	精确率	召回率	
样本 1	—		1	0.96	1	0.9	0
			0.65	1	0.42	1	1
			0.33	0.62	0.02	0.08	2
			0.91	0.95	0.59	0.88	3
			0.62	1	0.47	0.94	4
			0.11	0.39	0.03	0.12	5
样本 2	0.94	1	—		1	0.99	0
	1	0.78			0.9	1	1
	0.89	0.85			0.97	0.88	2
	0.98	0.64			0.97	0.95	3
	1	0.71			0.95	1	4
	0.87	0.69			0.80	0.95	5
样本 3	0.79	1	0.99	1	—		0
	1	0.55	1	0.94			1
	0.83	0.66	0.98	0.99			2
	1	0.31	0.98	0.99			3
	1	0.53	1	0.98			4
	0.76	0.53	0.97	0.91			5

从表 3-25 中可见，根据各项指标，r1 的表现比 r2、r3 更均衡，但异常工况召回率均低于 r2、r3，与其混淆矩阵相对应。3 个模型均存在对于某个工况识别较差的情况，如 r1 对卡钻(3 类)、r2 和 r3 对糊钻(2 类)和泥浆漏失(5 类)。r1 和 r2 仅从评价指标看，泛化能力相差不大，r1 精确率更高，r2 召回率更高。

(六)分类模型优选

岩心钻探工况判别问题的重点包括：①在钻进中对异常工况的识别，以异常工况召回率为主要指标。当异常工况作为关注类别时，其召回率说明了分类模型在所有工况样本中挑选出异常工况的能力。②各异常工况类别的判断，无法单独通过精确率、召回率等指标进行分析，需观察混淆矩阵获得模型对各工况的关注度。

综合以上观点，对比各类模型的表现，可知：①以样本 1 训练而得的 k1、s1、r1 在样本 2、3 中均大量地将异常工况判定为正常工况，召回率低。样本 1 中异常工况数量少，训练样本占 3/4，即每种异常工况仅以 75 个左右的训练样本进行训练。与样本1相比，样本2、3相当于是对样本1通过插值构建的更多的样本，在同一种工况变化趋势相同的情况下，对分类边界进行了细化，因此小样本训练模型容易产生无法判别的情况。在k1、s1和r1中，s1发挥了SVM算法在小样本上的优势，同比k1、r1，其精确率和召回率略高，但受训练样本限制，依然不能用于工况判别。②以样本2训练而得的k2、s2、r2在小样本上将正常工况判别为异常工况更多，在大样本上将异常工况判别为正常工况更多。以评价指标作比较，在精确率和召回率上均有k2＞r2＞s2，且均高于同类算法下以样本1、3训练而得的模型。③以样本3训练而得的k3、s3、r3，在样本1、2(均相当于小样本)中，普遍将正常工况判定为异常工况，说明在样本3的训练中，为了提高异常工况的识别能力，对异常工况产生了过拟合。综上所述，可优选三类模型中以样本2训练得到的k2、s2、r2，其各项评价指标高于以其他样本训练得到的模型，将异常工况判别为正常工况和各类异常工况间互相判断错误的情况少，泛化能力强，可作为工况判别模型。此时有k2的最佳超参数$k=6$，$p=1$；S2的最佳超参数$C=100$，$gamma=0.1$；r2采用L1正则化，最佳超参数$C=1.947$。

(七)工况判别模型的流程化实现

为了构建工况判别模块，除了选择k2、s2和r2外，还可加入k3、r3作为辅助判别，提高判断的准确率。在Python中导入pickle包，将k近邻分类器中的k1、k2、SVM分类器中的s1和逻辑回归分类器中的r1、r2分别保存为“.pickle”文件，便于后续搭建和调用。各分类模型在样本中的表现不完全相同，三类算法的分类策略各自有所侧重：k近邻以相似样本的多数表决原则作为分类原理，SVM在空间中构建最大间隔的分离超平面，逻辑回归以概率决定类别。可采用五者并联的方式，对输入数据进行五次判断，投票表决数据类别，即当数据在五种不同的模型测试下有至少三个类别相同时，将本次待预测数据类别判断为此相同类别；当连续输入的数据两次或两次以上为同一类别时，可认为出现了某种工况。工况判别流程如图3-20所示。

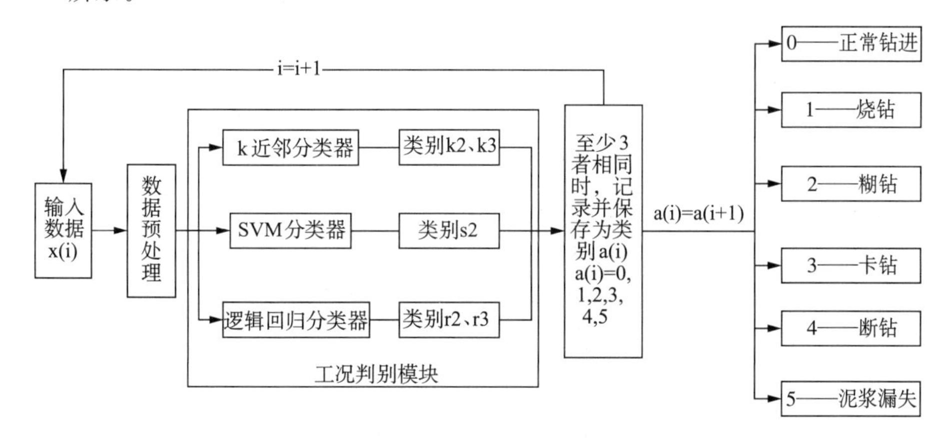

图3-20 工况判别流程图

在工况判别模块中，将五个模型并联，调用 . predict 方法对输入数据进行预测后，将结果保存为列表类型，合并为 array 数组，采用 Counter 方法对每次获得的 5 个判断类别进行投票统计。以样本 1 为例，工况判别模块获得的部分判别结果导出为 DataFrame 格式如图 3-21 所示，其中第 1 列为数据编号，第 2～7 列为用工况判别模块对样本 1 中的 4 类工况各自进行投票的结果，在 Counter 方法中以{类别:票数}的形式呈现。此时表头中的 0、1、2、3、4、5 分别表示正常工况、烧钻、糊钻、卡钻、断钻和泥浆漏失。

	0	1	2	3	4	5
0	{0∶5}	{1∶4,3∶1}	{2∶4,3∶1}	{3∶5}	{4∶4,1∶1}	{5∶4,4∶1}
1	{0∶5}	{1∶5}	{3∶2,2∶3}	{1∶5}	{4∶5}	{4;3,5∶2}
2	{0∶5}	{1∶5}	{3∶1,2∶1,1∶1,5∶2}	{3∶4,1∶1}	{4∶5}	{5∶5}
3	{0∶5}	{1∶5}	{2∶2,3∶1,5∶2}	{3∶4,1∶1}	{4∶4,1∶1}	{1∶4,5∶1}
4	{0∶5}	{1∶5}	{3∶2,2∶3}	{3∶5}	{4∶4,0∶1}	{4∶3,5∶1,1∶1}
5	{0∶5}	{1∶5}	{2∶3,1∶1,3∶1}	{3∶5}	{4∶4,1∶1}	{5∶3,3∶1,4∶1}
6	{0∶5}	{1∶5}	{2∶4,5∶1}	{3∶5}	{4∶4,1∶1}	{5∶5}
7	{0∶5}	{1∶5}	{2∶5}	{3∶4,1∶1}	{4∶5}	{5∶5}
8	{0∶5}	{1∶5}	{3∶2,2∶3}	{3∶4,1∶1}	{4∶4,0∶1}	{4∶2,5∶3}
9	{0∶5}	{1∶5}	{2∶2,1∶1,5∶2}	{3∶4,1∶1}	{4∶5}	{5∶3,4∶2}

图 3-21　工况判别模块投票预测图

按列对图 3-21 中的分类结果进行观察，采用票数统计的结果对数据进行分类的准确率较高：①所有模型都对正常工况（0 类）给出了正确的判断，得票数为 5 票；②对烧钻（1 类）进行判断时基本可得到正确的判别结果，只存在少数模型将其判断为 3 类的状况；③对糊钻（2 类）进行判断时，存在有模型将其判断为 1 类、3 类和 5 类的情况，但以整体投票结果来看，仅有 1 例将其分类为 5 类，其他均判别正确；④对卡钻（3 类）进行判断时，存在将 3 类判断为 1 类的情况，但从整体投票结果来看，仅有 1 例将其分类为 1 类；⑤对断钻（4 类）进行判断时，存在将其分类为 1 类、3 类和 4 类的情况较多，但投票结果不受影响，全部分类正确；⑥对泥浆漏失（5 类）进行判断时，存在较多模型分为 1 类和 4 类的情况，但以投票数看，有 3 例产生了判断错误。

经上述验证，构建的工况判别模块对于样本的最终分类结果良好。对此工况判别模块的调用速度进行测试，样本 1 的所有数据判断时长为 857ms，Standard Scaler 模块对数据进行预处理的时长为 3ms，单个样本数据的判断时长为 30. 5ms。当钻参仪以 1 次/s 获取数据时，从第 5s 开始滑动平均值的计算，第 6s 可构建增量，之后 5s 之内即可对当前工况有大致的判别，其判别速度可达到实时判断的效果。

第四节　人工智能在采油(气)方面的应用

一、基于人工智能技术的抽油机井故障诊断技术

抽油井系统故障诊断技术一直是国内外采油工程技术人员的重要研究课题。有杆抽油机是大港油田石油开采的主要设备,在有杆抽油系统中,地面示功图是反映抽油系统工作状态的有效方法。通过识别地面示功图可以对有杆抽油系统的工作状态进行有效诊断。

目前国内对抽油机井故障的诊断主要是根据采油工程师对泵功图的分析和油井管理经验来确定。针对现有采油工业中抽油机数量大、分布广、故障诊断自动化程度低的特点,需要一种诊断技术和方法及软件体系结构来提高故障诊断的准确性和多故障同时诊断的能力,这对避免井下作业的盲目性和提高石油产量具有重要的意义。虽然目前已开发出一些基于规则描述和推理的专家系统,并取得一定的效果,但其仅能处理单一领域知识范畴的符号推理,其知识表达方式和推理策略相对单一,难以充分和正确表达诊断知识领域,因此限制了它的广泛使用。

为有效识别抽油机井常见故障特征,将图像识别、基础特征学习与特征变化对比3种方法相结合进行建模,从根本上实现了基于示功图分析的抽油机井故障精确诊断。可实现对泵卡、结蜡、砂埋油层、泵漏、泄油器开、油管漏、脱接器开与杆断8种故障及传感器异常的精确诊断。

(一)生产现状

抽油机井是一套地面电机与机械运动装置,通过井下管杆带动地下抽油泵做往复运动,将地下的原油进行举升并采出地面。

抽油泵在做不间断往复运动过程中会出现不同的机械故障,如果抽油泵故障无法被及时发现并处理,会直接导致产量的损失,同时因为电机空转直接造成无效耗电成本。抽油泵的故障诊断主要依靠抽油机地面部分的载荷传感器信号采集来判断,即示功图分析。示功图是一个抽油泵运行过程载荷与位移关系变化的图形,图形的特征变化可以反映抽油泵的不同故障特征。

抽油机井受到井深井斜、储层条件、流体性质及泵杆材质等多方面因素影响,示功图对于故障的反应具有复杂性、多样性的特点。市场上现有诊断软件均以一套标准业的业务规则为基础,无法进行针对性的分析诊断,故障准确率低、误报率高,无法达到有效辅助生产的应用效果。

目前,抽油泵的故障诊断主要依靠人工经验进行分析,效率低且及时性不强,在实际生产过程中故障的发现通常晚于故障发生。

(二)解决方案

从人工智能技术应用的角度突破原有技术方法的壁垒,整体技术实现基于图像识别与机器学习技术,通过对历史数据的标注与训练,建立抽油机井故障与示功图特征的模型关系模型,诊断模型随实际样本的增加不断完善,并随时可以进行干预调整并持续优化迭代。

1. 图像识别

通过人工图像识别方法识别示功图的肥大、扁平、缺口、杂乱等基础特征,可以有效识别泵卡、结蜡、砂埋或示功图故障引起的示功图杂乱,但无法具体区分泵漏、杆断、油管漏等特征。

2. 基础特征学习

对示功图原始载荷与位移点分布,及示功图有效冲程与示功图面积特征与故障建立机器学习模型,可以实现不同故障标注与对应示功图特征的关系模型,可以有效识别不同的故障示功图。

3. 特征变化对比

鉴于泵漏、杆断、脱节器开、油管漏或泄油器开几个故障的图像相似性,针对性建立示功图特征变化对比分析模型,通过故障示功图与正常示功图的变化特征来正确区分以上几种故障。

(三)实现步骤

1. 步骤一

生成对抗网络图像识别方法,结合深度卷积生成对抗网络和条件生成对抗网络的优点,对示功图的形状特征做有效过滤,识别出示功图的肥大、勾状、斜向狭窄、扁平与错乱特征,可以有效识别结蜡、砂埋、泵卡及传感器故障特征,但无法具体区分杆断、脱节器开、泄油器开、油管漏与泵漏的一致性示功图扁平特征。

2. 步骤二

示功图的原始数据采集是位移数据与载荷数据,数据点的分布规律直接决定了示功图的形状,功图形状特征反应抽油泵的工作状态。

基础特征学习建模作为故障诊断的最重要环节,将抽油机井历史故障与对应的示功图数据点特征进行建模训练,同时加入示功图的面积与有效冲程等二次特征进行辅助建模,当抽油机井采集到新的示功图数据时,通过对示功图数据进行故障特征识别,输出对应的故障类型。

具体过程按照数据准备、数据处理、模型建立、结果输出的 4 个阶段进行(如图 3-22)。

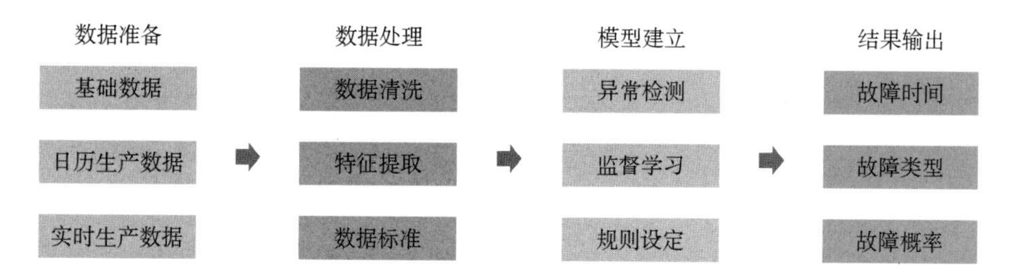

图 3-22　抽油机井故障智能诊断技术实现阶段划分

3. 步骤三

示功图变化对比特征建模主要用于区分泵漏、杆断、脱节器开、油管漏与泄油器开故障，建立基于机器学习的示功图特征模型，辅以标准示功图用于对比诊断。

当采集到新的示功图数据时，先进行图像识别分析，将示功图反映的抽油机井故障类型分为传感器故障、结蜡、泵卡、砂埋、杆断与油管漏等。首先，对是否为传感器故障进行判断。其次，通过机器学习模型识别进一步判断结蜡、泵卡与砂埋故障，并进行输出，同时对杆断、脱接器开、油管漏或泄油器开及泵漏故障进行初步判断。最后，通过功图变化与标准示功图识别将杆断、脱接器开、油管漏或泄油器开及泵漏故障进行最终的判断与输出。

目前抽油机井故障智能诊断系统已经在大港油田采油厂进行部署使用，系统可以对包括杆断、杆断或脱节器开、油管漏或泄油器开、泵刮卡、砂埋或严重供液不足、泵漏、结蜡或油稠等故障进行实时诊断与结果输出，同时对于传感器本身的故障也可以做到有效识别。

人工智能对比传统的诊断方法体现出了明显的技术优势，整体对故障示功图的有效识别率达到 80%以上，比较同类诊断软件诊断准确度得到根本的改善与提升，并真正意义上达到了现场可用的效果，目前采油厂油井生产管理用户已经正式通过该系统进行日常抽油机井故障诊断的管理。同时用户可以在系统功能中不断进行故障示功图的标定，诊断模型会根据用户的标定进行持续的迭代优化。

二、基于人工智能的产油量主控因素分析技术

当前产量主控因素主要为地质因素、储层因素、岩性因素、压裂因素、邻井生产因素等几大方面。技术通常是利用传统方法通过数值模拟的方法来实现，但人为因素的影响较大，且耗时较长。

机器学习技术应用于产能预测、主控因素分析场景，通常的方法为数理统计和相关系数分析。在油藏开发过程中，油藏开发动态参数、开发指标与产量之间存在一定变化规律。以某油田的单井日数据为例，提取其 1995 年 7 月至 2001 年5 月间综合含水率、产液量和产油量数据。通过图 3-23 中的数据可以分析出综合含水率

与产油量、产液量之间确实存在一定规律，其关系为含水率降低则产油量高，含水率上升则产油量下降。

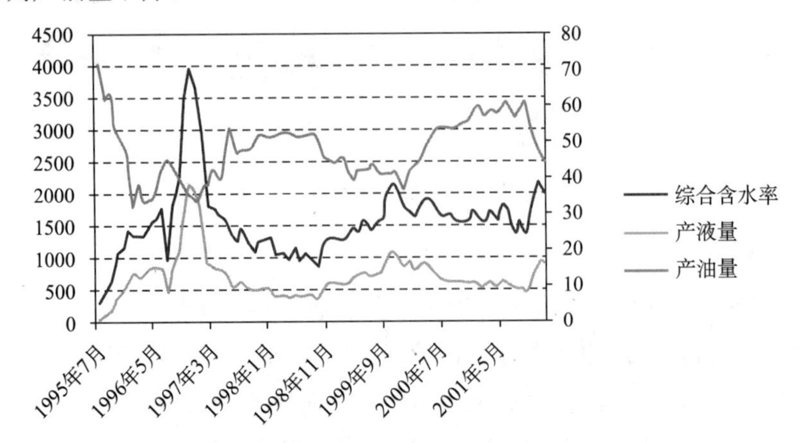

图 3-23　某油井产量与含水率关系

因此，控制注水量的比例直接影响含水率的高低，也直接影响产量的高低。在油气水井生产数据中，油藏开发指标包括生产能力、产油水平、含水率、气油比、采油速度、采出程度、采收率、含水上升率、注采比等重要参数，这些参数与产量之间都存在一定的相关性。各个指标之间也存在着相互影响的相关性。这些生产指标根据其对产油量的影响存在着主要指标和次要指标之分，主要指标对产量提升有着积极作用。

(一)数据获取

为了验证油井开发指标与产油量之间相关性，从某系统井史数据表选取 C 小队 41 口采油井，2016 年 1 月至 2019 年 02 月数据，共计 1558 条，每口井 38 条数据。选取特征字段有井 ID、年月、生产天数、油压、套压、动液面、含水率、关井原因、月产油量。

(二)数据预处理

由于关井原因数据为关井原因代码，这里只关心是否关井，至于什么原因引起的关井暂时不作考虑。因此，转换关井原因代码为 0 和 1，1 代表关井，0 代表未关井。另外，由于生产天数等原因导致月产油量为 0 的情况，这样就导致用回归方法预测产量数据存在不准确的情况，因此如果能把产量数据转换为评价数据，就可以把预测回归方法转换成预测分类方法。从而使预测结果更为准确。转换月产油量为低产井或高产井，分别用 0 代表低产井，1 代表非低产井。这里低产井与高产井的划分根据的是中国石油标准化评价油藏方法，通过不同分类油藏单井日产量或油汽比来评价是否低产。低产井油藏评价方法见表 3-26 所列。

表 3-26 低产井油藏评价方法表

油藏类别	低产评价	说明
稀油水驱	单井日产<1 吨	—
特高含水	单井日产<2 吨	综合含水>95%
超深油藏	单井日产<10 吨	埋藏深度>4500 米
稀有三次采油聚驱	单井日产<2.5 吨	—
稠油	油汽比<0.1	—

最终得到了完整的数据,其中部分数据见表 3-27 所列。

表 3-27 井史数据表

井 ID	年月	生产天数	油压	套压	动夜面	含水率	关井原因	月产油量
		天	Mp	Mp	m	%		
井 1	201601	31	0.3	0.1	1662	16.49	0	0
	201602	29	0.3	0.1	1668	11.24	0	0
	201603	31	0.3	0.1	1652	14.44	0	0
	201604	29.54	0.3	0.1	1645	10.99	1	0
	201605	31	0.3	0.1	1649	13.83	0	0
	201606	30	0.3	0.1	1658	13.98	0	0
	201607	28.83	0.3	0.1	1662	20.19	1	0
	201608	25.83	0.3	0.1	1641	16	1	0
	201609	25	0.3	0.1	1645	15.89	1	0
	201610	25.83	0.3	0.1	1650	14.44	1	0
	201611	25	0.3	0.1	1649	15.12	1	0
	201612	25.83	0.3	0.1	1640	18.39	1	0
	201701	25.83	0.3	0.1	1655	16.25	1	0
	201702	25	0.3	0.1	1632	16	1	0
	201703	31	0.3	0.1	1640	19.05	0	0
	201704	29	0.3	0.1	1645	16.28	1	0

(三)树的特征重要性(feature importances)

1.决策树

决策树是广泛用于分类和回归任务的模型。本质上从一层层的 if/else 问题中进行学习,并得出结论。通常信息熵是衡量信息不确定性的指标,信息熵公式如下:

$$H(X) = -\sum x \in x p(x) \log_2 p(x)$$

其中 $p(x)$表示事件 x 出现的概率。回到决策树的构建问题上，遍历所有特征，分别计算，使用这个公式划分数据集前后信息熵的变化值，然后选择信息熵变化幅度最大的那个特征来作为数据集划分依据。即：选择信息增益最大的特征作为分裂节点。这里以概率 $p(x)$为横坐标，以信息熵 Entropy 为纵坐标，信息熵和概率的函数关系如下：

$$\text{Entropy}=-p(x)\log_2 p(x)$$

在二维坐标上画出来，可以看出，当概率 $p(x)$越接近 0 或越接近 1 时，信息熵的值越小。当概率值为 1 时信息熵为 0，此时数据是最“纯净”的。在选择特征时，选择信息增益最大的特征，物理上即让数据尽量往更纯净的方向上变换。因此信息增益是用来衡量数据变得更有序更纯净的程度的指标。

在数据集中划分 1401 条为训练数据，157 条为测试数据，特征为：生产天数、油压、套压、动液面、含水率、关井原因，预测目标为月产油量。通过训练找出交叉验证数据集评分最高的索引，得出最大深度为 10，训练结果为：训练集精度 0.97，测试集精度 0.87。同时，利用特征重要性方法得出各特征重要性结果可视化如图 3-24 所示。

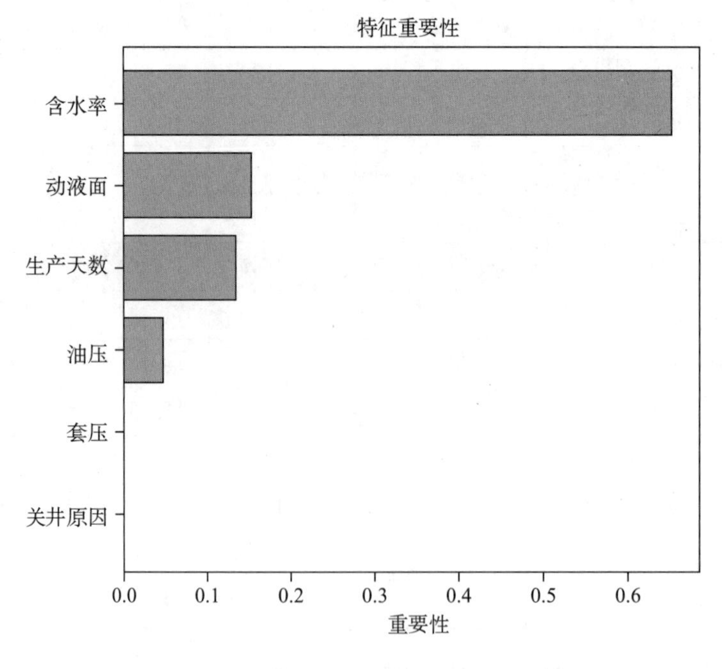

图 3-24 决策树算法给出的特征重要性

在图 3-24 中可以看出含水率、动液面和生产天数是决策树算法给出的重要特征，其中含水率的占比超过其它 5 个指标之和。

2. 随机森林

从决策树的预测结果中可以看到，决策树的一个重要缺点在于经常对训练数据过拟合。随机森林是解决这个问题的一种方法。随机森林本质上是许多决策树的集合，其中每棵“树”都和其它“树”略有不同。随机森林背后的思想是每棵“树”的预测可能都相对较好，但可能对部分数据过拟合。如果构造很多“树”，并且每棵“树”的预测都很好，但都以不同的方式过拟合，那么可以对这些“树”的结果取平均值来降低过拟合。

随机森林算法的另一个优点是可以很容易地测量每个特征对预测的相对重要性。Scikit-learn 为此提供了一个很好的工具，它通过查看使用该特征减少了森林中所有树多少的不纯度，来衡量特征的重要性。它在训练后自动计算每个特征的得分，并将结果进行标准化，以使所有特征的重要性总和等于 1。

通过查看特征的重要性可以知道哪些特征对预测过程没有足够贡献或没有贡献，从而判断是否丢弃它们。这是十分重要的，因为一般而言机器学习拥有的特征越多，模型就越有可能过拟合，反之亦然。

用随机森林方法在实际预测模型中选用参数为：树的个数为 90，最大特征树为 3，最大叶子节点数为 150，树的最大深度为 20。用随机森林算法预测产油量结果准确率为：训练集精度 1，测试集精度 0.89。可见随机森林预测效果优于决策树。随机森林算法比线性模型或单颗决策树效果要好，与决策树类似，随机森林的特征重要性是将“森林”中所有“树”的特征重要性求和并取平均。一般来说，随机森林给出的特征重要性要比单颗树给出的更可靠。同样，利用特征重要性方法得出各特征重要性结果可视化如图 3-25 所示。

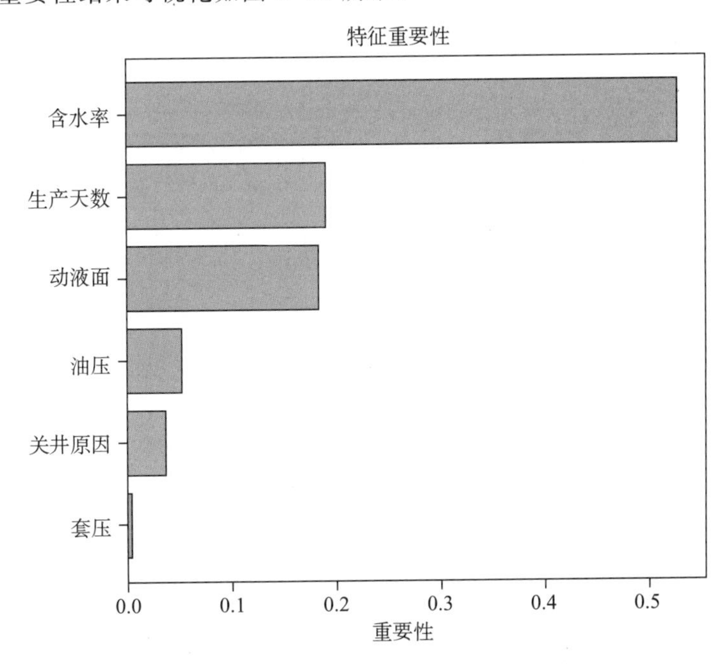

图 3-25 随机森林算法给出的特征重要性

在图 3-25 中可以看出含水率、生产天数和动液面是随机森林算法给出的重要特征，其中含水率的占比超过 50%。

3. 梯度提升回归树(梯度提升机)

梯度提升回归树是另外一种集成方法,通过合并多个决策树来构造一个更为强大的模型。虽然名字中含有“回归”,但这个模型既可以用于回归也可以用于分类。与随机森林方法不同,梯度提升采用连续的方式构造“树”,每棵“树”都试图纠正前一棵“树”的错误,默认情况下,梯度提升回归“树”中没有随机化,而是用到了“强预剪枝”。梯度提升“树”通常使用深度很小的“树”,这样模型占用的内存更少,预测速度也更快。

梯度提升背后的主要思想是合并许多简单的模型,比如深度较小的“树”。每棵“树”智能对部分数据做出好的预测,因此,添加的“树”越来越多,可以不断迭代提高性能。梯度提升回归树法机器学习竞赛的常胜者,并且广泛应用于业界。与随机森林相比,它通常对参数设置更为敏感,如果参数设置正确的话,模型精度更高。除了“强预剪枝”与“集成中树”的数量之外,梯度提升的另一个重要参数是学习率,用于控制每棵“树”纠正前一颗“树”的错误的强度。较高的学习率意味着每棵树都可以做出较强的纠正,这样模型更为复杂。通过增大“树”的个数来向集成中添加更多“树”,也可以增加模型复杂度,因为模型有更多机会纠正训练集上的错误。

在实际预测过程中,梯度提升回归树算法选用参数为:“树”的个数为 700,最大深度为 10,学习率为 0.001。用梯度提升机算法预测产油量结果准确率为:训练集精度 0.98,测试集精度 0.86。模型降低了训练集精度,这和预期相同。减少最大深度、降低学习率都能提升模型性能提高模型泛化能力。同样,利用特征重要性方法得出各特征重要性结果可视化如图 3-26 所示。

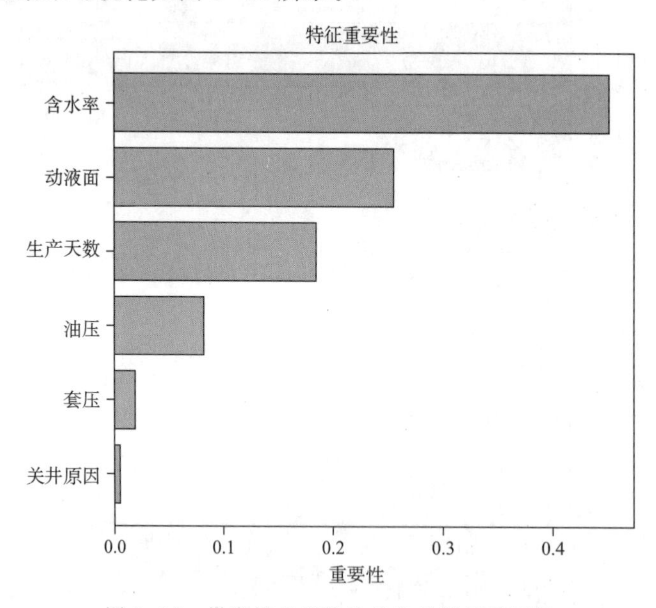

图 3-26　梯度提升机算法给出的特征重要性

在图 3-26 中可以看出含水率、生产天数和动液面是随机森林算法给出的重要特征,其中含水率的占比近 50%。

4. 三种方法对比

通过对决策树、随机森林以及梯度提升回归树三种算法对产油量数据集做出分类预测后，结果与预期结果一样。决策树和随机森林都存在过拟合现象，随机森林在训练集准确率和测试集准确率均优于决策树。梯度提升回归树通过降低学习率、减少“树”深度改善了随机森林和决策树的过拟合现象，使测试集精度更加趋近于测试集精度。对比结果见表 3-28 所列。

表 3-28　决策树、随机森林以及梯度提升回归树对比

决策树			随机森林			梯度提升回归林		
特征名称	特征权重	预测结果	特征名称	特征权重	预测结果	特征名称	特征权重	预测结琪
含水率	0.6548	0.87	含水率	0.5273	0.89	金水率	0.4503	0.86
动液而	0.154	—	生产天软	0.1913	—	动液而	0.2558	—
生产天教	0.1381	—	动液而	0.1853	—	生产天教	0.185	—
油压	0.0483	—	油压	0.0527	—	油压	0.0824	—
套压	0.0031	—	关井原因	0.0376	—	套压	0.0206	—
关井原因	0.0018	—	套压	0.0058	—	关井原因	0.006	—

三种算法都有各自优势，在预测产油量方面，梯度提升回归树优于随机森林，随机森林优于决策树。但是在特征重要性提取方面，三种算法给出的结果大致相同，含水率、动液面、生产天数三个指标特征为产油量相关性最大的指标，虽然随机森林算法的第二大指标为生产天数，但其与第三大特征动液面相差无几，且每种算法的原理各自不同，在经过 feature_importances_方法计算特征值后会略有偏差。

(四)皮尔森相关系数

皮尔森相关系数是为了确定特征之间是否紧密相关，如果两个特征相关性高，说明这两个特征属于重复特征，其中一个可以去除，以此达到去重或者降维的效果。输入机器学习模型中的每个特征都独一无二，这才是最佳。皮尔森相关系数公式如下：

$$\rho(X,Y)=(\mathrm{COV}(X,Y))/(\sigma_X\sigma_Y)=(E[(X-\mu_X)(Y-\mu_Y)])/(\sigma_X\sigma_Y)$$

式中：$\rho(X,Y)$为皮尔森相关系数，$\mathrm{COV}(X,Y)$为两个变量 X 和 Y 的协方差，σ_X 为变量 X 的标准差，σ_Y 为变量 Y 的标准差。μ_X 是 X 的平均值，μ_Y 是 Y 的平均值，E 为期望值。

由公式可知，皮尔森相关系数是由变量间的协方差除以变量间的标准差得到的，虽然协方差能反映两个随机变量的相关程度（协方差大于 0 的时候表示两者正相关，小于 0 的时候表示两者负相关），但其数值上受量纲的影响很大，不能简单地从协方差的数值大小给出变量相关程度的判断。为了消除这种量纲的影响，于是就有了皮尔森相关系数的概念。当两个变量的方差都不为零时，相关系数才有意义，相关系数的取值范围为[—1,1]。

当一个变量增大，另一个也随之增大(或减少)，这种现象为共变，或相关。两个变量有共变现象称为有相关关系。这种关系不一定是因果关系。根据产油量的数据集，利用皮尔森计算公式，算出皮尔森相关系数，对比|r|的取值，得出每项特征的重要程度，|r|的取值范围表及其意义见表3-29所列：

表3-29 |r|的取值范围与意义

|r|的取值范围	|r|的意义
0—0.19	极低相关
0.2—0.39	低度相关
0.4—0.69	中度相关
0.7—0.89	高度相关
0.9—1	极高相关

把产油量数据集带入皮尔森公式中，得出月产油量数据集皮尔森相关系数列表(见表3-30)。从表中可以看到含水率、生产天数、关井原因对月产油量相关系数较高。

表3-30 月产油量数据集皮尔森相关系数计算结果

	生产天数	油压	套压	动液而	含水率	关井原因	月产油量	系数排名
含水率	—0.632814	—0.010408	0.00831	—0.142358	1	0382679	—0.749459	1
生产天数	1	0.10413	0.010146	—0.062863	—0.632814	—0.708685	0.635443	2
关井原因	—0.708685	—0.080729	—0.018371	0.067293	0382679	1	—0.460488	3
油压	0.10413	1	0.26327	—0.020203	—0.010408	—0.080729	0.066812	4
动液而	—0.062863	—0.020203	0.004627	1	—0.142358	0.067293	—0.054003	5
套压	0.040146	026327	1	0.004627	0.00831	—0.018371	0.045667	6
月产油量	0.635443	0.066812	0.045667	—0.054003	—0.749459	—0.46488	1	—

表3-30可以看出：含水率为高度相关，生产天数和关井原因为中度相关。

(五)主成分分析(PCA)

主成分分析(PCA)是一种旋转数据集的方法，旋转后的特征在统计上不相关。在做完这种旋转之后通常根据新特征对解释数据的重要性选择它的一个子集。该算法首先找到方差最大的方向，将其标记为“成分1”。这时数据中包含最多信息的方向(或向量)，换句话说，沿着这个方向的特征之间最为相关。然后，算法找到与第一个方向正交(成直角)且包含最多信息的方向。在二维空间中，只有一个成直角的方向，但在更高维的空间中会有无穷多的正交方向。虽然这两个成分都画成箭头，但其头尾的位置并不重要。利用这一过程找到的方向被称为主成分。

在产油量数据集中，包含 6 个特征，可以使用一种简单的可视化方法对每个特征分别计算 2 个类别(低产井和非低产井)的直方图，如图 3-27 所示。

这里为每个特征创建一个直方图，计算具有某一个特征的数据点在特定范围的出现频率。每张图都包含两个直方图，一个是低产井类别的所有点(深色)，一个是非低产井类别的所有点(浅色)。这样可以了解每个特征在两个类别中的分布情况，也可以猜测哪些特征能更好地区分低产井和非低产井。由图 3-27 可以看出油压和套压特征似乎没有什么信息量，因为两个直方图大部分都重叠在一起，而含水率和生产天数特征看起来特征相当大，因为两个直方图的交集很小。

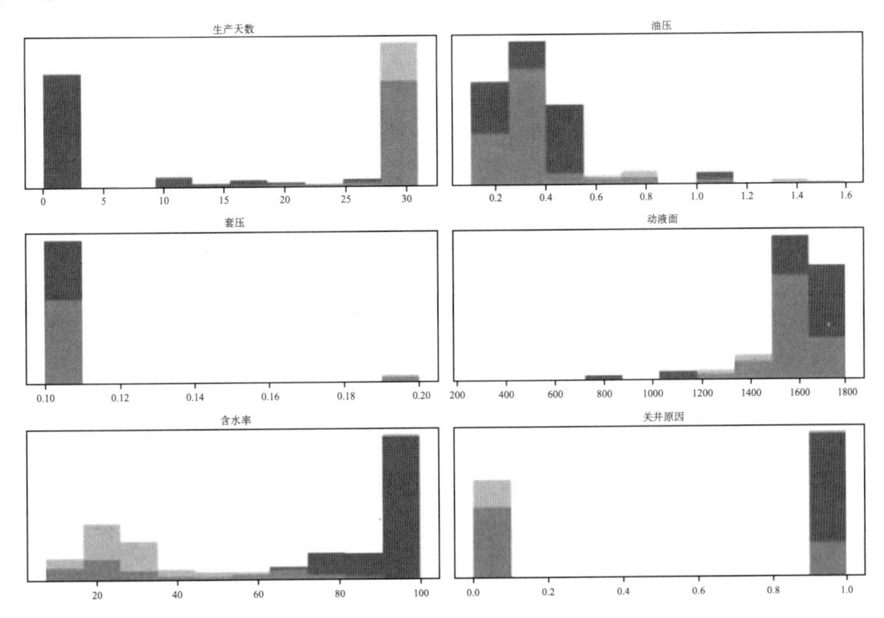

图 3-27　月产油数据集中每个类别特征直方图

但是，这种图无法展示变量之间的相互作用以及这种相互作用于类别之间的关系。利用 PCA 可以获取到主要的相互作用，并得到稍为完整的图像。并可以找到前两个主成分，并在这个新的二维空间中用散点图将数据可视化。在应用 PCA 之前，利用 StandardScaler 函数缩放数据，使每个特征的方差均为 1。同样，用 fit 方法找到主成分，然后调用 transform 属性旋转并降维。PCA 仅旋转(并移动)数据，但保留所有的主成分。为了降低数据维度，需要在创建 PCA 对象时指定想要保留的主成分个数，这里保留了 2 个主成分。利用前 2 个主成分绘制与产油量数据集的二维散点图如图 3-28 所示。在图 3-28 中可以看出，在这个二维空间中的两个类别被很好的分离。低产井与非低产井都比较分散，这在直方图中也可以观察出结果。

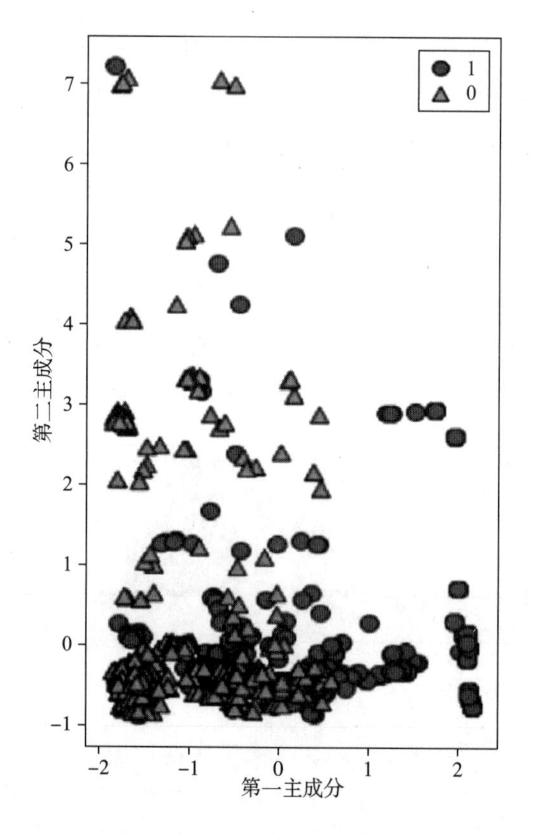

图 3-28　利用前 2 个主成分绘制月产油数据集的二维散点图

PCA 的一个缺点在于,通常不容易对图中的两个轴做出解释。主成分对应于原始数据中的方向,所以它们是原始特征的组合。但这些组合往往非常复杂,这一点可以通过图 3-29 看到。

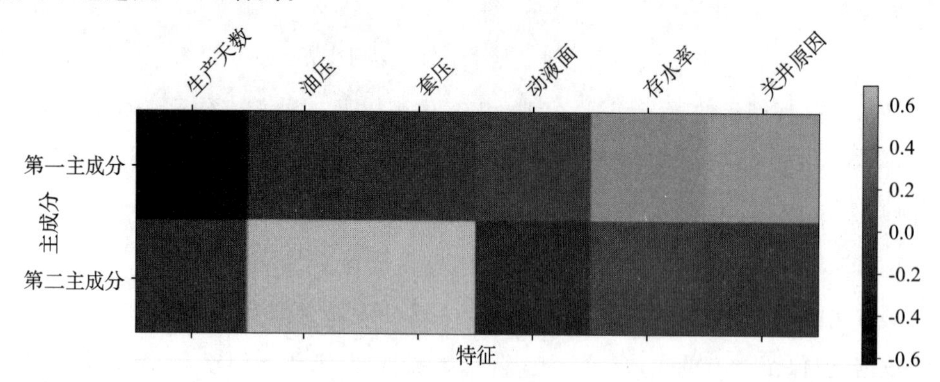

图 3-29　月产油数据集前两个主成分的热图

在第二个主成分中,所有特征的符号相同(均为正)。这意味着在所有特征之间存在普遍的相关性。如果一个测量值较大的话,其它的测量值可能也较大。在第一个主成分中,所有特征的符号有正有负,说明特征之间相关性很小。由图 3-29 可以看出生产天数与关井原因相关性很小,而油压和套压相关性很大。

三、基于人工智能的油井产量预测技术

实际产量是反映发展中国家发展效果的重要指标，是掌握发展动态变化的重要依据。在不同的开发阶段，影响产量变化的因素不同，但始终遵从地下渗流规律，而且这些影响因素之间存在各种关联。总体上，描述作物产量变化的方法有两种：一是基于基本的渗流理论油藏工程类方法，如产量递减分析。该方法是预测和分析油藏动态的常用数理统计方法，也是油藏工程类的典型代表之一，适用于产量递减阶段的油田。由于石油生产不断受到各种技术的干预，如采取压裂和酸化等，增产增注措施的油气井产量递减分析具有一定的局限性。油藏工程类方法考虑了储层性质、井况和生产控制参数对产油量造成的影响，但由于目前的渗流理论是在理想渗漏流环境下得到的，不能完全反应实际渗漏流的现象和规律。二是基于数据挖掘的机器学习类方法，埃迪格采用差分自回归积分移动平均（ARIMA）模型预测土耳其石油产量，证明 ARIMA 回归和置信区间的吻合度越高越能提高产量预测模型的精度和可靠性。应用时间序列传递函数模型建立了考虑因素动态关系的多因素产油量数据拟合模型，但仅用于产油量预测。弗拉斯托・索利斯等通过应用 ARIMA、NARX 神经网络、单指数平滑及双指数平滑等模型预测石油产量，证明了 ARIMA 模型预测精度良好。但是，ARIMA 模型虽然具有高效的逐步影响分析能力，但有一定滞后性。

以单口生产井的产油量为时间序列，根据该油井的历史产油量数据建立时间序列中的产油量 ARIMA 模型，并结合卡尔曼滤波器，构建基于 ARIMA - Kalman 滤波器的产量预测模型。ARIMA - Kalman 滤波器具有高效的时序影响因素分析能力，能够排除非同步性以及滞后性的影响，使识别出的产油量时间序列模型具有精确的拟合结果和预测能力，并缩短了滞后时间。

ARIMA 模型是将非平稳时间序列转化为稳定时间序列，然后将因变量仅对其滞后值及随机误差项的现值和滞后值进行回归所建立的模型。在差分自回归移动平均模型 ARIMA 中，p 为自回归（自回归，AR）多项式的阶数，q 为移动平均（移动平均值，MA）多项式的阶数，d 为时间序列平稳时所做的差分论数。ARIMA 模型根据原序列是否正确及回归中所含部分的不同，包括移动平均过程、自回归过程、自回归移动平均过程、ARIMA 过程，公式如下。如果研究的时间序列 Qt 是非平稳的，则可在标准的 ARIMA 模型中通过适当的差分获得平稳的时间序列。

$$
\begin{cases}
\varphi(B)(1-B)^{d}Q(t)=\theta(B)e(t) \\
B=Q(t-1)/Q(t) \\
\varphi(B)=1-\varphi_1(t)B-\varphi_2(t)B^2-\cdots-\varphi_p(t)B^p \\
\theta(B)=1-\theta_1(t)B-\theta_2(t)B^2-\cdots-\theta_q(t)B^q
\end{cases}
$$

其中，$\varphi(B)$为AR多项式；$\theta(B)$为MA多项式；t为时间序列下标；d为差分次数；$e(t)$为正常的白噪声序列，均值为0；$\varphi i(t)$为AR参数；$\theta(t)$为MA参数。

第五节　物联网背景下的钻采

一、物联网是油气田发展的必然趋势

在第四次工业革命浪潮的推动下，基础设施加速构建，海量数据急速形成，各种新技术加速与互联网结合，各产业的资金和人才正在加速生态建设和产业布局。工业互联网发展模式初步成型，并在生产、协同、定制和转型等四个方面形成一定的探索应用模式。

石油天然气作为石油一次能源，在全球的能源消耗处于十分重要的地位，在未来20年的时间里在全球能源消费中依然保持着1.8%和3.0%年增长率，合理高效科学地开采石油天然气资源已经成为全行业迫切解决的问题。但是在实际的油气田勘探开发过程中，不仅要面对复杂的地下地质环境和相关工艺技术的攻关和突破，在实际的生产管理过程中还存在很多现实地理环境的制约，如油气田布局分散、生产作业区地理跨度大、周边公共交通条件差、工作自然环境恶劣等客观条件。在实际的生产过程中存在生产数据的采集实时性差、现场工作人员劳动强度高、生产设备的先进性程度低、不能提前预测可能出现的情况和及时发现问题，从而导致发生不可估量的安全生产事故。在油气田经历了自动化、信息化和数字化的改造之后，特别是类似于智慧城市概念的智慧油气田被提出后，油气田生产物联网成为智能油气田发展的必然趋势。

油气田生产物联网是通过采用物联网技术，实现油气田生产过程中物对物的数字化关联和智能化控制，进一步提高油气田生产效率，以信息技术优势提高油气生产管理水平。

二、云计算是智能油气田发展的必然选择

云计算是一种可以提供计算和存储资源的商业互联网应用服务，是企业数字化转型的必经之路。云计算不仅可以进一步推动石油公司业务的增长，而且可以通过对业务模式、业务流程、企业组织的改造破除石油企业内部原有的业务壁垒和鸿沟，由原有的管理驱动转变成为数据驱动，实现企业内外部更高的组织效能，迎接未来行业未来的挑战。对于石油行业的公司来说，随着时代和技术的不断发展，石油企业与其他大型集团企业具有许多相同的信息化痛点，如金字塔式的业务系统部署、各自行业特殊数据壁垒、大量割裂的信息系统、低效的经营信息运营。而

且能源企业的信息系统还存在多元化的服务对象、多样化的信息数据和复杂化的行业周期等特点，具有虚拟性、共享性和开放性的云计算技术是目前最后可能解决以上顽疾的可行性技术，可以说云计算技术是石油企业管理和发展的必然之路。同时油气田正在由自动化向智能化的方向发展，由原来的局域网化向物联网化的方向发展。

三、边缘计算是智能油气田发展成败与否的关键

智能设备在边缘计算环境中可以实时响应并处理关键任务，在一定程度上可以实现无需网络或零延迟，从而进一步降低网络流量。考虑到油气田生产的实际自认环境情况，边缘计算将是智能油气田发展成败与否的关键。随着物联网技术的不断发展，油气田物联网化提高了现场生产数据采集的频率和生产过程控制的效率，但是设备所产生的数据量也越来越多。若将这些数据都放到云端处理，那么传统的油气田物联网解决方案则必然导致传输时间的延迟，因此必须利用边缘计算来分担云计算的压力。

现阶段随着石油和天然气工业自动化和数字化的不断推进，大量无线传感器被应用到油气生产管理与服务方面。传统的物联网系统侧重于数据的传输和人工的在线监测，即在感知层实现数据采集和数据发送，并接受来自应用层的控制指令，一定程度上实现了基于物联网技术的数字化和信息化功能，也实现了在服务器端一定程度的数据可视化和云端逻辑控制化，但是在这种情况下，异常数据处理和逻辑控制过于依赖网络，从而常常导致网络的时延和拥塞以及响应不及时等异常情况。例如一个含硫化氢(H_2S)的气田布局一个酸性气田生产管理的物联网平台，大量生产和检测的数据需要通过(无线)网络传递给远端中央服务器，其中的某一口或几口气井发生了气体泄漏，要想实现短时间就可以开展的救援和补救措施，那么在现有的带宽和处理环境下，很难及时地给现场的人员发出实时处理的资源密集型的紧急指令程序。边缘计算则可以有效解决这样的问题，即将其布置到实施计算能力的前端或靠近物或数据源头的网络边缘侧，从而实现网络负载的降低以及业务时效和业务拓展的提升。从应用效果的角度上来说，边缘计算技术是物联网技术的应用下沉，以更加贴近油气田开发生产过程中的实际应用实际场景的角度出发，丰富油气田物联网技术的实际落地场景。

通过系统地对公开的国内外企业和研究机构公布的数据和资料，本书认为目前油气田物联网方面的研究和应用主要存在以下几个关键问题和认识。

1. 在物联网应用方面

物联网技术在油气田生产管理方面的应用研究及其应用模式方面存在不足。国内外油田企业正在不断加大在物联网领域内的投资和研发，并在一定的区域和层次实现一定程度的油气田物联网生产管理模式，提高了油气田生产的管理效率

和油气产量。但是从公开资料的进一步研究发现，目前油气田在物联网方面主要针对油田的实际生产和企业管理这两个热点领域，物联网虽然已在石油行业上、中、下游的不同应用场景得到了部分应用，但是受限于传统思维模式的制约其应用还主要是基于传统模式，并未很好地实现设备和系统的数字化、智能化、智慧化。而且目前的油气田管理系统主要延续传统的信息化管理模式，过于依赖一线工作人员的人工数据采集和后期科研人员的大规模数据处理。需要强调的是油气田的开发和生产属于多环节、多部门、多工种的协同合作作业领域，未来伴随着物联网技术的不断进步，必将向智能化油田方向发展，并进一步加强信息化技术的运作能力，推动各种新技术实现更加深入的跨界结合和垂直整合，实现由局部创新向整体优化的转变，为不同部门的人员提供更多的增值服务，更高效地处理油气井生产管理、油气井作业施工等方面问题。

2. 在物联网创新方面

以边缘层部分为例，各类终端呈现智能化发展方向。终端软硬件技术的不断进化使不同类型的终端设备具有很强的协同能力。边缘计算再次兴起，物联网技术更加贴近实际业务的具体场景和实际需求，为智能终端设备的使用提供了更加丰富的拓展空间。目前油气田物联网创新主要体现在横向的数据流动和纵向的数据赋能两个方面。其中横向方面的创新研发主要是在本行业内以效率提升为目的的跨层环节数据流动和以提高利用率为目的跨行业与环节的数据流动；纵向的创新则主要集中在平台侧的大数据赋能和边缘侧的实时数据赋能，实现包括基于人工智能的知识赋能、基于边缘计算的能力赋能和为数据开发服务的工具赋能。边缘计算最为关键的作用是通过降低数据处理成本进一步保证物联网数据的实时性和安全性，尤其是在一些网络受限、可靠性和实时性要求较高的场景中。目前已经基本解决了油气田从原有的机械人工采集、电子自动化采集向无线传输采集的过渡阶段，以及电子设备接入和数据传输的问题，基本实现了油气上游全行业产生链的横向的数据流动的功能。以数字化油气田为主要代表，一定程度上提升了油气田的开发效率和管理效率。但是物联网纵向的数据赋能方面目前开发的较少，其主要原因是终端软硬件融合性不足和协同性较弱，缺乏数据的有效分析和处理能力，限制了物联网技术在油气田开发和生产中的应用。因此，有必要开展油气田物联网边缘层的技术和终端设备的研究和研制工作。

3. 在技术创新模式方面

以基础设施即服务层为例，国内外的石油企业基于企业文化和管理模式的不同所采取的措施具有明显的不同。国外的石油公司采取的是风险投资和企业合作的方法，抓紧和云计算企业的合作，将顶层设计作为首要出发点，采取的策略是在整个云生态系统中探索真正意义上面向自身企业实现交付的渠道类型，探索更为丰富的和个性化的各类应用；由服务提供商进行云平台的维护和管理，提供软件部署的硬件设施和运行环境，从而节约巨大的资金成本、人力成本和技术成本，获得的成果也具有较高的成果市场化、规模产业化和运营国际化程度等特点。由于石油行业云计算开发风险要明显高于传统产业，特别是技术风险和生产风险，同时，行业领域内的云计算人才在现阶段比较匮乏，一时难于满足市场需要，再加上互联网企业与石油企业的公司文化存在完全不同的方向和特点，为满足自身企业在石油云计算的技术发展和投资布局，国外石油企业会采取风险投资或直接并购的模式探索石油天然气领域的云计算开发，从而降低企业的技术开发成本和企业管理成本等一系列的风险。整体上讲，国际石油企业整体特点是：统一战略计划、明确云计算产品服务标准、加大基础设施建设、加强技术产业合作、构建云计算生态系统，从而推动产业链协调发展和企业在本行业领域内的领导地位和领先优势。

国内石油公司和企业采取的是技术开发模式和产业布局思想，在技术开发领域主要采用校企合作和企业科研部门自我开发的模式，这种主要以企业自身的知识积累为主、石油高校协调的创新模式的优点有很多，但是缺点也十分明显，最为突出的缺点是这种技术开发模式会导致技术的研发、传播、升级的效率低下和创新性不足。在云计算产业布局方面，国内石油企业采用传统企业的管理模式，即打造符合企业自身特色的封闭云计算生态系统。值得注意的是，云计算产业的风险性远高于传统产业，云计算技术的快速迭代特点是传统行业的企业很难承受的，且其自身的企业文化也很难与之适应。正确的思路应该是“共生双赢”，即与互联网行业巨头公司达成战略合作关系，从而形成互补的企业联盟。

4.在云平台发展模式方面

目前的云计算模式主要分为三种形式，即私有云、混合云和公有云。第一个阶段是“私有云”，石油公司管理众多的职能机构、不同领域分公司和作业区，采用私有云技术可以建立石油企业单独的平台，基于局域网络进行模型构建，系统功能及防护程度都可以通过使用需求和自身特色来设计，从而实现云计算技术在企业运营中的高效应用。这一阶段是石油企业实现云计算转型的必备阶段和基础阶段。第二个阶段是“混合云”，混合云解决方案将很快成为石油企业部署下一阶段互联网化应用的最佳选择。石油企业的云计算转型的最后阶段将是“企业云”，这里的“企业云”是石油企业依据自身行业特色和企业文化构建的云计算生态系统，即一个涉及企业内部不同级别的子公司、部门、研究机构、业务提供商、平台提供商、系统集成商、应用开发商等不同生态链组成的石油企业云计算生态系统。

5.在场景技术应用方面

物联网技术正在进入由外部周期性驱动力向基础性、规模化行业需求推动的新阶段，但是一定要避免几个误区，如传感技术或射频识别技术与物联网技术混淆，物联网不仅仅是采集数据并传输数据，更重要的是利用机器学习或者人工智能技术对不同场景下的数据进行分析和处理。物联网可以根据不同场景需要及产业应用组成局域网或专业网，也可以实现很小的局域网，或者说是某一特定的物联网应用平台，如人工举升作业下的物联网系统等。物联网技术的关键点在于搭建工业互联网平台，为更多的作业或施工环境提供更好的微创新或者聚合式创新，向智能化方向发展，加速重构产业发展新体系，更好地实现“端对端”有效整合和应用，边缘计算将数据服务下放至边缘侧，满足贴近感应端侧的实际需求，并为终端设备间的协同创新提供技术支撑。

本章学习小结

本章主要介绍了人工智能技术区别于传统技术，及其在钻井、采油等领域影响相应的一些最新研究成果，通过剖析这些应用技术，分析人工智能对石油工程领域的积极作用，了解相关技术研发和储备、攻关可解释型人工智能技术、推动行业数据标准化管理等应对措施。希望让学生借助此章内容，认识到石油行业是一个十分开放、积极和创新的领域。

思考题

1. 简述目前人工智能技术在石油领域的研究特点是什么？

2. 如何应对人工智能对石油工程业务的影响？

3. 信息技术的快速发展促进了石油行业的进步，那么还有哪些领域可以应用人工智能技术对其进行升级改造呢？

第四章 嵌入式开发在钻采技术方面的应用

进入21世纪,随着移动通信技术、物联网及云计算等新一代信息技术的迅猛发展,很多传统产业都开始出现新的发展,嵌入式系统技术作为新兴技术的发展基础其身影无处不在。

第一节 嵌入式开发简介

一、嵌入式开发历程

嵌入式系统的产生可以追溯到20世纪的70年代,从英特尔公司推出的第一片可编程四位微处理器“4004”开始,目前有上千种型号的微处理器在实际生活中被大规模应用。

嵌入式系统发展的初级阶段是以单片机的形式出现的。20世纪70年代单片机的出现使得汽车、家电、工业机器、通信装置以及成千上万种产品可以通过内嵌电子装置来获得更佳的使用性能。最早的单片机是英特尔公司的“8048”,它出现在1976年。美国摩托罗拉公司同时推出了“68HC05”,美国齐洛格公司推出了“Z80”系列。这些早期的单片机均含有一些低容量的存储器和简单的内部功能模块。在20世纪80年代初,英特尔公司又进一步完善了“8048”单片机,在它的基础上研制成功了“8051”单片机,8051单片机的出现是嵌入式技术发展历史上的一个里程碑式的事件。迄今为止,51系列的单片机仍然是最为成功的单片机芯片,在各种产品中有着非常广泛的应用。

51系列单片机处理的数据字长是8位的,其内部资源也相对有限,进入21世纪,蓬勃发展的信息技术使得应用系统对于核心智能部件的数据处理、计算及控制能力要求越来越高,51单片机已无法满足这种巨大的市场需求,由此,嵌入式计算机也就快速的由8位处理器过渡到16乃至32位处理器。目前在市场上,以ARM、POWERPC、MIPS等系列的32位嵌入式微处理器为主流,同时,嵌入式计算机技术仍在向更高、更快、更强的方向迅猛发展，64 位及多核并行处理器的年代已经到来了。微电子产业目前已成为许多国家优先发展的产业，以超深亚微米工艺和 1P 核复用技术为支撑的系统芯片技术是国际超大规模集成电路发展的趋势和 21 世纪集成技术的主流。

嵌入式系统正是集成电路发展过程中的一个标志性成果，它把计算机直接嵌入到应用系统中，融合了计算机软、硬件技术，通信技术和微电子技术，是一种微电子产业和信息技术产业的最终产品。

二、嵌入式开发系统

那么到底如何给嵌入式系统一个明确的定义呢？可以从以下两个角度来理解嵌入式系统的内涵。

①从应用对象的角度，根据 IEEE（国际电气和电子工程师协会）的定义：嵌入式系统是“用于控制、监视或者辅助操作机器和设备的装置”。

②从计算机技术应用的角度，嵌入式系统是指以应用为中心，以计算机技术为基础，软硬件可减裁，适应应用系统对功能、可靠性、成本、体积和功耗等严格要求的专用计算机系统。

嵌入式系统体现了“嵌入、专用性、计算机”的基本要素和特征。嵌入式系统是一个复杂系统的一部分，即系统中的系统，负责完成某部分特定功能，但不具备完整的系统功能。例如汽车电子控制系统就是一个很复杂的电子控制中枢系统，它包含了几十个功能模块，每个功能模块都是一个独立的嵌入式系统，完成一种独立的子功能。实际上在汽车这样复杂的控制系统里常常会有几十颗嵌入式微处理器存在。

嵌入式系统也是一个独立的系统，可实现独立完整的功能。例如 mp3 播放器，它由一颗嵌入式微处理器、音频编解码模块及液晶显示屏组成，可以完成 mp3 等数字音频格式的乐曲播放。这里的“嵌入”可以理解成播放软件嵌入到微处理器，使其具备了智能播放能力。

三、嵌入式系统特点及组成

嵌入式系统与通用计算机系统既有相似之处，也有明显区别。

（一）嵌入式系统的特点

嵌入式系统是应用于特定环境下执行面向专业领域的应用系统，所以不同于通用型计算机系统应用的多样化和实用性。它与通用计算机相比具有以下特点。

①专用性强。嵌入式系统是面向特定任务，针对特定应用环境而设计的电子装置，其使用的处理器大多是为特定用户群体设计的专用处理器，软件系统和硬件的结合非常紧密，一般要针对硬件进行软件的系统移植。

②系统精简。和通用型计算机系统比较起来，嵌入式系统的内部资源还是相对有限的，不管是 CPU 工作频率还是系统存储空间都会受到限制，不可能无止境地提高，因此嵌入式系统的软件、硬件必须高效率设计，控制系统成本，利于实现系统安全。

③软件代码固化存储。为了提高程序执行速度和系统可靠性，嵌入式系统的目标代码通常固化于非易失性存储器芯片中，而不存储于外部磁盘等载体中。

④要求高可靠性。嵌入式系统运行环境千变万化，个体差异很大，常常需要系统能在较为严酷的环境下正常工作，这就要求设计者必须保证系统的高可靠性和冗余度，确保其软硬件能长时间稳定运行。

⑤需要专门的开发工具和环境。由于嵌入式系统本身不具备自主开发能力，即设计完成后，用户通常不能对其中的程序功能进行修改，必须有一套完备的开发工具和环境才能进行开发。如 ARM 应用软件的开发需要编辑工具、编译工具、链接软件、调试软件等

(二)嵌入式系统的基本组成

通常，嵌入式系统中的系统程序(包括操作系统)和应用程序是浑然一体的。嵌入式系统本身是一个外延性极广的概念，目前通常指的是能够运行操作系统的软硬件综合体。

总体上，嵌入式系统可以划分成硬件部分和软件部分。硬件部分一般由高性能的嵌入式处理器、存储器和外围的接口电路组成。软件部分由嵌入式实时操作系统和运行的应用程序构成。软件和硬件之间由所谓的中间层连接。嵌入式系统组成框图如图 4-1 所示。

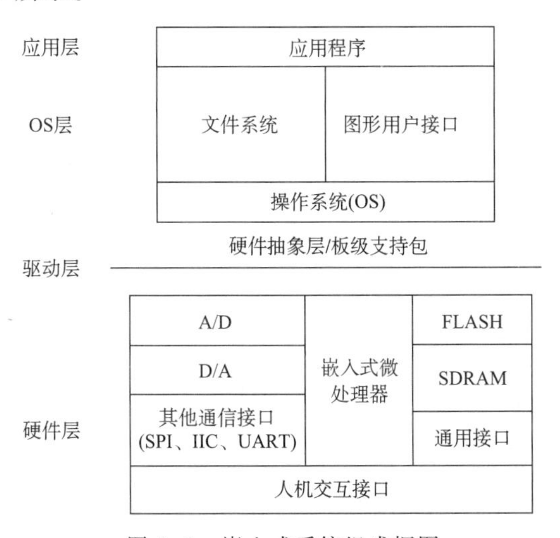

图 4-1　嵌入式系统组成框图

从图 4-1 可以看出，嵌入式系统由硬件和软件构成，下面介绍硬件层和软件层。

1. 硬件部分

嵌入式处理器是嵌入式系统的硬件核心部件，与通用处理器不同之处是它的专用性。市场主流嵌入式处理器有 ARM 系列、Power PC 系列、X86 系列等。

ARM 微处理器是目前应用领域非常广的处理器，到目前为止，ARM 微处理器及技术的应用几乎已经遍及工业控制、消费类电子产品、通信系统、网络系统、无线系统等各类产品市场，深入到各个领域。ARM 系列处理器是英国安谋公司的产品，安谋公司是业界领先的知识产权供应商，是一家 IP 核设计公司，采用 IP 授权的方式允许半导体公司生产基于 ARM 的处理器产品，提供基于 ARM 处理器内核的系统芯片解决方案核技术授权，不提供具体的芯片。此外，ARM 芯片还获得了许多实时操作系统供应商的支持，如 Win CE，Linux，Vxworks. yc/OS 等。

嵌入式系统外围设备是指在一个嵌入式系统硬件构成中，除了核心控制部件嵌入式微处理器以外的各种存储器、输入/输出接口、通信接口及电源时钟电路等。

存储器是计算机系统的记忆设备，它用于存放计算机的程序指令、要处理的数据、中间运算结果以及各种需要计算机保存的信息，是嵌入式系统中不可缺少的一个重要组成部分。

目前常见的存储设备按使用的存储器类型分为以下几种：

①静态易失型存储器(RAM，SRAM)。

②动态易失型存储器(DRAM)。

③非易失性存储器 ROM(MASK ROM，EPROM，EEPROM，Flash)。

④外部辅助存储器(硬盘、光盘及 SD/MMC/TF 卡等)。

其中 Flash(闪存)以可擦写次数多、存储速度快、容量大及价格便宜等优点在嵌入式领域得到广泛的应用。

CPU 与外部设备的连接和数据交换都需要通过接口设备来实现。这些接口设备被统称为输入/输出接口，其功能是负责实现 CPU 通过系统总线把 1/0 电路和外围设备联系在一起，实现与外围设备的信息交互，典型的输入/输出接口有 LCD 显示器接口、键盘接口及触摸屏接口等。

2. 软件部分

如果把微处理器比作嵌入式系统的心脏，那么嵌入式软件则可看成是整个系统的大脑和灵魂，只有注入了具备控制和计算能力的软件思维，嵌入式系统才能真正具有类似人类的判断、决策及行动能力。

仅包括应用程序的嵌入式系统一般不使用操作系统。随着技术的发展和应用需求的不断提高，高性能嵌入式系统的应用越来越广泛。

嵌入式系统中操作系统的使用成为必然发展趋势。

具有操作系统的嵌入式软件结构一般包含四个层面：驱动层程序、嵌入式操作系统(EOS)、操作系统的应用程序接口(API)及应用程序层。

①驱动层程序是为上层软件提供设备的操作接口，使上层软件工作时不必理会外围设备的具体操作，只需调用驱动程序提供的接口即可。驱动层程序包括硬件抽象层 HAL、板级支持包 BSP 和设备驱动程序。

硬件抽象层 HAL 是位于操作系统内核与硬件电路之间的接口层，其目的在于将硬件抽象化，使得嵌入式系统的设备驱动程序与硬件设备无关，从而提高系统的可移植性。

板级支持包 BSP 是介于嵌入式系统主板硬件和操作系统内部驱动程序之间的一层，是实现对操作系统的支持，为驱动程序提供访问硬件设备寄存器的函数包，使其能够更好地运行于硬件主板，主要功能是系统启动时完成对硬件的初始化，为驱动程序提供访问硬件的手段。

设备驱动程序是为上层软件提供设备的操作接口，系统中安装设备后，只有在安装相应的设备驱动程序之后才能使用，上层软件只需调用驱动程序提供的接口，不用理会设备具体内部操作，就能实现对设备的操作。

②嵌入式操作系统(EOS)是具有存储器管理、分配、中断处理、任务调度与任务通信、定时器响应并提供多任务处理等功能的稳定的、安全的软件模块集合，是整个软件系统的核心。

③操作系统中提供的 APL 是一系列的复杂函数、消息和结构的集合，软件开发人员通过使用 API 函数，可以加快应用程序的开发，统一应用程序的开发标准。

④应用程序层是实现系统各种功能的关键，好的应用软件使硬件平台能更高效地完成系统功能，使设备具有更大的经济价值。嵌入式应用层软件是建立在系统的主任务基础之上，针对特定的实际专业领域，基于相关嵌入式硬件应用平台的、能完成用户预期任务的计算机软件，主要通过调用系统的 API 函数对系统进行操作，完成用户应用功能开发的。

目前常见的嵌入式操作系统有 Vxworks、PSOS、Windows - CE、uC/OS 及 Linux 等。目前免费的嵌入式操作系统主要有 L. inux 和 C/OS-11，它们在价格方面具有很大的优势。嵌入式 Linux 操作系统以价格低廉、功能强大、易于移植而且程序源码全部公开等优点正在被广泛采用，已成为嵌入式设备软件平台的首选。

四、嵌入式系统开发流程

当前，嵌入式开发已经逐步规范化，在遵循一般工程开发流程的基础上，嵌入式开发又具备了自身的一些特点。图 4-2 所示为嵌入式系统开发的一般流程。主要包括系统需求分析(要求有严格规范的技术要求)，体系结构设计，软件、硬件及机械系统设计、系统集成、系统测试，最终得到可交付产品等。

嵌入式系统开发模式最大特点是软件、硬件综合开发。这是因为嵌入式产品是软件、硬件的有机结合体，软件针对硬件开发、固化、不可修改。

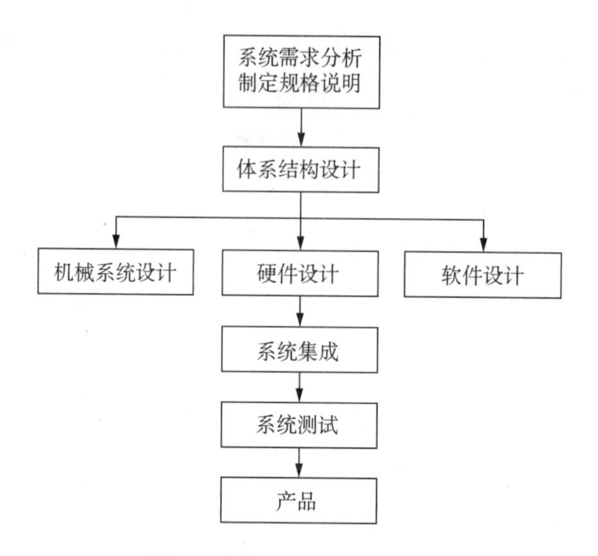

图 4-2　嵌入式系统开发流程

(一)系统需求分析

系统需求分析需要确定设计任务和设计目标,并提炼出设计规格说明书作为正式设计指导和验收的标准。系统的需求一般分功能性需求和非功能性需求两方面,功能性需求是系统的基本功能,如输入输出信号、操作方式等;非功能需求包括系统性能、成本、功耗、体积、重量等因素。

(二)体系结构设计

体系结构设计描述系统如何实现所述的功能和非功能需求,包括对硬件、软件和执行装置的功能划分,以及系统的软件、硬件选型等。一个好的体系结构是设计成功的关键,实际工作中可采取绘制系统功能框图的方式来定义描述系统,它可以较为准确地说明系统的功能分配及体系架构。

(三)软件、硬件协同设计

软件、硬件协同设计指基于体系结构,对系统的软件、硬件进行详细设计。为了缩短产品开发周期,设计往往采取并行的方式。嵌入式系统设计的工作大部分都集中在软件设计上。

1. 软件、硬件集成调试

把系统的软件、硬件和执行装置集成在一起,进行调试,发现并改进单元模块设计过程中的错误,被称为"软件、硬件集成调试"。

2. 系统功能测试

对设计好的系统进行测试,看其是否满足规格说明书中给定的功能要求,检验其是否达到系统规格的标准,被称为"系统功能测试"。

第二节　嵌入式系统的发展

一、嵌入式系统简述

嵌入式系统是计算机软件和硬件的综合体，它是以应用为中心、以计算机技术为基础的，并且软件、硬件可以裁减的，能满足应用系统对功能、可靠性、成本、体积、功耗等指标的严格要求的专用计算机系统。它可以实现对设备的控制、监视或管理等功能。

嵌入式系统具有以下特点。

①嵌入式系统通常是针对具体的应用的。嵌入式处理器大多工作在为特定用户群设计的系统中。它通常具有体积小、低功耗、成本低、集成度高等优点，把通用的 CPU 中许多由板卡完成的功能集成到芯片内部，从而使嵌入式系统的设计趋于小型化、专业化，也能够使移动功能大大增强，与网络的耦合也越来越紧密。

②嵌入式系统是一个资金密集、技术密集、高度分散、不断创新的知识融会的系统。因为它是将先进的计算机技术、通信网络技术、半导体工艺、电子技术和与各领域的具体应用相结合的产物，它是各项高新技术不断取得突破的产物。

③嵌入式系统必须尽可能的降低成本，从而在处理器的市场中更具竞争力。这就要求嵌入式系统的硬件和软件都必须具有高效率的设计，在保证稳定、安全、可靠的基础上量体裁衣、去除冗余，力争在同样的硅片面积上实现更高的性能。

④嵌入式系统一般有较长的生命周期。嵌入式系统和具体应用有机的结合，它的升级换代也和具体产品同步进行。因此，嵌入式系统产品一旦进入市场，一般具有较长的生命周期。

⑤为了提高执行速度和系统可靠性，嵌入式系统中的软件一般都固化在存储器芯片或处理器内部的存储器中，而不存储在外部的磁盘等载体中。通常嵌入式系统还需要能应付恶劣的环境和突然断电等情况。

⑥嵌入式系统本身不具备自举开发能力。即使设计完成之后，用户通常也不能对其中的应用程序进行修改，必须有一套交叉开发工具和环境才能进行。

随着信息化、网络化、智能化的发展以及嵌入式技术的全面进步，嵌入式产品目前已经成了个人数字消费类产品和通信的共同发展方向。在个人数字消费品领域中，嵌入式产品将主要作为个人移动数据的处理和通信软件。由于嵌入式设备具有自然的人机交互界面，所以以 GUI（图像用户界面）屏幕为中心的多媒体界面能给人很大的亲和力。在通信领域，数字技术正在全面取代模拟技术。在广播电视领域，美国已经开始由模拟电视向数字电视转变，欧洲的 DVB（数字电视广播）

技术已在全球大多数国家推广。数字音频广播(DAB)也已进入商品化试播阶段。而软件、集成电路和新型元器件在产业发展中的作用日益重要。所有上述产品都离不开嵌入式系统技术。

从软件方面讲,现在有相当多的成熟软件系统,如 WinCE、VxWorks。我国自主开发的也有一些,如 Hopen 嵌入式操作系统。硬件方面,经过多年的发展和应用,已经比较成熟,实现各种功能的芯片应有尽有。不仅有各大公司的微处理器芯片,还有用于学习和研发的各种配套开发包。

信息时代、数字时代使得嵌入式产品获得了巨大的发展机遇,为嵌入式市场展了美好的蓝图,同时也对嵌入式产品生产厂商提出了新的挑战。未来嵌入式系统有以下几个发展趋势。

①随着微电子技术的快速发展,芯片功能更加强大,SOC(系统芯片)将成为发展趋势。这不仅能降低成本,缩小产品体积,还将增强产品的可靠性。同时,软件、硬件的紧密结合使嵌入式软件与硬件界线更加模糊,嵌入式软件时常以硬件形态存在,这种方式可提高实时性,增强可维护性。

②网络化。嵌入式产品将与互联网应用相互促进,快速发展,成为互联网的主要终端之一;网上将出现大量的服务于嵌入式产品的软件,并有专门服务于嵌入式产品的内容。网络互联成为必然趋势。

③无线通讯产品将成为嵌入式软件的重要应用领域。一方面,已有无线产品将借助芯片技术和嵌入式软件来提高性能;另一方面,当前许多嵌入式产品都将增加无线通讯功能。因此,未来几年,蓝牙等相关技术会与嵌入式软件相互促进,共同发展,使更多的产品具有通讯功能,使更多的通讯产品更好地为用户服务。

④嵌入式操作系统会与嵌入应用软件协同发展。嵌入式系统应用领域千差万别,只有充分重视应用软件的发展,才能满足丰富多彩的应用要求。

⑤嵌入式操作系统是在多种硬件平台上发展起来的,随着嵌入式系统的广泛应用,信息交换、资源共享机会增多,与此相关的标准问题也将日渐突出,如何建立相关标准成为业界关注的问题。

二、ARM 在嵌入式系统中的应用

安谋公司的产品并不是芯片,而主要是 IP,即一整套的设计成果,包括处理器体系结构规范,具体的电路图、布线图、分层掩膜图等。可供芯片生产厂商生产面向特定应用的微处理器/控制器芯片。

三、Linux 在嵌入式系统中使用

Linux 是一个类似于 Unix 的操作系统,它起源于芬兰人“Linus Torvalds”的一个业余爱好,是目前最为流行的一款开放源代码的操作系统。Linux 已发展成

为一个功能强大、设计完善的操作系统。Linux 系统不仅能够运行于通用计算机平台，还在嵌入式系统方面大放光芒，在各种嵌入式 LinuxOS 迅速发展的状况下，LinuxOS 逐渐形成了可与 WindowsCE 等 EOS 进行抗衡的局面。Linux 作为嵌入式操作系统的理想选择具有以下特点。

①免费，源代码公开。Linux 操作系统原代码可以从互联网上免费下载使用，而且 Linux 上运行的绝大多数应用程序也可免费得到。公开的原代码使用户可以根据自己的需要对 Linux 原代码进行修改，修改成适合于自己应用的系统。

②有很高的适应性和可靠性。Linux 系统具有很高的稳定性和可靠性，因为 Linux 继承了 Unix 的优点，其适应性和稳定性是非常突出的。嵌入式 Linux 是一个跨平台的系统，到目前为止可以支持几十种 CPU。值得注意的是，很多 CPU 都开始做 Linux 的平台移植工作，移植的速度远远超过 JAVA 的开发环境。同时，嵌入式 Linux 内核的结构在网络方面是非常完整的，提供了包括十兆、百兆、千兆的以太网络以及无线网络、光纤甚至卫星的支持，所以 Linux 很适于做通信设备的开发。此外，高可靠性是嵌入式 Linux 领先于其他嵌入式操作系统最明显的地方。Linux 原先用于服务器领域，有较高的可靠性。嵌入式 Linux 中虽然对内核进行了一些裁减，但是仍然保持了原 Linux 高可靠性的特点，在应用 Linux 开发的产品中一般很少出现系统崩溃的现象。

③满足扩充实时性要求。嵌入式系统一般都有时实性要求。操作系统实时性的决定因素和中断例程本身、内核中的驱动程序以及内核中任务调度程序有关，而响应延迟时间主要受中断的优先级和其他进程暂时地关闭中断响应的影响，因此内核任务管理和驱动中断的机制必须保证实时性。嵌入式 Linux 可以很好地满足实时性要求。

④具有成熟的开发工具。开发嵌入式系统的关键是需要一套良好的开发和调试工具，Linux 有一套完整的免费的开发和调试工具，嵌入式 Linux 利用 GNU 项目的 C 编译器来编译程序，使用 gdb 源程序级调试器来调试程序。它们提供了合适的手段，使客户能够方便地开发嵌入式 Linux 的各种应用程序。开发时可在计算机上交叉编译应用程序，调试时可通过串 telnet 命令登陆硬件平台，同时可利用 NFS 调试已存在计算机中的文件。

⑤可以根据需要灵活地配置内核。嵌入式系统要尽量减少体积，因为一般说来，可供嵌入式操作系统使用的存储容量都十分有限，不能像普通计算机那样采用海量存储器来进行数据存储，通常采用软件固化的方法将程序和操作系统嵌入到整个产品里面。嵌入式 Linux 除了本身体积较小以外还保留了 Linux 操作系统中非常有特色的一点：模块化的内核，用户可以自己裁减内核，根据不同的任务来选择特定内核模块，将不用的部分去掉，减少体积，从根本上解决了体积和功能的矛盾。

将 Linux 应用于嵌入式系统中必须根据目标系统的需要对 Linux 系统进行必要的裁减、修改和补充，目前，对 Linux 进行修改主要集中在以下几方面。

①将 Linux 内核移植到一些应用比较广泛的 SOC 上。目前在标准 Linux 内核源码树的“arch.”目录下已经有很多针对不同的处理器的实现方式，通过在主机上进行交叉编译就可以构成适用于各种处理器的可执行映像。但是，目标硬件上可能有一些独特性质是标准 Linux 没有加以充分利用的。所以需要补充、优化。对于 ARM 平台而言，CPU 方面主要是对各种不同的 ARM 核的优化处理及对内置的协处理器的支持。

②对常用的外围设备进行选择和修改。在 Linux 原代码里边包含丰富的设备的驱动程序，网上也有丰富的关于 linux 的设备驱动程序，开发相关驱动程序可以参考这些已公开的内容，不必从头开始，有些公开的驱动程序甚至可以直接使用，大大缩短了开发周期。

③对 Linux 内核进行实时话改造。由于在嵌入式系统应用中，很多场合对系统都有一定的实时性要求。由于 Linux 系统是一个典型的分时系统，为保证其实时性必须采用一定的策略对其进行修改。对这方面的修改主要有调度机制修改、实现可强占调度、提高时钟精度、中断响应时间等。

四、嵌入式系统的发展趋势

(一)网络互联成为必然趋势

未来的嵌入式设备为了适应网络发展的要求，必然要求硬件上提供各种网络通信接口。

传统的单片机对于网络支持不足，而新一代高性能嵌入式处理器已经普遍内嵌网络接口，除了支持 TCP/IP 协议，有的还支持 IEEE 394，USB，CAN，Bluetooth 或 IrDA 通信接口中的一种或者几种，但需要提供相应的通信组网协议软件和物理层驱动软件。软件方面系统内核支持网络模块，甚至可以在设备上嵌入 Web 浏览器，真正实现随时随地用各种设备上网。

(二)嵌入式系统将在移动互联网和物联网应用中大放异彩

国家“十三五”发展规划中明确地将移动互联网和物联网技术应用作为新一代信息技术。无论是移动互联网中的移动智能终端还是物联网系统中的智能传感节点及数据网关，其核心技术基础就是嵌入式系统，嵌入式技术必将在这两个重要的应用方向上发挥巨大的作用。

物联网时代是嵌入式系统的网络应用时代。无线传感器网络出现后，将嵌入式系统局域物联网带入到一个全面(有线、无线)的发展时代。与此同时，嵌入式微处理器的以太网接入技术有了重大突破，使众多的嵌入式系统、嵌入式系统局域物联网方便地与互联网相连，将互联网与嵌入式系统推进到物联网时代。

（三）嵌入式微处理器将会向多核融合技术发展

无所不在的“智能”必将带来无所不在的计算，大量的音视频信息、物理感知数据等需要高速的处理器来处理，面对海量数据单个处理器可能无法在规定的时间完成处理，因此引入并行计算技术采用多个执行单元同时处理信息将成为必然的发展趋势，目前含有四核乃至八核的嵌入式微处理器已在智能手机中得到广泛应用。同时更应关注在复杂的信息处理系统中“ARM＋DSP”及 ARM-FPGA 这种不同功能取向的多核融合技术也正成为业界研究的热点。

（四）精简系统内核、算法以降低功耗和软硬件成本

未来的嵌入式产品是软硬件紧密结合的设备，为了降低功耗和成本，需要设计者尽量精简系统内核，只保留和系统功能紧密相关的软件、硬件，利用最少的资源实现最适当的功能，这就要求设计者选用最佳的编程模型、不断改进算法、优化编译器性能，因此，既要软件人员有丰富的硬件知识，又需要发展先进嵌入式软件技术。

（五）提供友好的多媒体人机交互界面

嵌入式设备能与用户亲密接触最重要的因素就是它能提供非常友好的用户界面。直观漂亮的图形界面、灵活的控制方式使使用者感觉嵌入式设备就像是一个熟悉的老朋友，这要求嵌入式系统设计者在人机交互界面及多媒体技术上下苦功。手写文字输入、语音识别输入、图形操作界面都会让使用者获得自由的感受。

（六）向系统化方向发展

嵌入式开发是一项系统工程，要求嵌入式系统厂商不仅要提供嵌入式软件、硬件及系统本身，而且需要提供强大的硬件开发工具和软件包。目前很多厂商已经充分考虑到这一点，在主推系统的同时将开发环境作为重点。比如韩国三星集团在推广其 ARM 系列芯片的同时提供开发板和板级支持包（BSP），WinCE 在主推系统时提供在 Embedded 中将“C＋＋”作为开发工具，还有 VxWorks 的 Tonado 开发环境、DeltaOs 的 Limda 编译环境等都是这一趋势的典型体现。当然，这也是市场激烈竞争的结果。

作为智能设备及终端产品的核心基础，嵌入式技术的应用已经渗透到社会工作及生活的各个领域。嵌入式技术的成熟应用进一步加速了物联网、智能硬件、移动互联网的产业化进程。行业调查数据显示，目前嵌入式产品应用最多的三大领域是“消费电子、通信设备、工业控制”，未来嵌入式系统将会走进 IT 产业的各个领域，成为推动整个产业发展的核心中坚力量。

目前我国对嵌入式系统设计人才需求较大的行业主要是消费电子、汽车电子、医疗电子、信息家电、通信设备、手持设备、工业控制、安防监控等，其中消费类电子产品开发最是热门，是从业工程师最多的行业。

随着车载电子应用、手持娱乐终端及信息家电在国内的普及，近年来国内外企业纷纷加大了对嵌入式业务的投入，相关人才需求也逐渐加大。具备较丰富的软硬件综合设计能力的嵌入式开发工程师已成为人才市场上的稀有资源。

第三节　嵌入式技术在钻采方面的应用

一、基于嵌入式的录井仪设计

近些年，由于社会的发展程度很高，大家的生活水准也在逐步攀升，这就导致需要依靠更多的能源维持高水平的生活。虽然我们一直在宣传和推广能够代替化石燃料的新能源，但是短时间内，化石燃料无疑是主要的能源来源。

钻井的目的是开采地下的石油和天然气，而油气深埋地下，不能明显的看到油气的储藏深度和油气质量，所以需要寻找一种方法预测和评估油气层的分布。录井是油气勘探开发活动中最基本的技术之一，是发现、评估油气藏最及时、最直接的手段，具有获取地下信息及时、多样，分析解释快捷的特点。将录井过程中采集到的固液气等参数信息记录下来，分析这些信息将有助于评估油气层分布，同时，也可以为地质预报提供一些数据。通常录井过程还会实时记录各项钻井工程参数，预报目的层段，确定钻井用时和完钻井深。经过几十年的发展，录井技术已成为集地质科学和信息技术为一体的综合技术，信息化和智能化成为其一个主要特征。

综合录井仪是集现代电子、计算机、传感器、分析等技术为一体的现代录井设备，其综合性主要表现在以下两方面。

①录井采集信息综合性。录井时需要采集钻井工程参数、岩矿地质参数和泥浆气测参数等钻井过程中的各种工程参数，其中岩石剖层的参数及气液参数都是钻井时所要采集的主要信息。

②录井信息分析综合性。利用现代计算机的信息处理技术对录井信息进行全方位综合分析，准确建立地质构造剖面，对钻井活动进行指导。

近年来，各国对于能源的需求逐年加大，因此，所钻的油井也相对增加。为了满足我国人民的能源需求，为了增加油气资源开采量和开采率，国内大型石油公司不断增加开发工作量。无论从钻井的规模还是数量上来看，我国在世界范围占有很大的比例。

(一)技术现状

随着油气田的不断开采，易开采的油气藏越来越少，对复杂地质油藏的勘探越来越多，开采钻井也越来越深。油气勘探对象的日益复杂使得钻井过程遇到异常地层的情况越来越常见，及时发现评估油气藏的难度越来越大。因此，需要寻求先进的录井设备。表 4-1 对目前市场上的几种代表性录井仪特点做了比较分析。

表 4-1 国内外代表性综合录井仪比较

录井仪名称	所属公司	技术特点	功能点	便携性	价格
SK-CMS 综合录井仪	上海神开石油化工装备股份有限公司	①差分色谱 ②双机热备份 ③远程传输	①油气发现、评价 ②随钻测量 ③异常预警	低	昂贵
ACE 智能录井系统	中国电子科技集团公司第 22 研究所	①智能气测仪 ②防爆 CAN 总线 ③服务器汇总数据	①油气发现/评价 ②随钻实时监控	低	昂贵
ADVANTAGE 综合录井仪	美国贝克休斯公司	①快速色谱仪 ②RS-485 总线 ③远程传输	①油气发现/评价 ②随钻测量 ③异常预警	低	昂贵
ALS 综合录井仪	法国地质服务公司	①快速色谱仪 ②防爆防雷 ③网络服务器	①油气综合评价 ②随钻测量 ③异常预警	低	昂贵
ZSY20008 录井仪	任丘市科新石油设备有限公司	①红外光谱气测 ②便携终端	①油气综合评价 ②随钻测量	高	便宜
MAS 快速录井仪	上海神开石油化工装备股份有限公司	①红外光谱气测 ②便携终端	①油气综合评价 ②随钻测量	高	便宜

通过表 4-1 的对比可以得出，综合录井仪基本分为两类：一类是具备多种录井需求功能的大型综合录井仪，另一类是满足主要功能的小型综合录井仪。大型综合录井仪采用集装箱式的仪器房安装各种录井仪器，总重量达到 8～10 吨。由于它要处理海量数据，所以一般通过局域网在服务器端处理各个录井设备采集的数据，具体数据有用来预测底层组分的参数，钻井液参数，以及气体参数。处理速度快，但是价格昂贵，搬运不便。

小型综合录井仪采用单片机为核心的便携式工控箱，配备常用的传感器组成。它只采集一些基础数据，满足油气综合评价、随钻测量的基本需求，价格便宜，携带方便。

综上所述，大型综合录井仪使用技术先进，数据采集齐全且精度很高，功能完善，但是价格昂贵且搬运不便；小型综合录井仪使用技术简单，只采集主要数据，人机交互体验较差，但是价格低廉携带方便。对于大型油井开发团队来说，录井设备的功能和性能是其关注的重点，设备搬运和设备成本不是问题，首选大型综合录井仪。对于小型钻井团队，出于成本考虑就只能使用小型综合录井仪，而且由于开发项目级别较低，对录井设备的要求也不是很高。中型钻井队则不好选择，对设备成本和设备功能都有要求，选大型综合录井仪则成本过高，选小型综合录井仪则功能不够，无论选哪种录井仪，都不利于团队的发展。因此针对众多中小型钻井团队研发一款便宜、易用、功能完善、人机交互友好但是价格低廉的便携式综合录井仪设备具有非常实用的现实意义。

电子和计算机技术推动了嵌入式技术的发展，无论是硬件还是软件，嵌入式领域技术都日趋方便、成熟、稳定。Qt 图形化界面在 Linux 平台技术的不断革新，Linux 界面显示效果越来越好。软件、硬件的高速发展使研究高便携、低成本、功能完善的录井仪成为了可能。

(二)软硬件系统结构设计

1. 设计目标

钻时录井仪需要具备可靠性、稳定性、可维护性和可扩展性。

可靠性：表示系统在一段时间内不会发生故障，能够可靠运行。设计要充分考虑全烃钻时录井仪的可靠性，尤其是随着使用时间的增长而带来的可靠性影响，考虑使用时间带来的损坏对设备的影响，对错误影响度进行评估，并尽可能采取措施进行修正。

稳定性：若外力影响到系统的平衡，等到外力移除后系统可以回到最初的平衡状态。也就是需要增强全烃钻时录井仪的抗干扰能力，在外部一定强度的干扰消失后，系统能够恢复正常。

可维护性：当系统受到破坏时或者不能正常工作时，可以采取修复的方式使其恢复到正常状态。全烃钻时录井仪在设计时需要考虑模块损坏的可修复性，要保证其易修复，还需要降低部分器件损坏对设备整体的影响程度。由于用户的需求是不断变化的，技术是不断革新的，录井仪各功能模块必须具备可不断改进的能力。

可扩展性：该系统适应变化的能力。全烃钻时录井仪在设计时需要为未来的功能扩展提供接口，方便增加新功能。

2. 设计原则

设备整体设计就是按照功能将设备划分为各个功能模块，通过各模块之间的稳定协作实现设备的功能。设计原则就是设备模块的划分原则，按照该原则划分模块可保证设备同时具备可靠性、稳定性、可维护性和可扩展性。

通过总结分析，软件设计模式的原则同样适用于设备整体设计。软件设计中，每个模块通过类的结构形式来封装。

①单一职责原则：单个模块只需扮演好自己的角色即可，无需扮演其他角色。这样可以降低单个模块的设计和实现复杂度，也可以有效降低单个模块损坏对设备整体带来的影响。

②里氏替换原则：设计和实现的模块完全遵循该模块的设计规范，可以做到替换同规范的模块而不对原设备功能和性能带来任何影响。这要求每个模块都有标准和规范。

③依赖倒置原则：不同层次的模块都是通过接口的形式相互调用交互，这样更利于调用。这要求每个模块对外都有标准接口，内部实现可以变动，但必须保证接口不变。

④接口隔离原则：客户端不应该依赖它不需要的接口，同时，一个类对另一个类的依赖应该建立在最小的接口上。这要求模块对外接口设计足够小，每个接口提供独立的功能，不将多个功能通过一个接口提供给外部。这样可以避免一些因接口使用引起的问题。

⑤迪米特法则：模块之间的关联或依赖程度越少越易于复用。一个独立功能划分一个模块，如果发现划分过程该模块对另一个模块有太多依赖，那么就是模块划分有问题。要么将两个模块合并为一个，要么划分为更多模块。

⑥开闭原则：开闭原则由勃兰特·梅耶提出，他在 1988 年的著作《面向对象软件构造》中提出“软件实体应当对扩展开放，对修改关闭”。如果想在原来代码的基础上实现新的功能，应该采取扩展的方式，而不是使用修改的方式。这样可以减少模块改动对设备整体带来的影响。

3. 整体设计方案

综合录井仪的基本工作原理：井场工程传感器实时精确采集随钻工程参数、钻井液参数和气测参数，录井仪软件利用数学模型和判别标准对所采集数据进行综合分析处理，评估和预测地质构造和地下油气资源，有效指导钻井工作。综合录井仪的工作流程：首先是各种信号传感器采集电信号，然后通过信号调理电路对电信号进行去噪、整形，接着将电信号转化为数字信号，然后通过标定把信号换算成实际物理量值，最后把需要的数据显示出来(如图 4-3)。按照图 4-3 的基本流程，本系统从功能上主要分为数据采集系统和数据显示系统两部分，分别负责信号的采集传输和数据的处理显示。如果采用纯单片机搭建系统，信号采集部分满足需求，但是显示部分只能使用刷点阵的 LED 屏，显示效果有限，而且不能使用操作系统，不能对数据的存储和回放进行处理。如果采用纯计算机搭建系统，人机交互程序可以做的很美观，信号采集部分也可以满足需求，但是整个系统过于耦合，对于系统扩展不够灵活。所以本系统采用模块化设计，使用上下位机结构，下位机负责数据的采集，上位机负责数据的处理和人机交互，上下位机之间的通信采用的是一种串行数据传输总线 RS-485(如图 4-4)。

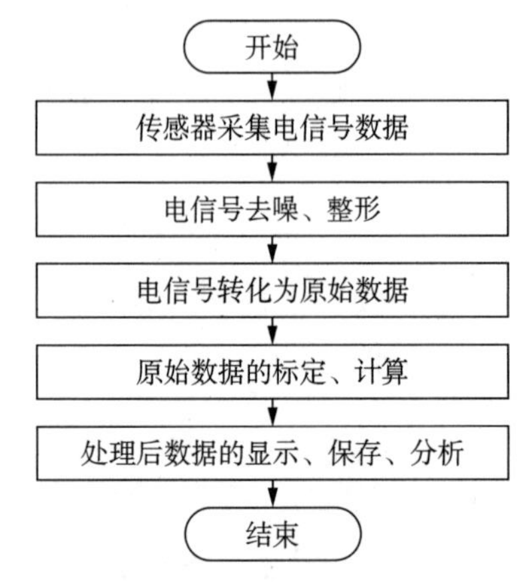

图 4-3　综合录井仪的原理流程图

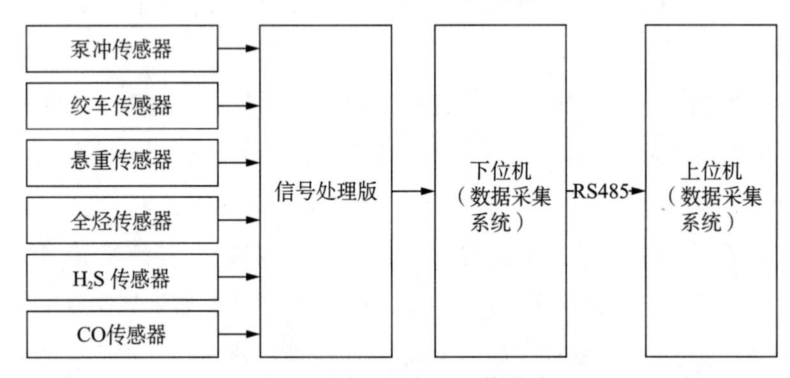

图 4-4　综合录井仪的总体设计图

使用上下位机设计方案的优点如下：模块化设计符合单一职责原则，降低单个模块的设计和实现复杂度，也可以有效降低单个模块损坏对设备整体带来的影响；上下位机的拆分符合迪米特法则，数据采集系统和数据显示系统之间耦合度极低，对整个系统有深远意义；上下位机之间通过 RS-485 接口进行通信，这符合依赖倒置原则，两个系统互相只依赖通信协议，与系统内部实现无关；根据本产品定义的通信协议、数据包的格式等，在设计的时候上下位机完全是封装好的两个独立的模块，他们之间用串口通信总线进行数据的交换，只需设计好相应的接口即可。

数据采集系统完成传感器信号采集，采集的电信号转换成数字信号，最后通过 RS-485 总线传送到上位机。信号采集系统将输出的数据发送给数据显示系统，接着数据显示系统会进行相应的处理，最终呈现到界面上。

4. 数据采集系统设计

数据采集这部分主要是将各个传感器采集来的信号经过整形、滤波、放大等处理转换成可处理的规则信号形式。接着存到下位机中，一旦上位机发送请求，下位

机就会将数据发送给上位机以进行响应。数据采集系统由三部分组成，即用于采集信号的传感器、信号的调理部分，以及转换存储部分(如图 4-5)。

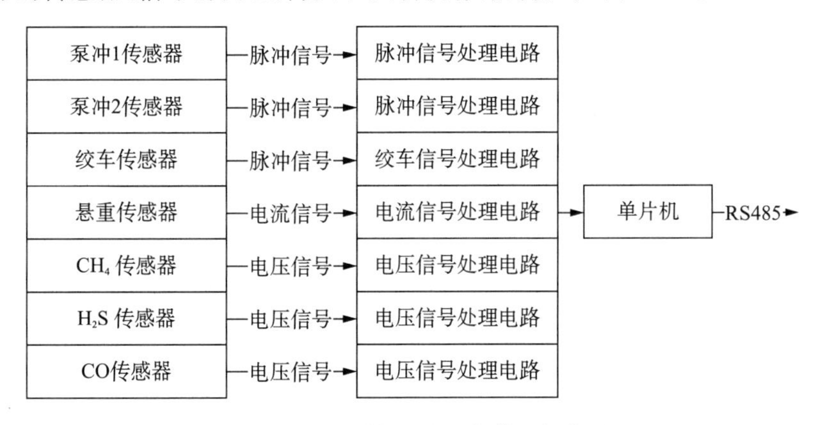

图 4-5　数据采集系统硬件体系架构图

首先各个传感器把采集到的各种物理信号先转换成电信号，由于在传输的过程中信号会变得不规则，所以需要经过信号调理电路将不符合要求的波形转换成需要的方波信号，下位机再将模拟信号转换成数字信号存储在寄存器中，等待上位机的命令。信号调理电路针对每种信号特殊处理，单片机进行集中控制。信号调理电路是各种传感器和单片机之间的隔离模块，隔离了变化量，增强了可扩展性。根据图 4-5 可知，综合录井仪需要采集的数据有泵冲 1 传感器、泵冲 2 传感器、绞车传感器、悬重传感器、CH_4 传感器、H_2S 传感器和 CO 传感器 7 种。这 7 种数据可以归类为 3 种信号，绞车传感器、泵冲传感器采集的是脉冲信号，悬重传感器采集的是电压信号，CH_4 传感器、H_2S 浓度传感器和 CO 浓度传感器采集的是电流信号。为了贯彻综合录井仪的设计原则，信号处理电路采用模块化设计，每个信号一个模块。泵冲传感器输出的是脉冲形式的信号，只需记录脉冲数即可。内部电路包含用来放大的电路，整形功能的电路，以及最后的输出部分。然而脉冲信号由捞砂泵到录井单片机需要经过一段距离，这中间可能会产生信号衰减和干扰，所以在信号进入单片机前，再经过一次去噪和整形。泵冲传感器经过图 4-6 所示的信号处理流程，就可以输出想要的波形。

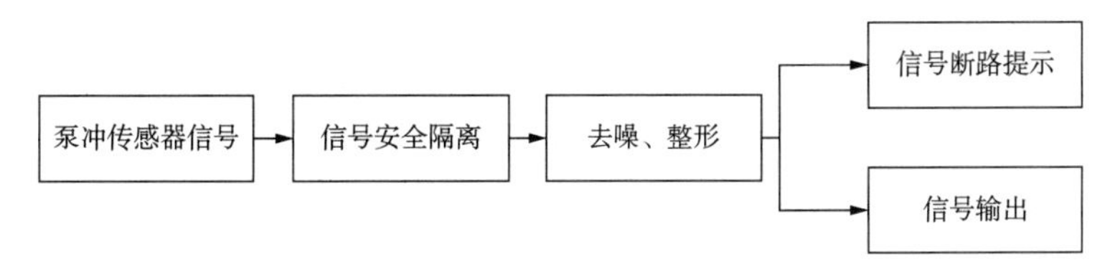

图 4-6　泵冲传感器信号处理流程

绞车传感器输出的也是脉冲形式的信号，只不过是两路信号，需要记录脉冲个数，判别信号的方向。

悬重传感器输出的是 4～20 mA 电流信号。之所以把输出信号转换成电流信号是因为电流信号的一些优势：它在传输的过程中可以不受干扰，远距离传输依然可以保持信号强度的不变。电流信号处理流程按照图 4-7 所示的步骤依次进行，最终输出想要的波形。

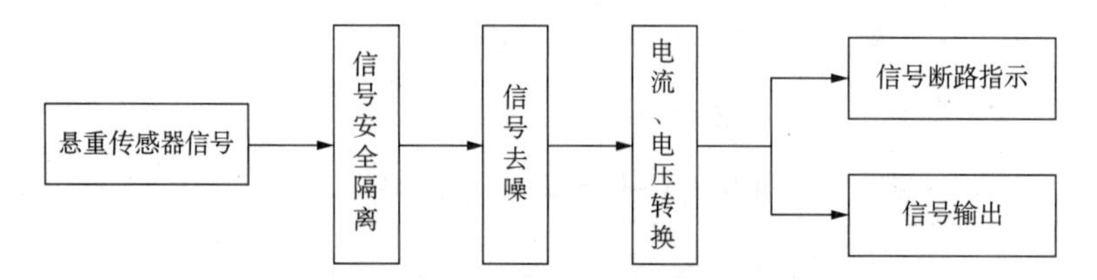

图 4-7 悬重传感器信号的处理流程

检测气体的传感器输出的是 0～5 V 的电压信号。气体浓度检测的气体样本来源于捞砂泵抽出的井底反出物，需要经过脱气机、过滤器等气路然后才能测量。气路连接如图 4-8 所示。相比较而言，气体浓度信号不需要远距离传输，因其信号衰减不明显，所以采用易处理的电压输出传感器。其信号处理流程按照图 4-9 所示的步骤依次进行，最终输出想要的波形。

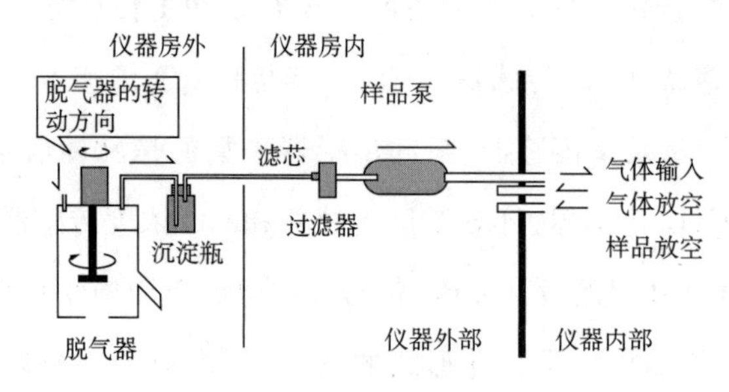

图 4-8 气路连接图

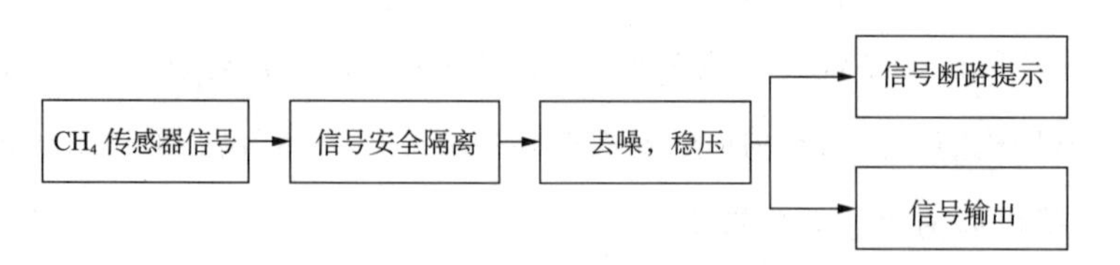

图 4-9 CH_4 传感器的信号的处理流程

数据采集的软件部分主要工作是寄存从传感器发送来的数据，当接到上位机的命令请求时，及时做出相应的响应。数据采集部分可以通过两部分去阐述：数据采集和串口通讯。数据采集是通过传感器连接到单片机的 IO/AD 接口，由单片机软件周期性查询对应接口值来获取外部实时数据，把获取到的数据放在相应的缓冲区里。上、下位机之间的通信过程是通过中断程序来实现的。一旦上位机发送来了请求，下位机就会根据相应的请求产生相应的中断，紧接着会跳到相应的中断程序去处理中断，最后将结果返回给上位机作出相应的响应。数据采集部分的流程操作如图 4-10 所示。

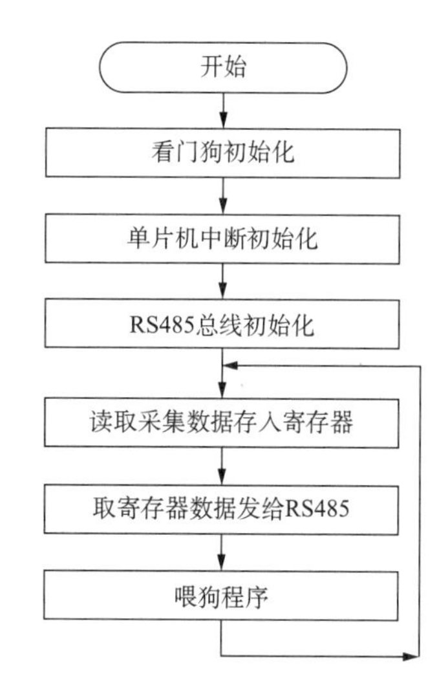

图 4-10　数据采集系统的软件流程

5. 数据显示系统设计

数据显示部分的硬件结构功能类似于一个嵌入式计算机，具备基本的处理器部分、通讯部分以及外设部分，其结构框如图 4-11 所示。通过串口与数据采集部分相互通信，最终得到采集的结果。数据显示系统的硬件部分主要用来支持操作系统和运行在操作系统上的录井仪软件，以完成数据的显示、分析和业务处理等功能。

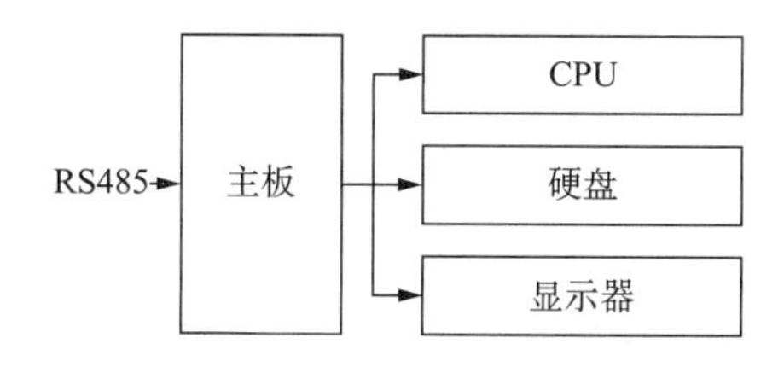

图 4-11　数据显示系统硬件结构框图

数据显示系统软件负责数据的获取、数据的处理、钻井参数实时监控、钻具管理、系统设置、数据的存储回放和录井业务自动化处理等功能。按照线程实现方式将程序分成三个线程，即串口读写线程、数据处理线程和人机交互软件界面线程，总体架构框如图 4-12 所示。数据获取由串口读写线程完成，数据处理由数据处理线程完成，其余功能需由人机交互界面线程进行处理。串口读写线程和数据处理线程是两个后台线程，运行在软件后台，用户不可见。这两个线程是软件的基础，要有很强的数据处理能力，需重点优化其性能。人机交互界面线程是用户使用录井仪的接口，要有很强的人机交互能力，需重点优化其显示效果。

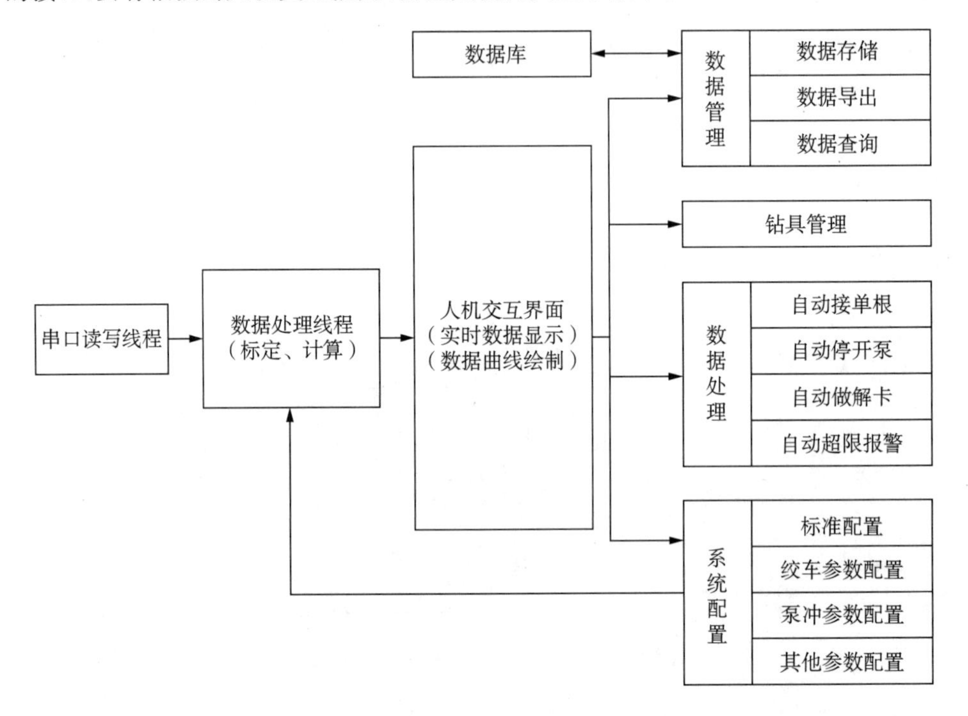

图 4-12　数据显示系统软件架构图

串口读写线程负责控制上位机的串口工作，包括配置串口、打开串口、写入数据、接收数据和关闭串口。当录井仪上位机软件启动时，需要配置使用的串口号、串口的波特率、校验方式、数据位和停止位。开始录井时会打开串口，然后周期性的给数据采集系统发送查询命令并读取查询结果；停止录井时关闭串口。数据处理线程负责对各种传感器采集的数据进行计算。数据计算需要原始数据、系统参数和计算公式。原始数据由串口读写线程获取，串口读写线程获取到数据后将数据放入软件共享数据域，然后给数据处理线程发消息，数据处理线程收到消息后从软件共享数据域读出数据进行处理。系统参数由软件系统配置功能中的系统参数界面进行配置。计算公式由软件系统配置功能中的标定界面进行配置。处理完的数据一边更新到软件界面，一边存储到数据库中。数据录入时还可以根据当前各项参数的实时值自动进行录井工作，判断是否进行接单根、停开泵、坐解卡和超限报警等。数据显示界面包含两种功能：向用户显示后台数据和获取用户输入。后台数据分为四种：钻具信息、系统配置信息、历史录井记录、录井记录实时值。钻具信息以“. csv”格式存储，在接单根后，钻具信息就会更新。钻具管理用来配置钻具清单。系统配置信息以“. cfg”格式存储，系统配置页面负责显示当前系统配置信息。历史录井记录以“db”格式存储，数据查询页面负责显示历史录井记录信息。录井记录实时值以“temp”格式存储，软件主页负责录井记录实时值显示。用户可以通过软件界面修改这些后台数据。当用户在软件界面修改并保存相应的信息后，后台数据会同步更新。

6. 系统间通信设计

为了系统解耦，需坚持模块化设计原则，将综合录井设备分成数据采集系统和数据显示系统，这两个系统并不完全独立，仍需通信协作，所以保证两个系统之间的实时可靠通信是一个关键问题。

在工业领域定义好常用的的通信传输方式有两种：网口和串口。网口的传输速率很高，典型协议有 UDP 和 TCP。串口的传输速率较低，典型协议有 RS485 和 CAN。由于综合录井仪需要传输的数据量并不大，所以不选择网口通信。CAN 总线是基于优先级的分布式协议，更适合于多主机非主从网络通信。RS485 是集中控制型的主从结构，用于上下位机通信非常合适。所以综合录井仪选用 RS485 作为上下位机之间的通信方式。RS485 在 RS232 的基础上添加了许多额外的功能，它只包含两条线，并且不支持全双工，即不能同时收发数据。通信消息一般有四种：请求、响应、指示和确认。目前综合录井仪上、下位机通信只使用其中的请求和响应两种。上、下位机之间的交互是周期性的，只要有一个请求，就会做出一个响应，这样周而复始。半双工的工作模式对请求响应式的通信具有很好的支持。表 4-2 比较了常用的几种通信方式。

表 4-2　常用串口和网口通信比较

通信方式	典型协议	传输速率	协议复杂度	可靠性
串口	RS-485	很低	很简单	高
串口	CAN	较低	较简单	高
网口	UDP	高	复杂	不可靠
网口	TCP	高	复杂	高

上下位机通信使用的是 RS485 总线，其 DB9 型引脚分配见表 4-3 所列。在应用连线时只需要连接“T/R＋”和“T/R－”引脚。串口设置使用典型配置：波特率 9600 bps，无校验位，数据位 8 位，停止位 1 位。

表 4-3　RS485 接头 DB9 引脚分配

PIN	输出信号	RS485 半双工接线
1	T/R＋	RS485(A＋)
2	T/R－	RS485(B－)
3	RXD＋	悬空
4	RXD－	悬空
5	GND	地线
6	VCC	＋5 V 备用电源输入

数据采集系统和数据显示系统之间的通信消息主要消息包括：绞车正转脉冲

计数查询、应答，绞车反转脉冲计数查询、应答，泵冲 1 脉冲计数查询、应答，泵冲 2 脉冲计数查询、应答，悬重传感器电压查询、应答，CH_4 传感器电压查询、应答，H_2S 传感器电压查询、应答，CO 传感器电压查询、应答 8 种，查询命令见表 4-4 所列，应答命令见表 4-5 所列。

表 4-4　主要查询命令

消息名称	地址域	功能码	起始地址	读取个数	校验和
绞车正转脉冲计数查询	01	02	0000	0001	CRC 校验
绞车反转脉冲计数查询	01	02	0001	0001	CRC 校验
泵冲 1 脉冲计数查询	01	02	0002	0001	CRC 校验
泵冲 2 脉冲计数查询	01	02	0003	0001	CRC 校验
悬重传感器电压查询	01	02	0004	0001	CRC 校验
CH_4 传感器电压查询	01	02	0005	0001	CRC 校验
H_2S 传感器电压查询	01	02	0006	0001	CRC 校验
CO 传感器电压查询	01	02	0007	0001	CRC 校验

表 4-5　主要应答命令

消息名称	地址域	功能码	数据长度	数据值	校验和
绞车正转脉冲计数查询	02	02	0004	XXXX	CRC 校验
绞车反转脉冲计数查询	02	02	0004	XXXX	CRC 校验
泵冲 1 脉冲计数查询	02	02	0004	XXXX	CRC 校验
泵冲 2 脉冲计数查询	02	02	0004	XXXX	CRC 校验
悬重传感器电压查询	02	02	0004	XXXX	CRC 校验
CH_4 传感器电压查询	02	02	0004	XXXX	CRC 校验
H_2S 传感器电压查询	02	02	0004	XXXX	CRC 校验
CO 传感器电压查询	02	02	0004	XXXX	CRC 校验

再根据标定配置表，将电压值计算成对应的物理量值，然后显示到界面上。比如 CH_4 传感器信号电压量程 0.4～2 V，物理量程 0%～100%，那么电压为 2 V 就表示 CH_4 浓度为 100%。这个计算过程中有一点需要注意，每一个字节的最大数是 255，四个字节能表示的最大数为 0×7FFFFFFF，如果很久都没有重启设备，那么绞车计数可能会超过这个数。单片机内部的程序判断计数超过最大数时会清零，那么绞车计数就需要和上一次的比较，当小于上一次的计数时，表示计满，计数自动清零。

(三)硬件电路设计

硬件设计包括两部分内容：一部分是数据采集系统硬件设计，另一部分是数据显示系统硬件设计。

1. 硬件总体设计

录井仪的总体设计总共包括两个系统:一个是用于数据采集的数据采集系统,另一个是用来对数据进行显示的数据显示系统。两个不同的系统之间采用RS485来通信。数据采集系统大致包含三个部分的组件:采集信号的各种传感器、信号调理电路以及用来转换和存储信号的下位机。数据显示的模块是通过一个嵌入式系统实现的。综合录井仪的各部分硬件组件的选型见表4-6所列。

表4-6 硬件模块选型

模块名称	所选型号	选型原因
泵冲传感器	线性接近式传感器	精度高、响应快、抗干扰
绞车传感器	光电传感器	体积小、抗干扰、寿命长
悬重传感器	恒流源压力传感器	重量轻、失真小、温漂小
CH_4 传感器	红外气体传感器	精度高、选择性好、可靠性高
H_2S 传感器	红外气体传感器	精度高、选择性好、可靠性高
CO 传感器	红外气体传感器	精度高、选择性好、可靠性高
下位机	STM32 主控芯片	高性能、低成本、低功耗
上位机	Exynos4412 主控芯片	性能优、存储空间大

传感器的原理根据不同的被测对象对物理量的感知不同,相应地就产生不同的电信号值,这样就可以用相同的标度去测量。以悬重传感器(压力传感器)为例,当压力为0的时候输出4 mA的电流,当压力为7 MPa时输出20 mA的电流,可通过电流的测量进而计算出悬重值。测量物理量到测量电信号的转变是实现信号自动采集的基础。这个信号处理板主要用来将传感器发送来的信号处理成规整的信号。由于传感器类型不同、输出的信号各异,而单片机AD口和IO口的量程都是固定的,所以采集的原始信号需要进一步处理。信号处理板对原始信号进行过滤、增强、稳定和适配,起到信号的标准化作用。下位机的主要功能是将传感器采集到的信号进行规整,接着利用串口通信线将其传输到数据显示体系,是中间部分,它一方面处理传感器端送来的信号,另一方面响应上位机的请求命令。上位机的主要功能是将从下位机发送来的数据做相应逻辑处理,最终显示到界面上,同时对数据做一些存储,方便日后查看。综合录井仪数据显示系统使用4412开发板(4412开发板搭载了Exynos 4412处理器,它运行速度快,并且支持的相应内存空间大)作为上位机的硬件系统,是嵌入式Linux和录井仪软件运行所依托的基础平台。按照表4-6所选的传感器型号,硬件总体架构如图4-13所示。

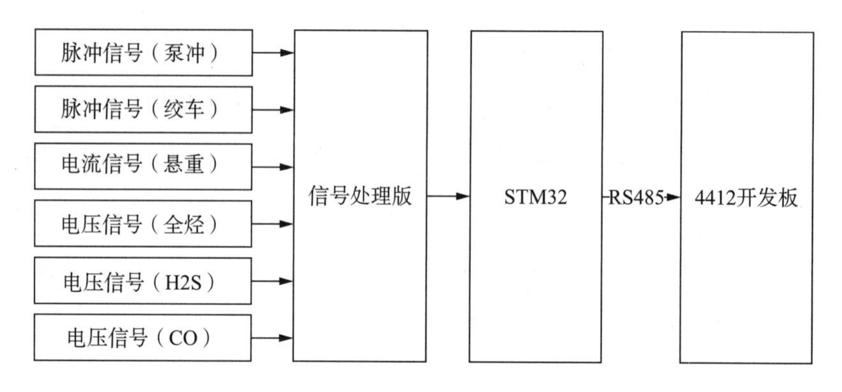

图 4-13　硬件总体架构图

2. 绞车传感器信号采集

绞车传感器的主要作用是为了测量井深，它的测量结果对综合录井仪整个性能的评估是非常重要的。绞车传感器由三部分组成：固定部分、旋转部分和防护部分。运动状态下的绞车传感器转动部分会产生一个脉冲，这个脉冲相位是90°。每产生一个脉冲说明绞车转动了1/12圈。由绞车转过的圈数可以计算出井深。

3. 悬重传感器信号采集

悬重指的是大钩上挂着的属于钻具的重量，其表征的是钻头和井底之间的钻压。悬重数值是各种数值中一项很重要的录井参数物理量值。当钻压大于阈值就说明正在钻井，否则就说明钻井停止。悬重的测量就是通过传感器测量出钢绳所受拉力值。然后通过公式"钻头拉力＝钻头的估算值－钢绳拉力值"可以计算出钻压。当钻压大于阈值说明正在钻井，否则说明钻井停止，用来判断坐卡、解卡两个钻井状态。钻井要测量的物理量要被转化成符合需求的电流范围量，通常根据是否电压恒定或者电流恒定以选择所需的传感器类型来测量录井所挂的总重。由于恒压源压力传感器具有信号失真、温漂以及由于体积大造成的诸多不便的缺陷，所以钻井现场通常采用4～20 mA电流输出的恒流源传感器。传感器输出的附和需求范围的电流值经过一定处理就变成了需要的数值，然后采集进单片机作滤波处理，数据处理完成后就可以将其存放入下位机寄存器中，一旦上位机有请求的命令，就要处理相应的程序，及时把数据反馈出去。

4. 泵冲传感器信号采集

井场通常有两个泵来抽出井底的泥砂。泵冲传感器采集的是泵的上下冲击次数。录井仪软件中会配置泵效、泵冲程、泵缸套直径和泵容等信息，可以计算出每个冲程可以抽出的泥沙量。两个泵通常只有一个在工作，所以泵是二选一的。

泵冲参数的作用有两个：一个是被用来计算迟到井深，另外就是被用来计算迟到时间。泵冲传感器获取泵累计冲程数，根据公式“累计抽出泥砂量＝泵累计冲程数×每个冲程抽出泥砂量”可以计算出累计抽出了多少泥砂。根据钻井深度和井眼直径可以计算出当前井深应当有多少泥砂。通常抽出的泥砂量换算成对应直径井的井深都比实际井深小一些。累计抽出的泥砂量换算成的井深就是迟到井深，也就是当前抽出的泥砂是哪一段井深的泥砂。迟到时间就是通过迟到井深经过一系列运算得到的。

5. CH_4 传感器信号采集

气体传感器的原理多种多样，用于测量 CH_4 浓度的一般使用催化燃烧式传感器或者红外线气体传感器。这两种传感器的灵敏度、响应特性和线性范围是很不相同的。催化燃烧式传感器是利用燃烧气体放热改变环境温度，进而改变电阻的阻值，根据阻值变化确定目标气体浓度。红外气体传感器是利用近红外光谱对不同气体分子吸收强度不同的特点确定目标气体的浓度。相比于催化燃烧式传感器，红外传感器具有选择性好、无氧气依赖和稳定性好等优势。所以选择红外线气体传感器作为 CH_4 信号采集传感器。气体浓度检测的气体样本来源于捞砂泵抽出的井底反出物，需要经过脱气机、过滤器等气路然后才能测量。传感器采集的信号经进一步计算后换算为 CH_4 浓度，为钻井作业做出指导。

6. H_2S 传感器信号采集

H_2S 是无色的剧毒性气体，较低浓度的 H_2S 就会使人中毒。空气中含有较高浓度(4.3%～46%)的 H_2S 时，除了会使人中毒之外还会产生爆炸。由于地层中硫酸盐的还原反应、钻井液的分解反应等，油气井中可能含有一定浓度的 H_2S。为了预防钻井作业安全事故的发生，需要对井中 H_2S 浓度进行实时监测，超过安全临界浓度(10 ppm 以上)时需要自动报警。H_2S 采集方式与 CH_4 相同。

(四)数据采集系统信号调理模块设计

数据采集系统是全烃钻时录井仪的基础，录井工作的首要任务就是精确、实时的获取随钻过程中的地质参数、工程参数和气测参数。首先对传感器采集的信号类型、数量和电平作分析总结，见表 4-7 所列。泵冲传感器采集到的是脉冲信号，它的峰值是 5V。绞车传感器采集的是两路峰值 5 V 的脉冲信号。悬重传感器采集到的是电流信号，电流值在 4～20 mA 这个范围。三类气体传感器共采集三路 0～5 V 电压信号。传感器存在一些重要的性能参数，如反应时间、精度、稳定性、线性误差、温度特性等，这些都会给真实测量精度带来影响。选用高精度、高稳定、低线性误差和低温嫖的传感器，同时通过上位机软件各项测量值进行标定处理来修正误差。

表 4-7　录井仪采集信号分析

传感器名称	信号类型	电压/电流值	物理测量值	采集接口类型
泵冲传感器 1	1 路脉冲信号	5 V	1 脉冲/冲程	IO
泵冲传感器 2	1 路脉冲信号	5 V	1 脉冲/冲程	IO
绞车传感器	2 路脉冲信号	5 V	12 脉冲/圈	IO
悬重传感器	1 路电流信号	4～20 mA	0～7 MPa	ADC
CH_4 传感器	1 路电压信号	0～5 V	0～100%	ADC
H_2S 传感器	1 路电压信号	0～5V	10～1000 ppm	ADC
CO 传感器	1 路电压信号	0～5 V	10～1000 ppm	ADC

根据表 4-7 采集信号分析可知，传感器采集回来的信号总共有 4 路 IO 和四路 ADC，需要使用到 STM32 的 IO 口和 A/D 口。下面对 STM32 的 GPIO 和 ADC 接口做以介绍。GPIO 指的是通用输入输出端口，其结构如图 4-14 所示。GPIO 的引脚用来连接与其通信的系统，可以实现对外围系统控制的作用。STM32 芯片的 GPIO 被分成很多组，每组有 16 个引脚，如型号为 STM32F03VET6 型号的芯片有 GPIOA、GPIOB、GPIOC、GPIOE 等 5 组 GPIO，芯片一共 100 个引脚，其中 GPIO 就占了一大部分，所有的 GPIO 引脚都有基本的输入输出功能。

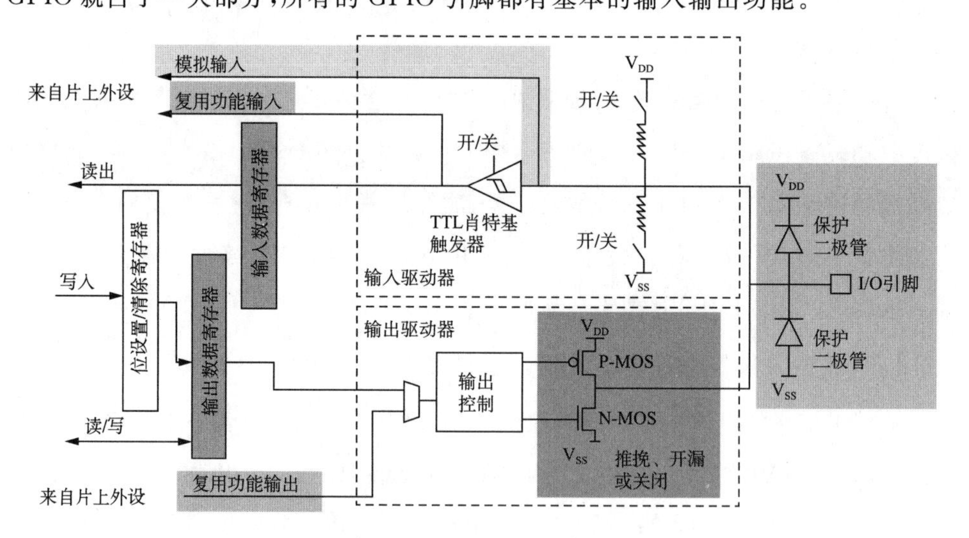

图 4-14　STM32GPIO 结构框图

STM32 的 ADC 功能也是由 GPIO 接口实现的。STM32 内部 ADC 通道有 3 个，而每个又有 16 个通道与外部联系。其中 ADC 1 和 ADC 2 都有 16 个外部通道，ADC 3 根据 CPU 引脚的不同通道数也不同，一般都有 8 个外部通道。表 4-8 是 STM32 的 ADC/IO 分配表。ADC 分配表对各个传感器信号接入点进行分配，分配结果见表 4-9 所列。

表 4-8 STM32 的 ADC/IO 分配表

ADC 1	IO	ADC 2	IO	ADC 3	IO
通道 0	PA0	通道 0	PA0	通道 0	PA0
通道 1	PA1	通道 1	PA1	通道 1	PA1
通道 2	PA2	通道 2	PA2	通道 2	PA2
通道 3	PA3	通道 3	PA3	通道 3	PA3
通道 4	PA4	通道 4	PA4	通道 4	没有通道 4
通道 5	PA5	通道 5	PA5	通道 5	没有通道 5
通道 6	PA6	通道 6	PA6	通道 6	没有通道 6
通道 7	PA7	通道 7	PA7	通道 7	没有通道 7
通道 8	PB0	通道 8	PB0	通道 8	没有通道 8
通道 9	PB1	通道 9	PB1	通道 9	连接内部 VSS
通道 10	PC0	通道 10	PC0	通道 10	PC0
通道 11	PC1	通道 11	PC1	通道 11	PC1
通道 12	PC2	通道 12	PC2	通道 12	PC2
通道 13	PC3	通道 13	PC3	通道 13	PC3
通道 14	PC4	通道 14	PC4	通道 14	连接内部 VSS
通道 15	PC5	通道 15	PC5	通道 15	连接内部 VSS
通道 16	连接内部温度传感器	通道 16	连接内部 VSS	通道 16	连接内部 VSS
通道 17	连接内部 Vrefint（参照电压）	通道 17	连接内部 VSS	通道 17	连接内部 VSS

表 4-9 传感器信号接入点分配表

传感器名称	STM32 接入点
泵冲传感器 1	PA0
泵冲传感器 2	PA1
绞车传感器	PA2
悬重传感器	PA3
CH_4 传感器	PA4
H_2S 传感器	PA5
CO 传感器	PA6

1. 绞车传感器信号调理

绞车传感器需要依次经过边沿检测、倍频处理、相位检测、统计脉冲数后方能输出。其处理流程如图 4-15 所示。经过倍频处理将信号的脉宽调整为 20 微秒，为相位检测做好准备。经过相位检测后，绞车正转的脉冲变为正向脉冲，绞车反转脉冲变为负向脉冲，分别输出到单片机正向脉冲计数和负向脉冲计数的端口。录井仪软件对正向脉冲计数和负向脉冲计数进行计算后可得出钻头位置的移动方向和井深。钩子移动距离是根据绞车传感器采样到的数据来计算的，其原理是：由于绞车采样到的信号类型是绞车转过的角度数，需要将转过的角度数换算成脉冲的数量，接着把脉冲的个数传输给上位机。这其中，角度经过的距离先要变成相互交叉的尖峰，然后再经过剔除毛刺和放大整形将波形规整，最后再经过施密特反向整形，其整形电路如图 4-16 所示。

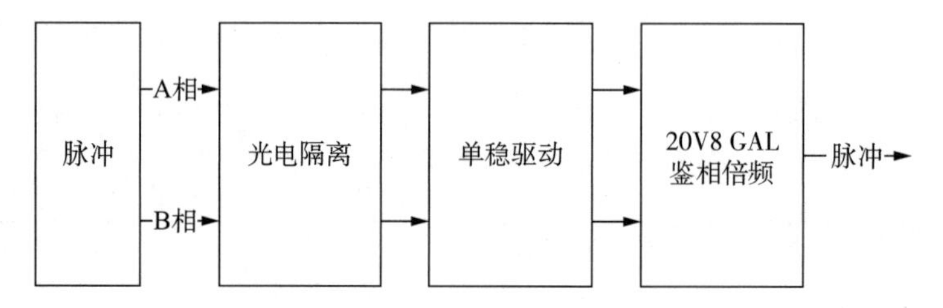

图 4-15　绞车信号处理流程

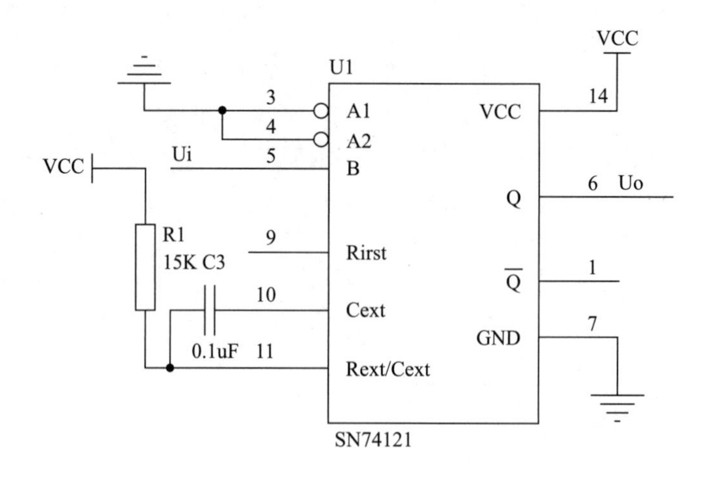

图 4-16　施密特整形电路

20V8GAL 是一种高性能通用逻辑阵列，最大 8 路输出，最多 20 路输入。图 4-17 是其引脚分布图，1 脚是 CLK，13 脚是 OE(低有效)。通过 PLD 编程完成 4 倍频和鉴相。鉴相可以判断出绞车的转动方向，当绞车反转时说明大钩在向上移动，此过程虽然绞车在转动但不是在钻井，这时需要停止钻头位置移动。

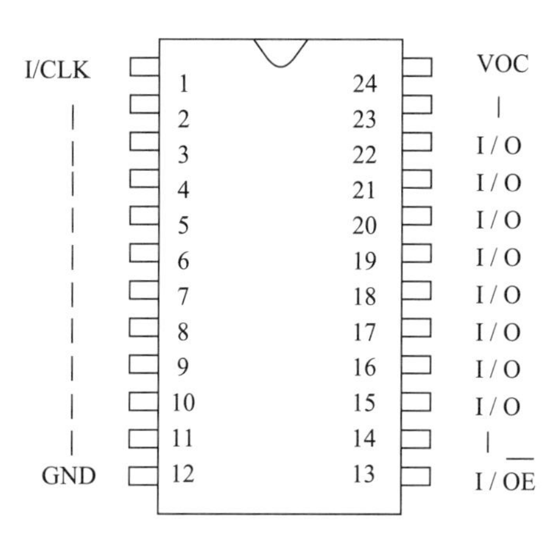

图 4-17　20V8GAL 引脚分布图

2. 悬重传感器信号调理

单片机 ADC 只能采集电压值，对电流值需要电流-电压转换，转换器两侧接电阻，经过一段电路，只要知道这段阻抗上分配的电压，套用相应的计算就可以求出流经它的电流值。其电路原理图如图 4-18 所示。

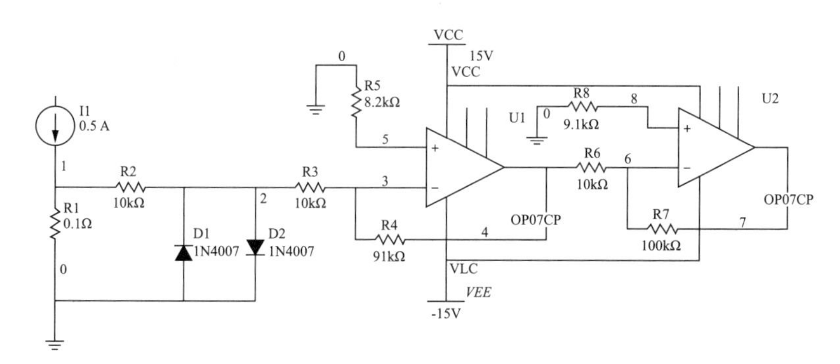

图 4-18　4～20 mA 电流转电压原理图

电流-电压转换电路原理：在一段电路里边，当一个电阻阻值很小但是功率很大时，那么流经它的电流是很大的，这时把电压控制在需要采集的范围之内，就会抑制由于温度高造成的对传感器的干扰，提高采样数据的准确性。

3. 泵冲传感器信号调理

栗冲传感器脉冲信号经过远距离传输之后，波形会发生畸变，边沿较差，而脉冲信号的采集是边沿检测。不规则的方波信号会降低所采集到的信号的准确度，因此有必要对其采用施密特触发器来使得输出的信号是规则的方波信号。

一般采样的信号都是规整的方波信号，而方波脉冲信号由于在传输时受到一些干扰的影响，波形会发生畸变。在传输的通路上存在大电容，反映在波形图上的表现是上升沿趋于平缓；若传输的距离相对较远，并且从传感器端发送来的阻抗与接收端的阻抗不能很好地匹配，波形的边沿会表现出震荡的情况；另外一种情况，在信号传输途中会受到其它脉冲信号的干扰，波形图上会表现出一些毛刺和噪声。上面的种种都使信号不是很规整，此时可以通过过滤掉毛刺得到需要输出的波形。其整形效果如图 4-19 所示。

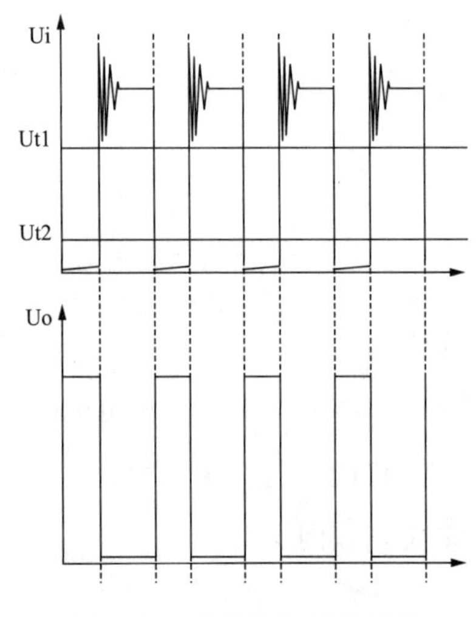

图 4-19　施密特整形效果图

4. CH_4、H_2S、CO 传感器信号调理

经过全烃传感器输出的信号类型是 0～5 V 的电压信号，它需要经过一个光耦隔离的操作才可以被后续电路所采用，其隔离电路如图 4-20 所示。

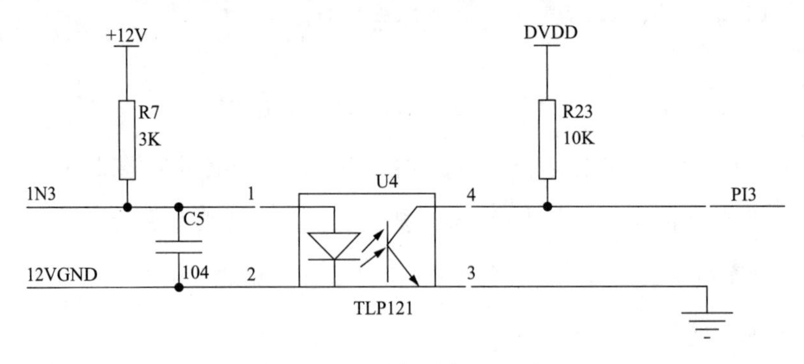

图 4-20　光耦隔离原理图

光耦合器利用一个发光的二极管连接上一个感光的三极管。光耦隔离电干扰，主要集中一部分是在低压部分的主控电路，另一部分是高压电路部分。STM32 的 ADC 输入范围为：VREF－≤VIN≤VREF＋。下位机里边的 ADC 接口采集到的电压值通过和传感器采集的值相比，有差异的地方，这就要对电压值采取缩小的方式。图 4-20 是电压缩小电路，将 0～5 V 输入缩小到 0.3～3 V。

(五)数据采集系统核心控制模块设计

1. 主控芯片的选择

广泛使用的单片机芯片有两种:8位的Intel 8031系列芯片和32位的ARM芯片。基于8位Intel 8031系列芯片设计的51单片机主要特点有:芯片主频低,功耗低;芯片引脚少,指令和寄存器位数少,使用简单;成本低。基于32位的ARM芯片设计的单片机主要特点有:芯片主频高,性能强;芯片引脚丰富,指令和寄存器位数多,使用复杂;成本高。

录井仪设备数据采集系统总共需要采集4路AD和4路IO,并具备串口功能,可完成上、下位机的通信,且对信号采集的实时性和准确性要求较高,对主控芯片的性能有一定要求,所以需要选用32位ARM芯片。意法半导体公司出品的STM32 MCU对ARM进行了封装并提供了简单易用的接口,较好地解决了32位芯片使用复杂度问题。所以主控芯片选用该公司专为嵌入式设备研发的基础型芯片STM32F103C8T6。STM32F103系列是基于Cortex-M3内核的MCU,其特点如下:接口丰富、设计灵活、资源充足、人性化设计。其结构框如图4-21所示。由图4-21可知STM32具有GPIO、USART(串口)、I2C和SPI等外设接口。

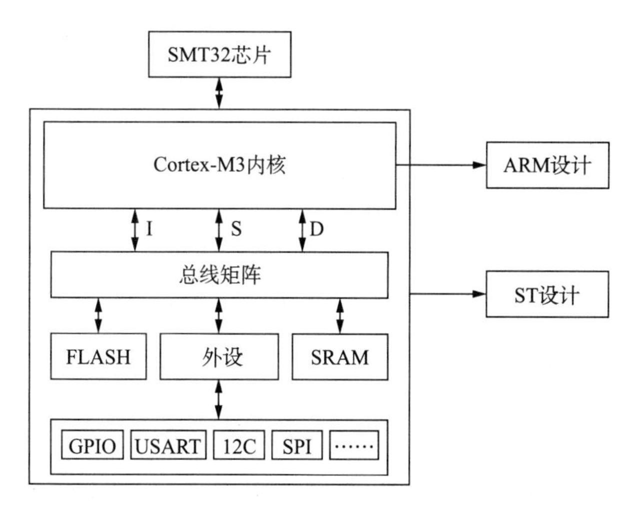

图4-21 STM32结构框图

STM32F103C8T6芯片主频为72 M,闪存64 K,RAM为20 K,供电电压为2.0~3.6 V,其引脚图如图4-22所示。只有STM32F103微处理器并不能工作,还需要设计外围相关电路。

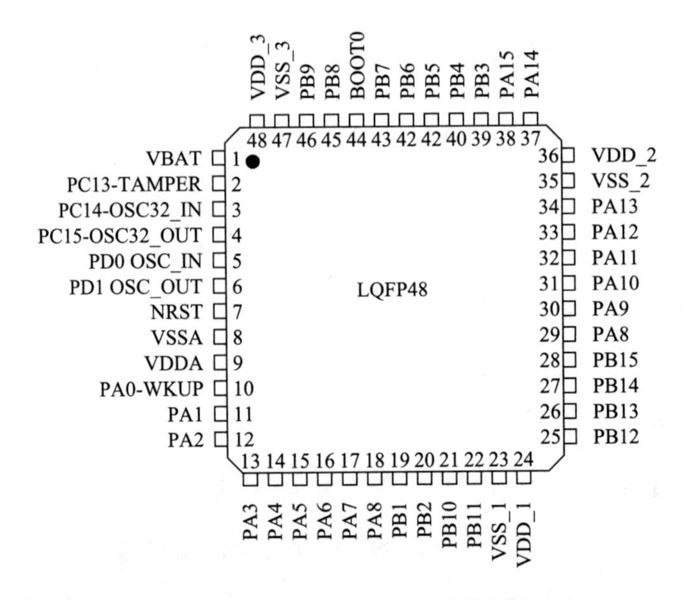

图 4-22　STM32F103C8T6 引脚图

2. 电源电路设计

电源电路是单片机系统设计的关键组成部分之一，需要考虑系统的供电电压和功率，还得通过稳压滤波降低电磁干扰对系统稳定性产生的影响。使用 5V 直流电源作为最小系统的供电电源。电源电路设计原理如图 4-23 所示。

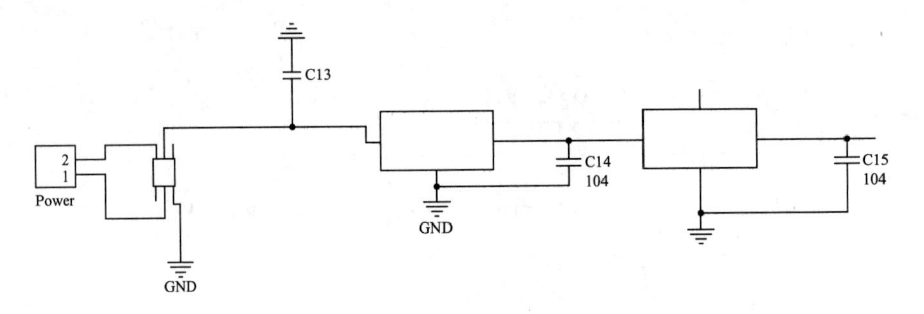

图 4-23　电源电路设计图

3. 时钟电路设计

STM32F103C8T6 芯片内有 8MHz 的高速晶体振荡器，也可以通过外部时钟提供晶振，本系统设计使用了 8 MHz 外部晶振，通过单片机内部做倍频，系统时钟最大可达 72 MHz。其时钟电路设计如图 4-24 所示。

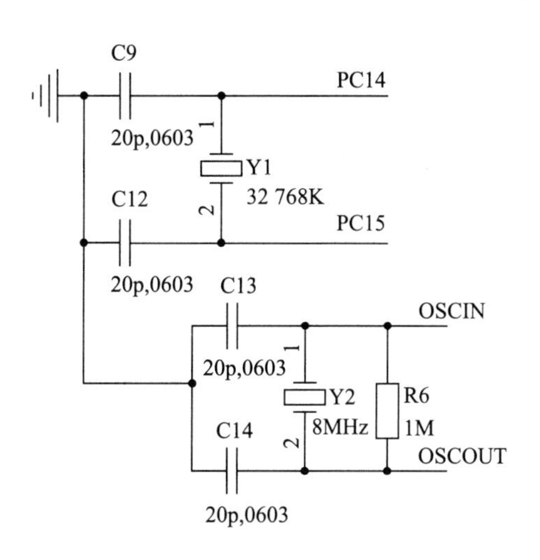

图 4-24　时钟电路设计图

4. 复位电路设计

STM32F103C8T6 为低电平复位，其复位电路设计如图 4-25 所示。

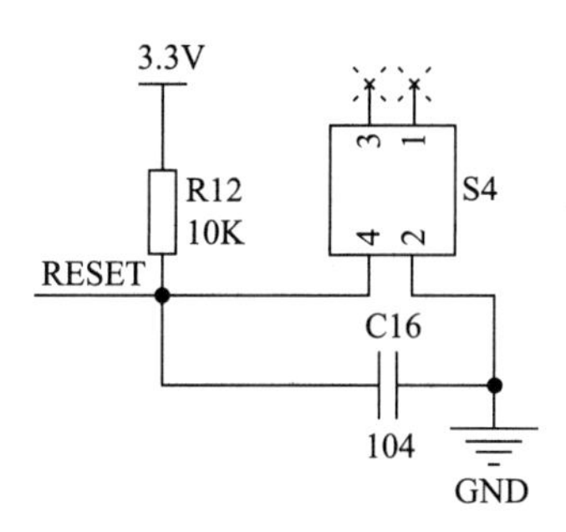

图 4-25　复位电路设计

5. 启动模式选择电路设计

STM32F103C8T6 芯片可通过设置 BOOT 0 和 BOOT 1 两个管脚在芯片复位时的电平状态选择启动模式，启动模式共有三种，见表 4-10 所列。启动模式选择电路原理如图 4-26 所示。

表 4-10　STM32F103 启动模式

BOOT1	BOOT0	启动模式	描述
X	0	从用户闪存启动	正常工作模式
0	1	从系统存储器启动	厂家设置用
1	1	从内置 SRAM 启动	这种模式用于调试

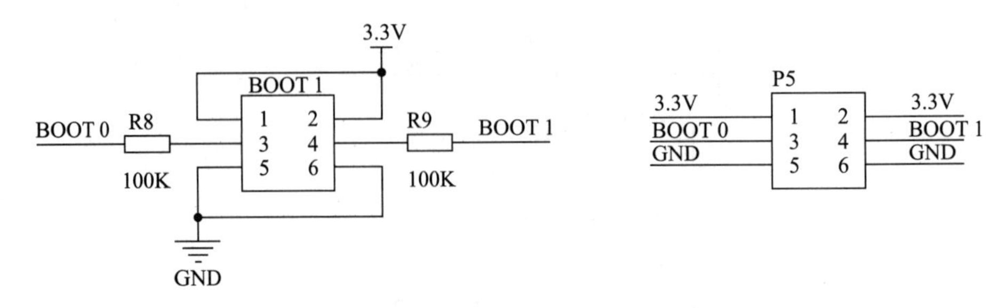

图 4-26　启动模式选择电路原理图

6. JTAG 调试电路设计

为了方便调试,系统设计引出了 JTAG/SWD 外设接口。通过 JTAG 调试接口可以对程序进行在线仿真和调试。JTAG 调试电路原理如图 4-27 所示。

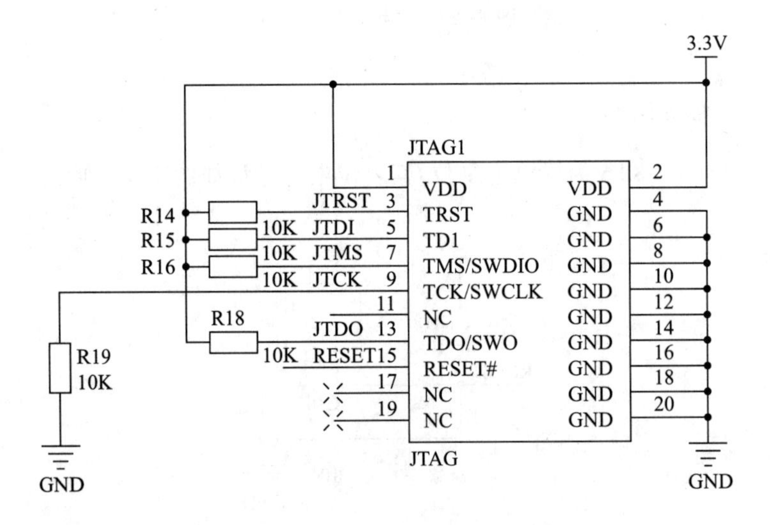

图 4-27　JTAG 调试电路原理图

7. GPIO 外设电路设计

数据采集系统需要采集 4 路 IO 和 4 路 AD,所以需要引出 STM32F103C8T6 芯片的 GPIO 接口。STM32 的 GPIO 接口共有 3 组,分别是 PA、PB 和 PC。GPIO 外设电路设计原理如图 4-28 所示。

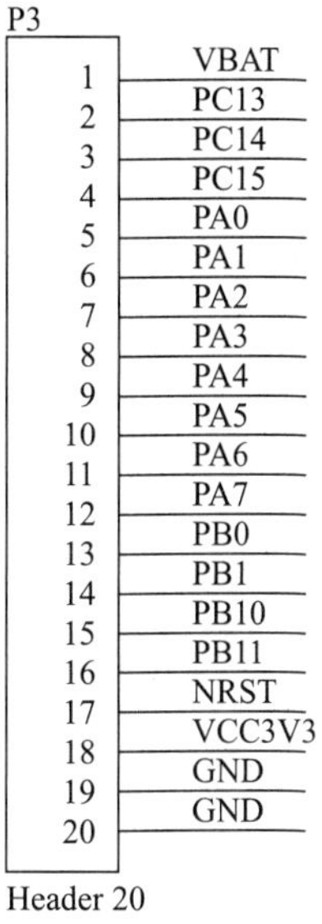

P3
1 VBAT
2 PC13
3 PC14
4 PC15
5 PA0
6 PA1
7 PA2
8 PA3
9 PA4
10 PA5
11 PA6
12 PA7
13 PB0
14 PB1
15 PB10
16 PB11
17 NRST
18 VCC3V3
19 GND
20 GND
Header 20

图 4-28　GPIO 外设电路原理图

8. 串口通信电路设计

数据采集系统需要把采集的数据通过串口发送给数据显示系统，所以单片机需要引出 STM32F103C8T6 芯片的串口通信接口。STM32F103C8T6 芯片内置 3 个 USART（通用同步/异步串行接收/发送器），这些 USART 都支持 RS232 兼容协议，包括 RS485。本系统的电平转换芯片选用兼容 3.3 V 供电的低功率传送器及接收器 MAX3232ESE，可同时完成发送和接收转换双重功能。串口通信电路如图 4-29 所示。

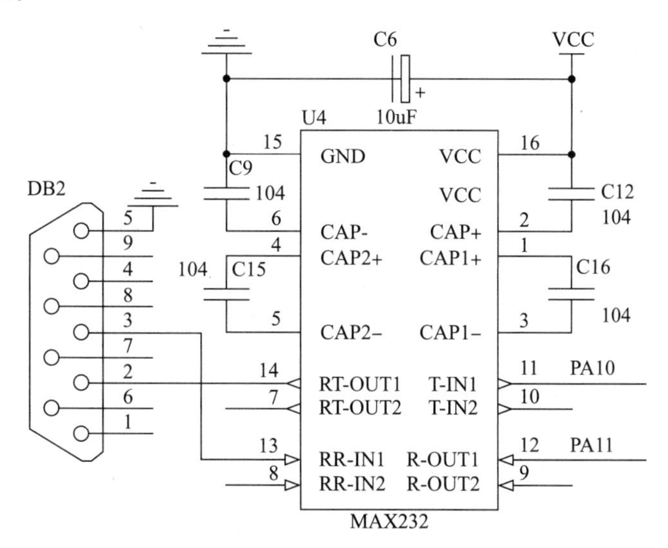

图 4-29　串口通信电路设计原理图

（六）数据显示系统硬件设计

数据显示系统的功能是实时显示井场采集的钻井参数、完成人机交互并处理录井业务，对系统的性能要求较高。系统需要带有 RS485 通信功能、触摸屏显示及输入功能。为了较好地支持软件界面显示和数据处理，数据显示系统采用嵌入式 Linux 操作系统，这要求硬件平台支持嵌入式 Linux 操作系统。

最适合嵌入式系统的芯片是高性能低功耗的 ARM 架构芯片。ARM Cortex 系列芯片分为三类：用于嵌入式单片机的 M 系列、用于高性能实时计算的 R 系列和支持操作系统的用户应用程序的 A 系列。为了支持操作系统，需要选择 A 系列处理器。目前高性能的 ARM Cortex - A 芯片有 ARM Cortex - A53 和 ARM Cortex - A9。ARM Cortex - A53 处理器的主频为 1.2GHz，Cortex - A9 处理器的主频为 1.4GHz。相比较而言 Cortex - A9 对操作系统支持性更好，性能更高，所以选用 Cortex - A9 处理器。

目前市场应用广泛的 Cortex - A9 处理器为三星电子生产的 Exynos 4412 芯片。Exynos 4412 采用四核架构，32nm 工艺，工艺先进，功耗极低，性能强焊。但是该芯片功能多的同时芯片引脚也多，使用复杂，设计原理图难度较大。为了降低成本，减少因为设计复杂度引入的系统问题，数据显示系统硬件采用搭载 Exynos 4412 芯片的成品开发板。iTOP - 4412 开发板是北京迅为电子有限公司生产的用于智能家居、智能仪表灯嵌入式设备的开发板，是 Exynos 4412 开发板中较优秀的一款。其外设接口十分丰富，而且开发板品质很高，提供的各种资料齐全。

iTOP - 4412 开发板支持 Android 操作系统和 Linux 操作系统，有全面的软件使用说明书，详细指导嵌入式 Linux 移植、Qt/E 开发环境搭建等平台搭建过程，可使使用开发板更容易。iTOP - 4412 开发板驱动如图 4 - 30 所示。

内核：内核版本	Linux-3.0.15 与 liunx 3.5
系统时钟	系统主频：1.5GHz
内存	运行于 2GB 内存
显示驱动	9.7 寸(分辨率 1024×768)驱动
TOUCH	触摸屏驱动
HDMI	HDMI v1.4
MFC	多媒体硬件编解码驱动
ROTATOR	屏幕旋转驱动
TF 卡接口	1 个 TF 卡 a 接口
HSMMC	SD/MMC/SDIO 驱动
SPI	SPI 驱动
KEYBD	按键驱动程序
AUDIO	音频驱动
DMA	DMA 驱动

图 4 - 30　iTOP - 4412 开发板的驱动图

(七)软件系统总体设计

录井仪的总体设计共包括两个系统:数据采集系统和数据显示系统。软件系统是在硬件系统的基础上开发的,数据采集系统软件是基于下位机STM32单片机的,数据显示系统软件是基于上位机4412开发板的。综合录井仪各软件模块的技术选型见表4-11所列。

表4-11 软件模块技术选型

模块名称	所选技术	选型原因
STM32采集软件	固件库	开发快、易维护
上位机图形库	Qt/Embedded	功能强、开源、跨平台
上位机数据库	SQLite3	小巧易用、开源免费

数据采集系统软件的功能是控制传感器采集外部数据,然后通过RS485将数据传送给上位机。STM32软件开发有两种技术可以使用:基于寄存器的软件开发和基于固件库的软件开发。基于寄存器的软件开发,开发过程比较复杂,进度慢,而且编写的代码可读性差,维护不易。基于固件库的软件开发则是直接使用STM32芯片的函数库,开发简单,程序可读性好,维护方便。所以使用固件库完成STM32采集软件开发。数据显示系统的软件功能是对下位机采集的数据进行计算、分析、存储并实时显示到界面上。由于上位机软件是用于人机交互的,必须保证界面美观友好,而且上位机软件有复杂的业务需要处理,所以上位机需要安装操作系统并使用界面库。选用嵌入式Linux作为上位机的操作系统并搭载Qt/E界面库来完成上位机软件的开发较为合适。按照表4-11各软件模块所选技术,综合录井仪软件系统总体设计如图4-31所示。数据采集系统的芯片是ARM Cortex-M3,外围是由意法半导体公司开发的STM32 MCU,对软件开发的接口是STM32固件库,使用固件库API完成了基于STM32的信号采集软件开发。数据显示系统的芯片是ARM Cortex-A9,在此基础上移植了嵌入式Linux操作系统,安装了Qt/E图形库,应用软件开发接口是Qt/E API,使用Qt/E API完成了数据显示系统软件的开发。

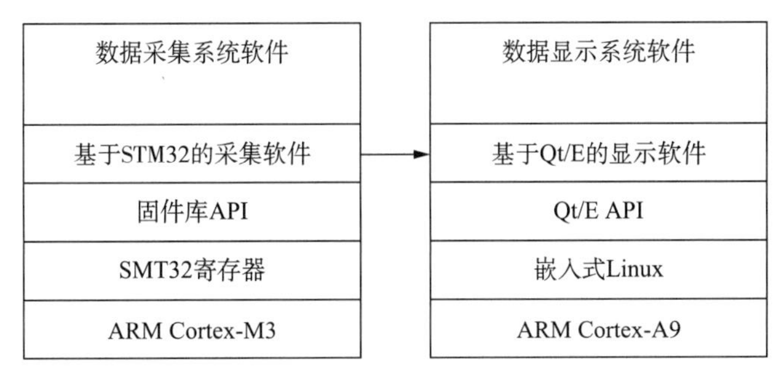

图4-31 综合录井仪软件总体设计

二、基于嵌入式的油气性质分析仪

传统的石油分析仪表在处理器上采用的单片机性能较弱且外围接口少，无法运行较复杂的算法和执行并行处理的任务；在显示方式上采用的 LED 以及段式 LCD 只能显示一些简单的图形，比如字母、汉字等，无法实现较复杂的美观友好的界面；数据存储方面，采用的小容量 EPROM 和二进制方式数据存储，存储容量有限并不具有一般性；通讯方式上，单纯采用的串口通信具有组网距离短和开放性差的弱点。传统的石油分析仪表在处理器上采用性能较弱的单片机，且外围接口少、无法运算较复杂的算法和执行并行处理的任务、无法实现较复杂的美观友好的界面、存储容量有限，这些劣势导致在钻采施工现场中经常采用多个单片机共同运行的方式来提高系统性能，这大大增加了分析仪表设计、研发和实现的难度。因此，采用高性能的 32 位处理器来设计分析仪表显得越来越必要。在软件、硬件资源不断成熟和完善的情况下，基于 32 位处理器的嵌入式系统由于其便利灵活、性价比高和嵌入性强的优势，已经在工业系统及信息家电、自动化通信和军事领域等方面有着广泛的应用。将嵌入式操作系统移植到仪表系统开发中，合理裁剪硬件和软件资源，以实现高集成度、小型化和智能化，使石油分析仪表除了传统的测量、显示和计算功能外，增加了信息处理、比较推理、故障诊断和自学习自适应等功能，从而达到仪表独立工作的目的。此外，在仪表开发中嵌入式系统网络技术的运用将增加仪表的远程维护和控制、监控报警以及信息发布与共享等特殊功能。

(一)技术现状

油气性质分析仪是一种对石油石化生产、加工和销售过程中原料、中间产品以及最终产品的质量进行离线和在线检测的仪器，它以优化生产、控制产品质量为目的，具有测量精度高、稳定性好、可靠性强等特点。将油气性质分析仪进行模型算法的改进，还可用于多相流检测、食品安全检测和环境保护等方面的物质含量检测。

用于油气分析检测的方法很多，主要的方法有：色谱法、光谱法、微库仑法。除了上述方法之外，根据石油石化产品物理和化学性质进行测试的传统方法也在继续应用与改进中，如分光光度法和示波极谱法在石化产品分析中仍发挥着重要作用。质谱法和核磁共振法在石化分析中一般很少单独使用，质谱法与色谱法联用较多。由于光谱法测量技术不需要对分析样品进行预处理，在分析过程中不消耗其它材料和损坏样品，具有分析速度快、重现性好、成本低的优点，因此，在近些年的石油性质分析仪表中得到了广泛应用。其原理是通过已知样品的光谱与组成或性质关系进行关联，用多元校正方法建立校正模型，从而根据模型和未知样品的光谱对未知样品的组成或性质进行预测。

国外油气性质分析仪中，比较典型的是美国德威尔公司生产的手持式可燃油气分析仪，它可预编程11种物质，能够对天然气、城市煤气、轻油、重油、丁烷和丙烷等石油产品进行测量并计算出所有参数，同时显示8路数据，并有相应的历史记录功能，可以通过RS232接口输出到打印机或者计算机。此外，德国元素公司、美国克勒公司也都有相应的石油液体烃类等分析仪产品。国内油气性质分析仪的研究中，中石油勘探开发研究院和上海三科仪器有限公司基于荧光光谱代表所含芳烃物质化学成分的不同，合作研发的OFA系列的石油荧光分析仪可以检测轻质油、凝析油、煤成油等多种石油产品并能够对原油样品进行二维荧光光谱全貌的反应；甘肃工业大学利用红外分光原理对石油产品的酸值大小进行在线监测，研发出石油酸度分析仪，并投入现场应用；石油化工科学研究院的陆婉珍院士及其团队基于近红外光谱技术研制出汽油辛烷值光谱分析仪、聚丙烯专用分析仪，在兰州炼油厂联合重整装置上进行了工业实验，取得良好效果；大连特安技术有限公司、北京北斗星工业化学研究所推出了一系列商业化石油分析仪产品，包括气体和液化天然气、炼厂气分析仪、石脑油和汽油组成分析仪以及中、重馏分分析仪。

经过对国内外油气性质分析仪性能和功能以及价格的了解和分析得知，国外油气分析仪表在性能稳定性、测量精度上较有优势，而国内油气分析仪表最大的优点是价位较低，售后服务方便。国内外油气分析仪表，都有着一定的不足：处理能力有限，需要借助于计算机进行分析；不能实现现场分析；不具备远程监控以及强大网络功能；测量适应性较差，检测样本改变就需要重新设计开发；图形界面不够美观，体积较大。

(二)油气性质分析仪软件系统的详细设计

1. 信号输入输出模块

油气性质分析仪中的光电检测器件CCD需要工作时钟，光路系统中的光源装置需要对其进行开启或者关闭操作，其他需要控制的装置也需要系统发出控制信号对其控制，以便油气性质分析仪更好的工作。这就需要油气性质分析仪通过软件进行设置，产生所需控制信号，具体包括以下两方面的内容。

①油气性质分析仪中外围设备工作时的时序信号。S3C2440(油气性质分析仪)工作频率很高，主频可达400 MHz，对其进行分频处理，完全可以满足各类外围器件的工作时序要求。并且其中定时器有PWM(脉宽调制)功能，有和其它功能共用的输出引脚，通过设置可以用定时器来控制引脚周期性的高、低电平变化以及占空比、死区时间。通过软件对定时器寄存器的设置，可以产生所需外围设备的工作时序。

②油气性质分析仪外围设备开关操作的电平信号。S3C2440油气性质分析仪系统需要发出高低电平信号对外围设备进行开启或者关闭，这就需要系统根据需求输出电平信号，开关电平信号的输出可由通用I/O口实现。S3C2440有130个

I/O 端口，分为 A～J 共 10 组：GPA、GPB、……、GPJ。可以通过设置寄存器来确定某个引脚用于输入、输出或者其他特殊功能。对于输出，可以通过写入某个寄存器来让这个引脚输出高电平或者低电平，从而实现开关控制信号的输出。

③油气性质分析仪的数据采集模块用来接收由光电转换器件进行光电转换之后的电信号，并对数据进行前期处理。在硬件结构上，由于 S3C2440 自带的10 位 A/D，省去了搭建外围电路的麻烦，但开发板并未提供相应的驱动程序，并且由于 A/D 采集信号与触摸屏信号共用 A/D 控制寄存器，所以需要进行相应的互锁机制来解决触摸屏与 A/D 信号的共享与冲突。数据采集模块的设计主要包括采样时间和采样模式（单次采样或者连续采样）的设计。

2. 数据存储模块

油气性质分析仪在运行过程中不可避免的要进行数据存储，以方便进一步的数据处理或供用户调用历史记录。YC2440 实验板自带 64MB 的 Nand - flash（非易失性随机访问存储介质），油气性质分析仪嵌入式文件系统包括引导驱动程序 BootLoader 和 Linux 内核等需要占用一定的 Flash（闪存）空间，减少了数据存储的空间。所以，在对进行油气性质分析仪的硬件设计时，可以选择存储空间更大的 Flash 存储器，以进行大量数据的存储。需要在引导驱动程序 BootLoader 移植过程中进行对 Flash 存储器的添加配置，以实现 Linux 驱动的支持。

油气性质分析仪在现场工作时为方便将数据取回实验室进行分析处理，需实现数据的 U 盘存储。S3C2440 有 2 个 USB 主设接口和 1 个 USB 从设接口，进行数据 U 盘存储需要用到主设备口。Linux 内核中 USB 的主机设备控制器支持完整，并有多种设备驱动程序，根据需要进行相应的驱动程序移植、内核的相关配置，较好地实现 U 盘的驱动程序，从而从应用程序层面编写程序将数据存储到 U 盘。

3. 数据处理模块与通信模块

Linux 相比 C/OS - II、WinCE 和 VxWorks 具有源代码开放和完全免费的优势，不需要支付昂贵的费用进行版权的购买，它通过免费 GNU 开发工具链进行开发，有着强大的网络功能，易于移植，并在互联网上有着众多社区的支持。从降低成本、易于开发的角度考虑，可选择嵌入式 Linux 作为油气性质分析仪的操作系统。

将采集的数据进行分析处理并得出结果是油气性质分析仪表的主要功能。数据处理采用基于机理模型的软测量方法和近红外光谱技术对油气物质的近红外光谱进行分析建模，弥补了传统数学方法建立的经验模型的测量不准确、适应性差缺点。

油气性质分析仪在运行过程中需要和计算机机或者其他设备进行通信，可由串口、USB、以太网实现，在前面的分析设计中，以太网口主要用于内核、文件系统的下载；USB 接口用于数据存储，将串行通信接口用作与 PC 机之间的通信。实现串口通信需要编写串口驱动程序及计算机接收数据界面。Linux 内核对串口驱动有了较好的支持,只需进行相应移植和内核配置就可以实现驱动程序。计算机的接收界面采用 VB(图形界面基础语言)编程软件进行编写,因为 VB 对串口有很好的支持。

4. LCD 触摸屏界面监控模块

由于油气性质分析仪检测过程中数据处理工作量较大,对于嵌入式分析仪表来说,设备资源问题较为突出。MiniGUI(小型图形用户界面)占用的资源最少,同时 MiniGUI 为国产 GUI,且源码开放,能够提供更为可靠的技术支持,所以,设计中采用 MiniGUI 作为图形界面开发环境。

MiniGUI 一般通过 ANSIC 库和自身所带的 API 实现图形界面的开发,利用轻量级窗口和图形设备接口进行自己所需窗口的设计和按钮、菜单、编辑框等控件的操作。此外,MiniGUI 的图形资源丰富,可以显示各种格式的位图以及进行从简单到复杂图形的绘制。

LCD 触摸屏界面监控功能主要由人机交互功能、实时显示功能和图形显示功能三部分组成。人机交互功能实现用户与系统的信息交互,开启或者关闭系统以及其它相关的控制;实时显示功能是针对油气性质分析仪系统的重要参数需要实时显示,便于观察和下一步控制,包括参数设置的显示、物质浓度的显示、报警状态的显示等;图形显示功能能够直观显示所测物质含量的变化,由当前图形显示和历史记录的图形显示两部分组成。

(三)油气分析仪应用模块开发方案

经过前面部分对油气性质分析仪系统的详细设计,ARM 处理器芯片 ARM920T 适用于此设计,这是基于它的硬件平台 S3C2440、嵌入式 Linux 操作系统、MiniGUI 界面开发工具,如图 4-32 所示。采用“宿主机+目标机”的开发方案进行软件开发,宿主机是 Fedora9Linux,目标机是北京扬创科技有限公司的 YC2440 实验板,通过串口和以太网口实现计算机和目标板的通信。

由于受到目标平台资源的限制,油气分析仪软件的开发采用的是交叉编译的手段,先在调试主机(宿主机)上完成系统代码的编译与调试,包括操作系统源代码的裁剪和编译、目标板启动代码 BootLoader 的制作与编译、Linux 内核的配置和移植及 MiniGUI 应用程序的编写、调试等,待调试完毕依次下载到目标板上脱离主机独立运行,这样便完成了油气性质分析仪系统的开发。具体应用程序的开发可采用模块化的设计,包括数据采集与存储模块、模拟时序输出模块、图形显示模块以及与计算机通信模块。用户可以根据需要随时调用这些模块的动态链接库,方便了软件的进一步开发。

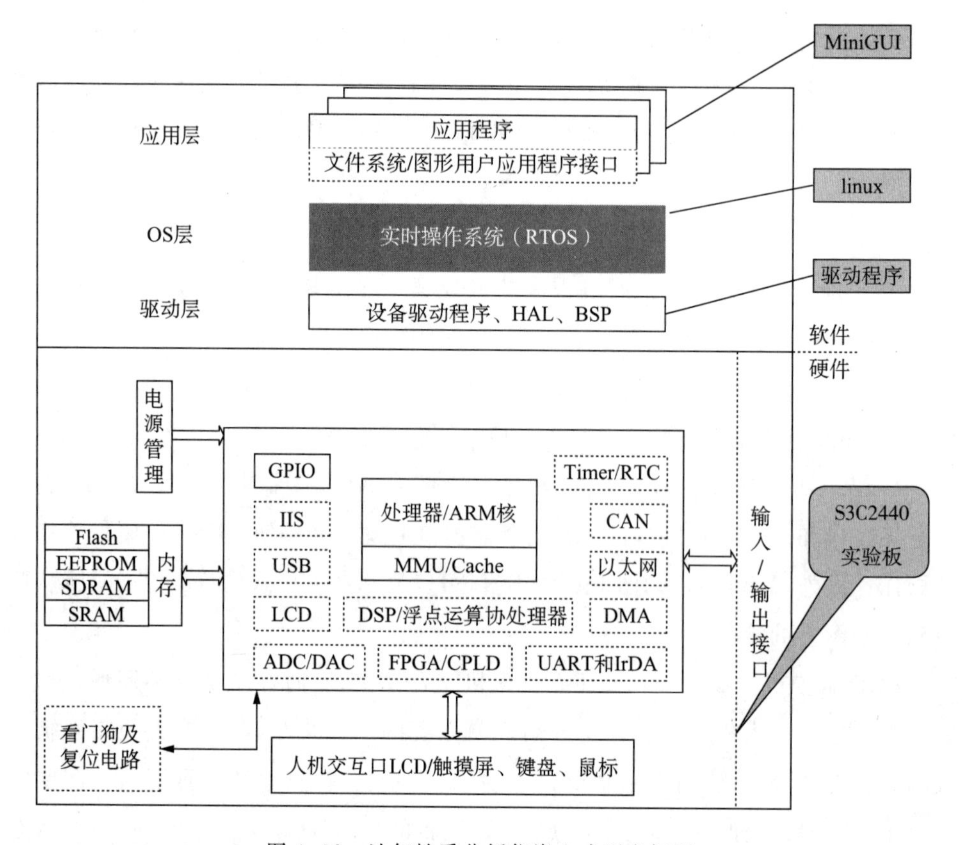

图 4-32　油气性质分析仪嵌入式开发框图

(四)软件系统开发平台的建立

交叉编译是指在一个平台上编译的程序可以在另一个平台上运行编译过程，如图 4-33 所示。它需要宿主机(Host)帮助编译，目标机(Target)运行程序。ARM 平台自身资源的限制使自己无法编译可执行的程序，这时就需要功能强大的平台(计算机)来帮其编译。嵌入式 Linux 针对 ARM 平台的 GCC(GNU 编译器套件)编译工具进行了优化。

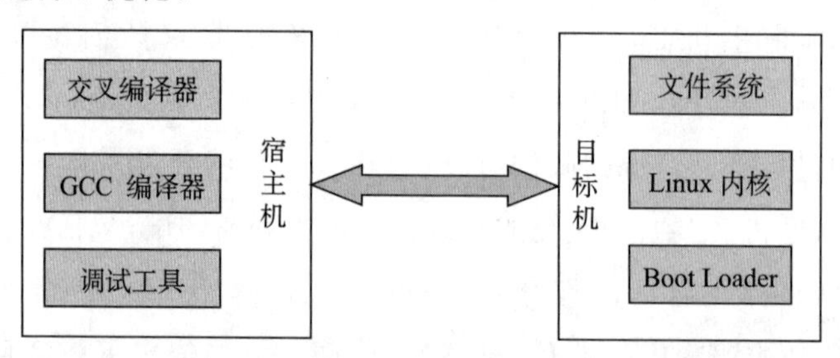

图 4-33　交叉编译环境

(五)BootLoader 移植

u-boot 源码和 Linux 源码的组织结构基本相同，都是利用 GCC 和 Makefile 进行编译的，顶层目录下的“makefile”文件进行开发板定义的设置，进而调用各子目录下的"makefile"文件，编译生成目标板可执行的二进制文件。移植 u-boot 的主要工作是添加和油气性质分析仪硬件相关的文件配置选项与相应的功能代码。

(六)Linux 内核的配置与移植

内核是 Linux 操作系统的核心，以模块方式进行组织，可进行动态加载，主要完成进程、内存、设备、文件和网络的管理功能。其中，模块可被看作是一组只能在内核空间中运行的已经编译好并且可执行的程序。内核在符号列表中维护着模块的链表，每一个模块都由一个符号对应着，以正确解释模块加载到内核后的功能，并将其作为内核一部分，赋予其内核所有权限。模块可以在系统启动和运行时进行加载，并可根据需要随时进行动态卸载，这样就可以减少每次修改系统配置时重新编译内核的麻烦。内核的模块化组织使得 Linux 内核具有强大的裁剪与扩展功能，可以满足不同用户实际情况的需求。

选择具体的配置选项进行 Linux 内核的裁剪，包括 CPU 的配置、LCD 尺寸驱动支持、触摸屏配置、U 盘的支持以及网卡、串口、yaffs 文件系统的支持等配置。配置完毕后运行"make uImage"命令，编译完成后就会在内核源码目录 arch/arm/boot 路径生成镜像文件"uImage"，此文件就是可以烧写到 NAND Flash 中的内核镜像。

(七)根文件系统的制作

根文件系统是一种特殊的文件系统，是全部文件与设备节点的起始点和 Linux 系统正常启动的关键。它是内核启动时所挂载的第一个文件系统，内核映像代码文件被保存在里面，如果不能挂载系统，则启动时会因错误而退出。Linux 支持 ext2、ext3、vfat、ntfs、iso9660、jffs、romfs、yaffs 和 nfs 等多种文件系统，采用了虚拟文件系统 VFS 对各类文件进行统一管理，有一个统一的操作界面和应用编程接口。由于嵌入式 Linux 中主要的存储设备为 RAM(DRAM，SDRAM)和 ROM(常采用 FLASH 存储器)，因此多采用基于存储设备的文件系统，比如 jffs2、yaffs、cramfs、romfs、ramdisk 和 tmpfs 等。其中 yaffs 是专门为嵌入式系统中使用 NAND Flash 设计的一种日志型系统，具有速度快、挂载时间短和内存占用小的特点，同时它还支持 Linux、eCOs、WinCE、pSOS 等平台。此外，yaffs 提供 API，可直接访问嵌入式系统并自带 NAND 芯片驱动，从而使用户可以直接对文件系统进行操作而不必使用 Linux 中的 MTD 与 VFS。

硬件平台的 NAND Flash 芯片是 K9F1208，选择嵌入式文件系统是 yaffs，由于 Linux 内核没有提供对它的支持，所以需要对其添加驱动的支持。

在生成可移植根文件镜像之前，需先用 BusyBox 工具建立根文件系统，BusyBox 内集合了许多常用的 UNIX 操作系统工具，提供大部分的 GNU 文件工具和 shell 脚本，给制作文件系统带来了方便。

(八)设备驱动程序的实现

在嵌入式系统开发中，ARM-Linux 并不能支持所有的设备，对于特定的设备需要相应驱动程序的支持，这就要求研发人员自己编写适合硬件设备的驱动，因而驱动程序的编写是嵌入式系统开发过程中的重要组成部分。

设备驱动程序是应用程序和硬件之间的一个中间软件层，可看作是一个硬件抽象层，为应用程序屏蔽了各种各样的设备。针对 Linux 操作系统来说，它的驱动程序是存在于硬件和 Linux 内核之间的软件接口，隐藏了设备工作的细节，在内核中发挥着重要的作用。也就是说，在 Linux 中上层应用需要操作硬件设备时，设备被当做文件来进行处理，只需要获得设备的文件描述符就可以通过系统调用“open()”“read()”“write”“iotcl()”和“close()”等函数来操作设备，这与操作普通文件是完全一样的。应用程序在涉及硬件相关的编程时并不关注硬件的细节，这些全都由驱动程序完成，应用程序发出系统调用命令后会从用户态进入到内核态，通过内核系统调用来操作相应的物理设备。

Linux 系统的设备驱动可分为字符设备、块设备和网络设备共三类。

1. 字符设备

字符设备是 Linux 最简单的设备，可以像文件一样访问，在 Linux 系统中编写的大部分设备驱动也是此类。这类设备的共同特点是它们能够像文件一样进行访问。字符设备驱动程序被映射为“/dev”下的文件系统节点，经常使用“open”“close”“read”和“write”等系统调用。字符设备由于是数据通道的特殊性，只能进行顺序读写。

AD 设备在 Linux 中可以看做是简单的字符设备，也可以当做是一混杂设备，这里将其看做是字符设备来实现 ADC 的驱动。获取 AD 转换后的数据将采用中断的方式，即当 AD 转换完成后产生 AD 中断，在中断服务程序中来读取 ADC-DAT 0 的第 0～9 位的值(即 AD 转换后的值)。

具体 AD 驱动程序实现如下。

Linux 在加载内核模块时会调用“adc_init()”函数来初始化驱动程序本身，包括获取虚拟地址、时钟信号、申请中断、调用“register_chrdev()”来注册字符设备驱动程序等。

“open()”函数功能是打开设备文件，使用 ADC 设备之前调用，并对初次打开的设备初始化，识别次设备号，从而为以后的设备操作做好准备。并且该函数在Linux2.4内核中还要完成递增计数功能，防止文件关闭前模块被卸载出内核。而Linux2.6内核可以自己完成递增或者递减计数功能，不用像2.4内核那样通过“MOD_INC_USE_COUNT”和“MOD_DEC_USE_COUNT”宏来管理自己被使用的计数。

“release()”函数完成与“open”函数相反的工作，释放“open”函数向内核申请的所有资源。

“write()”函数将数据从应用程序空间拷贝到内核空间，完成用户对设备的操作控制。由于用户空间和内核空间的内存映射方式完全不同，所以不能使用像“memcpy”之类的函数，必须使用“copy_from_user()”函数。

“read()”函数与“write()”函数相反，它实现数据从内核空间到应用程序的拷贝，完成设备对用户操作的一个反馈。需使用“copy_to_user()”函数完成。

由于ADC和触摸屏共用相关寄存器，为保证AD转换读取数据的正确性，需在编写AD驱动程序时做好对ADC资源的互斥访问，具体由一个初始化信号量“ADC_LOCK”完成：在驱动程序开始和结尾申明一个信号量，进行AD数据读取时获取它，并在读取完毕之后释放，在结尾将这个信号量导出。

此外，在AD中断响应完毕之后需调用“wait_up()”函数唤醒等待的队列。

这种“file_operations”结构表示方法不是标准的C语言的语法，是GNU编译器的一种特殊扩展，它使用名字来对进行结构字段初始化，好处在于结构清晰，易于理解并且避免了结构发生变化带来的许多问题。至于驱动程序中常用的“ioctl()”函数主要完成对设备读写之外的其他控制，比如配置设备、进入或者退出某种操作模式等。有了驱动程序，就可以方便的读取转换通道的数据了，由于用户是通过设备文件和硬件进行打交道，所以对设备文件的操作方式就是一些系统调用。

2. 块设备

块设备是文件系统的物质基础，与字符设备类似，它也是通过文件系统来进行访问，与字符设备的区别在于“缓冲技术”。在Linux中用“blkdevs”向量表维护已经登记的块设备文件，以“device_struct”数据结构作为条目，使用主设备号作为索引Linux的块设备包含整数个块，每个块都是2的n次幂的字节。每一个块设备驱动程序都提供由块设备驱动程序“blk_dev_struct”数据结构完成的普通文件操作接口和对于buffer cache的接口，其中，“blk_dev_struct”数据结构包含一个请求例程的地址和一个指针，指向一个“request”数据结构及列表。

3. 网络设备

网络设备是一个物理设备，与字符设备和块设备的不同在于它的上一层是网络协议而非文件系统，因此需要通过 BSD 套进行数据的接口访问。它们由内核中网络子系统驱动，负责发送和接收用数据结构“sk_buff”表示的数据包。因为不知道每一项事务是怎么映射到实际传送的数据包的，所以将它们映射到文件系统的节点上变得很困难。在 Linux 系统中，访问网络设备是通过给它们分配一个唯一名字的方法来实现的。

总的来说，一个 Linux 设备驱动程序的编写经历的大致流程有以下七步：

①查看硬件设备原理图、阅读数据手册，熟悉操作设备的方法。

②以内核中相近驱动程序为模板进行开发，如果没有的话，那就需要从零开始编写。

③初始化驱动程序，比如向内核注册驱动程序、方便应用程序通过内核寻找驱动等。

④设计并编写所要实现的操作函数调用。

⑤在有需要的情况下实现中断服务。

⑥用“insmod”命令加载驱动或者编译驱动程序到内核中。

⑦测试驱动程序。

Linux 内核为驱动程序提供了一些入口点以方便编程，也就是特殊的结构体，其中主要有“file_operatiom”数据结构、“file”数据结构和“inode”数据结构。

这个三个结构体中最为重要的是“file_operations”类型的数据结构，因为该结构体的每个成员都对应着开发驱动程序中必须的系统调用。编写驱动程序实际上就是对这些系统调用进行函数实现，包括驱动程序的注册和注销函数、设备的打开和关闭函数、设备的读写操作函数以及设备的中断或者轮询处理函数等。

(九)软件系统的组态设计思想

组态指按照用户要求，利用软件工具配置计算机硬件和软件资源，以达到预先的设置，自动运行特定的任务。随着 DCS(集散控制系统)的出现，组态的概念渐渐被生产过程自动化技术人员所熟知。组态软件指面向监控与数据采集的软件平台工具，使用灵活、功能强大和设置项目丰富是它最大的特点。最早出现的组态软件是以人机接口“HMI”或“MMI”为主要内涵。伴随着计算机技术和生产力水平的不断提高，组态软件不断被赋予新的内容，开放的数据接口、通信及联网、实时控制、对 I/O 设备的支持、实时数据库已成为它的主要内容。

嵌入式组态软件开发由开发系统和运行系统构成，开发环境一般运行在具有良好人机界面的 Windows 或 Linux 操作系统上，而运行环境则可基于多种嵌入式操作系统。

油气性质分析仪的组态设计思想是基于“VC＋＋”开发工具开发组态界面，形成数据文件供嵌入式 Linux 进行调用读取，在 MiniGUI 图形界面上运行显示。

本章学习小结

本章主要介绍了嵌入式开发、嵌入式开发系统及嵌入式技术在钻采领域的应用。通过本章的学习不仅要把嵌入式开发的基础知识掌握好，同时也要学习目前嵌入式开发主要使用的系统，还要认识到嵌入式开发对于钻采领域的影响，嵌入式开发是未来油气发展的方向。

思考题

1. 嵌入式开发系统包含哪些主要内容？
2. 嵌入式开发组成和特点是什么？
3. 嵌入式开发的流程是什么？
4. 调研嵌入式开发技术在钻采领域有哪些新成果？

第五章　基于嵌入式技术的钻采技术训练实践

第一节　石油工业虚拟仿真简介

一、国内外虚拟仿真实验教学发展历程

虚拟仿真实验教学从产生到现在经历了三个阶段:1946 年电子计算机发明以前的思维模型与逻辑分析阶段、20 世纪 60 年代到 80 年代的计算机仿真阶段、20 世纪 80 年代到现在的虚拟现实阶段。虚拟仿真技术作为一种新的教学手段,自 20 世纪 90 年代以来就成为教学方式重点发展和研究的热门领域。在 20 世纪 90 年代初期,虚拟实验室的概念首次被提出,然后大量关于虚拟仿真实验系统的研究和介绍就开始全面涌现。到了 20 世纪末,国外一批一流高校开始应用虚拟仿真实验教学,将传统教学方式和虚拟仿真教学结合,取得了一定的效果,但因网络技术原因,还是有一定的局限性,直到 21 世纪,随着网络技术的长足发展,虚拟仿真教学才进入快速发展阶段。麻省理工学院的 Web Lab、卡内基梅隆大学的虚拟实验室、加拿大的 DRDC(国防研究发展部)项目、牛津大学的虚拟化学实验室等是当时国际上比较先进的虚拟仿真实验室,对虚拟仿真教学的研究起到了积极的推动作用。国内起步相对较晚,在 2004 年开始引进在线虚拟仿真教学的概念,3 年后,在电子、机械、物理等高等教育中开展实验进行了尝试。浙江大学虚拟电工电子网络实验室、陕西师范大学虚拟实验测试中心、中国科学技术大学物理计算机仿真实验系统是当时比较出名的虚拟仿真教学实验室,对我国虚拟仿真教学发展起到了很好的示范推广作用。

目前,虚拟仿真实验教学已经变得更加复杂和多样化,已经变成一个多学科交叉的领域,综合利用多媒体技术、人机交互技术、3D 打印技术、遥感技术等进行虚拟现实和增强现实。如美国科罗拉多大学的 PhET 交互式虚拟仿真实验,学生可以通过运行基于物理现场分析的交互式虚拟仿真软件,在虚拟环境中开展个性化学习,进行自主实验,启迪创新思维,验证对实验提出的假设与构想。国内的虚拟仿真实验教学在理念上相对比较落后,很多技术还停留在起步阶段,构建的虚拟仿真教学平台基本以演示为主,对于验证和设计实验,还需要虚拟仿真教学工作者进行积极的探索。

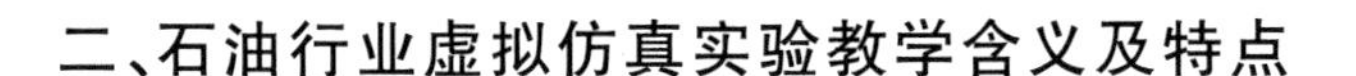

二、石油行业虚拟仿真实验教学含义及特点

石油工业虚拟仿真实验教学是一个比较综合的教学方式，建立在虚拟现实、多媒体、人机交互、数据库和网络通讯等技术基础上，通过创造高度仿真的虚拟场景和对象，让学员在虚拟的场景中进行相关的实验，以此完成教学大纲要求的教学目标，实现虚拟仿真的教学效果。石油作为一种战略资源，是国家安全、国民经济发展的重要保障，石油勘探开发是保障国家能源安全的重中之重。但是石油勘探开发环境一般比较恶劣，并且作业工况复杂，多在不可视的地下进行，具有风险高、消耗高、不可逆、成本高、污染高的行业特点和培训存在不直观、体系庞大的缺点。石油工业虚拟仿真实验教学采用虚拟仿真技术，并通过大量调研生产现场，建立虚拟作业场景、工具、设备、工艺，真实再现油气生产的关键技术及工艺，以此对学生展开相关知识和技能的训练，实现将教学现场转移到教室内。

石油行业虚拟仿真实验教学区别于其他行业具有以下几个特点。

1. 安全性

石油勘探开发、油气处理过程具有很高的风险，一个小的失误就可能造成很大的灾难，因此现场实习风险较高，安全隐患较多。石油工业虚拟仿真实验教学在室内静态的设备及虚拟仿真软件的配合下，就可实现石油工业实习，大大降低了实习的危险性。

2. 可操作性

油气资源一般都在地层深处，所以石油勘探开发阶段一般是在地层下进行，具有不可视、风险高的特点，虚拟仿真实验教学通过将虚拟场景和生产现场进行结合，配套相关的硬件设施，将复杂、危险、有破坏性的实验过程直观地展现出来，学生可在虚拟场景中学习练习相关操作，实现现场教学虚拟化、仿真化，并能达到相同的教学效果。

3. 学习趣味性

采用多媒体技术、虚拟仿真技术、传感技术、数据传送技术将教学建立在一个高度仿真的虚拟环境中，采用沉浸式的教学体验，使学生能够身临其境，通过互动的教学方式，最大限度的调动学生学习的热情，从而主动的学习和了解石油相关知识。通过该种教学方式，有助于构建思维，具有传统教学不具有的独特的实验教学实践作用。

考虑到本书是劳动育人课程的教材，且该课程主要面向低年级的学生，结合笔者的学习过程和科研经历，本书由浅入深设计了以下 2 个劳动事件项目供学生入门学习。

第二节 实践1:基于嵌入式开发板的GPS定位模块设计

一、概述

基于嵌入式开发板的GPS定位模块设计基于STM32F107开发板,结合iTrax03-02型GPS接收机,实现GPS模块与STM32的通信;通过GPS模块实现定位,STM32对GPS模块传入的数据进行读取和处理,将得到定位信息在OLED显示。

该定位装置还有如下附加功能:SD卡数据存储功能、定位状态显示(卫星颗数等)。该装置通过RS232串口传输坐标和时间至计算机,并通过上位机软件实现路径计算和网络地图定位。

二、总体设计

(一)总体系统结构

基于嵌入开发板的GPS定位模块总体系统结构如图5-1所示。

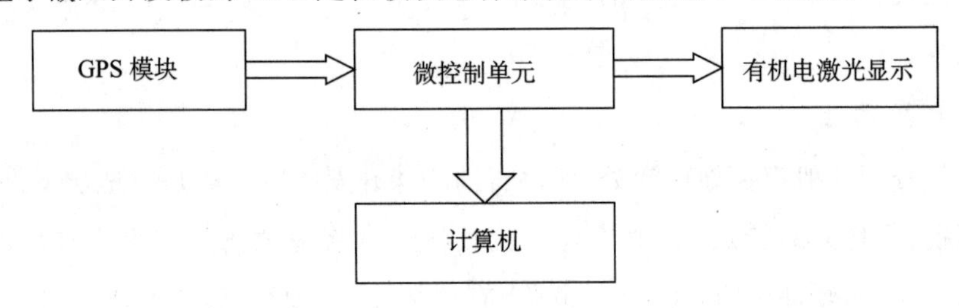

图5-1 基于嵌入式开发板的GPS定位模块总体系统结构图

(二)功能实现

在Linux下的嵌入式开发环境中,利用"C++"编程语言完成软件设计。嵌入式系统利用软件设计主要完成GPS定位信号的处理,并实现以下功能:

①经纬度测定,海拔高度测定。

②速度计算与方向指示。

③SD卡定时存储信息。

④上位机制作及路径计算。

三、系统解析

(一)GPS 模块

iTrax03-02 型 GPS 接收机进行了电平转换、通信接口等电路设计,该产品通过底板上 9pin 排线与计算机串口直接通信,定位后即可输出载体的经纬度信息、时间信息、速度信息等。

(二)GPS 定位数据格式解析

GPS 发送数据以行为单位,数据格式如下:GPGGA,hhmmss. dd,xxmm. dddd,〈N|S〉,yyymm. dddd,〈E|W〉,v,ss,d. d,h. h,M,g. g,M,a. a,xxxx * hh〈CR〉〈LF〉。每行以字符"$"开头,以〈CR〉〈LF〉为结尾,CR-Carriage Return,LF-Line Feed,表示回车和换行。信息类型见表 5-1 所列。

表 5-1 数据名称和说明表

名称	说明
$GPGGA	GGA 消息协议头
hhmmss. dd	UTC 时间
xxmm. dddd	纬度信息,度、分格式
〈N/S〉	北半球(N)或南半球(S)
yyymm. dddd	经度信息,度、分格式
〈E/W〉	东经(E)或西经(E)
V	判断是否已定位,定位为 1,未定位为 0
ss	使用的解算卫星的数量:一般 0~12 颗
d. d	HDOP 水平精度因子
h. h	海拔高度
M	单位:米
g. g	WGS-84 地表面与水平面的差值
M	单位:米
a. a	—
xxxx	—
hh〈CR〉〈LF〉	校验及固定包尾

(三)OLED 显示模块

OLED 使用的控制器为 SSD1305(如图 5-2),可通过写入不同的命令字来设置对比度、显示开关、电荷泵、页地址等。

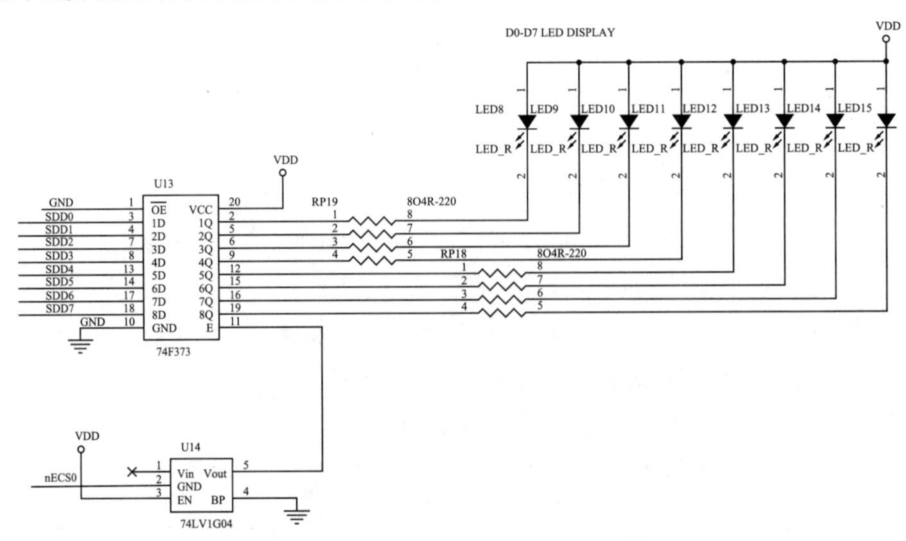

图 5-2　OLED 显示模块示意图

OLED 被配置为使用 I2C 的方式。I2C 的地址二进制位为 0111100X,16 进制为 0x78(写地址)、0x79(读地址)。OLED 的 Reset(程序函数)平时应该拉高,在初始化的时候,应该有一个从低电平到高电平的跳变。

使用的 MCU 端口如下:

PB6　　CLK　　I2C

PB7　　SDA　　I2C

PE6　　RESET　(低有效)

(四)串行通信模块

RS232 的电平转换芯片为 MAX232CE。有两个 LED 指示灯;TXD(模块串口发送脚)用来显示接受到数据,RXD(模块串口接收脚)用来显示正在发送数据。对外接口为 DB 9 接口,定义为:2RXD,3TXD,5GND。因此,基板可以通过串口线直接连接到计算机,和计算机进行通信。

使用的 MCU 端口如下:

PD5　　UART2_TX(Remap)

PD6　　UART2_RX(remap)

四、训练测试

要实现位置信息的采集,需要在组硬件下编写 GPS 模块驱动,代码由“gps. h”

和“gps.c”两个文件存储。将程序代码下载至STM32F103ZET6开发板进行测试验证，步骤如下：

①开机上电后，在数据有效的情况下进入定位信息显示模式。

②进入定位信息显示模式后，OLED显示出当前位置经度、纬度、海拔高度、移动速度、移动方向、卫星显示颗数。

③设定中断时间后，数据会自动存储至SD卡。

④通过RS232串口与计算机通讯后，可以通过上位机软件打开该位置的谷歌地图显示，并且计算路径长度。

1.定位测试数据集

定位测试中保存的测试数据如下：

```
$GPGSV,3,1,10,01,35,047,32,04,30,244,24,08,12,207,27,09,06,318,12*71
$GPGSV,3,2,10,11,20,063,36,17,54,320,39,20,54,099,23,27,10,309,26*7F
$GPGSV,3,3,10,28,78,225,29,32,34,062,26*75
$GPRMC,071738.50,A,3609.4075,N,12029.3426,E,0.00,302.3,090912,5.8,W,A*15
$GPGGA,071738.50,3609.4075,N,12029.3426,E,1,05,2.0,115.0,M,5.5,M,,*50
$PFST,FOM,6*63
$GPGSA,A,3,01,08,11,17,28,,,,,,,,2.9,2.0,2.1*3D
$GPGSV,3,1,10,01,35,047,32,04,30,244,24,08,12,207,27,09,06,318,12*71
$GPGSV,3,2,10,11,20,063,36,17,54,320,39,20,54,099,23,27,10,309,26*7F
$GPGSV,3,3,10,28,78,225,29,32,34,062,26*75
$GPRMC,071739.50,A,3609.4075,N,12029.3428,E,0.00,302.3,090912,5.8,W,A*1A
$GPGGA,071739.50,3609.4075,N,12029.3428,E,1,07,2.0,115.0,M,5.5,M,,*5D
$PFST,FOM,24*53
$GPGSA,A,3,01,04,08,11,17,27,28,,,,,,2.9,2.0,2.1*3C
$GPGSV,3,1,10,01,35,047,31,04,30,244,24,08,12,207,27,09,06,318,12*72
$GPGSV,3,2,10,11,20,063,36,17,54,320,38,20,54,099,23,27,10,309,25*7D
$GPGSV,3,3,10,28,78,225,27,32,34,062,26*7B
$GPRMC,071740.50,A,3609.4074,N,12029.3429,E,0.00,302.3,090912,5.8,W,A*14
$GPGGA,071740.50,3609.4074,N,12029.3429,E,1,07,1.8,115.0,M,5.5,M,,*58
$PFST,FOM,20*57
$GPGSA,A,3,01,04,08,11,17,27,28,,,,,,2.7,1.8,2.0*38
$GPGSV,3,1,10,01,35,047,31,04,30,244,24,08,12,207,27,09,06,318,12*72
$GPGSV,3,2,10,11,20,063,36,17,54,320,38,20,54,099,23,27,10,308,25*7C
$GPGSV,3,3,10,28,78,225,27,32,34,062,26*7B
$GPRMC,071741.50,A,3609.4074,N,12029.3431,E,0.00,302.3,090912,5.8,W,A*1C
```

2.关键程序代码

经纬度转换用如下代码：

```
经纬度转换用//
double d;
double f;
unsigned char d_d;
double D_D;
unsigned char time_8;  //时区转换
void gps_deal(void)
{
    u8 tmp = 0;
    if(USART_GetITStatus(USART1, USART_IT_RXNE) ! = RESET)  //如果是接
收中断
        tmp = USART_ReceiveData(USART1);
    switch(tmp)
    {
    case'$':
        cmd_number = 0;//命令类型清空
        mode = 1;//接收命令模式
        byte_count = 0;//接收位数清空
        break;
    case',':
        seg_count++;//逗号计数加1
        byte_count = 0;
        break;
    case'*':
        switch(cmd_number)
        {
        case 1:
            newflag |= 0x01; //GGA
            break;
        case 2:
            newflag |= 0x02;  //GSV
            break;
        case 3:
            newflag |= 0x04;  //RMC
            break;
        }
        mode = 0;
        break;
```

```
default:
    if(mode == 1)
    {
        //命令种类判断
        cmd[byte_count] = tmp;//接收字符放入类型缓存
        if(byte_count >= 4)//如果类型数据接收完毕,判断类型
        {
            if(cmd[0] == 'G')
            {
                if(cmd[1] == 'P')
                {
                    if(cmd[2] == 'G')
                    {
                        if(cmd[3] == 'G')
                        {
                            if(cmd[4] == 'A')
                            {
                                cmd_number = 1;
                                mode = 2;
                                seg_count = 0;
                                byte_count = 0;
                            }
                        }
                        else if(cmd[3] == 'S')
                        {
                            if(cmd[4] == 'V')
                            {
                                cmd_number = 2;
                                mode = 2;
                                seg_count = 0;
                                byte_count = 0;
                            }
                        }
                    }
                    else if(cmd[2] == 'R')
                    {
                        if(cmd[3] == 'M')
                        {
```

```
                        if(cmd[4] == 'C')
                        {
                            cmd_number = 3;
                            mode = 2;
                            seg_count = 0;
                            byte_count = 0;
                        }
                    }
                }
            }
        }
    }
}
else if(mode == 2)
{
    //接收数据处理
    switch (cmd_number)
    {
    case 1://类型 1 数据接收。GPGGA
        switch(seg_count)
        {
        case 2:
            //纬度处理
            if(byte_count < 11)
            {
                WD[byte_count] = tmp;
                WD[byte_count+1] = '\0'; //解决输出位数过多
            }
            break;
        case 3:
            //纬度方向处理
            if(byte_count < 1)
            {
                WD_a = tmp;
            }
            break;
        case 4:
            //经度处理
```

```
        if(byte_count < 11)
        {
            JD[byte_count] = tmp;
            JD[byte_count+1] = '\0';
        }
        break;
    case 5:
        //经度方向处理
        if(byte_count < 1)
        {
            JD_a = tmp;
        }
        break;

    case 7:
        //定位使用的卫星数
        if(byte_count < 2)
        {
            use_sat[byte_count] = tmp;
            use_sat[byte_count+1] = '\0';
        }
        break;
    case 9:
        //高度处理
        if(byte_count < 6)
        {
            high[byte_count] = tmp;
        }
        break;
case 11:
        //海拔处理
        if(byte_count < 6)
        {
            haiba[byte_count] = tmp;
        }
        break;
    }
    break;
```

```
case 2://类型 2 数据接收。GPGSV
    switch(seg_count)
    {
    case 3:
        //天空中的卫星总数
        if(byte_count < 2)
        {
            total_sat[byte_count] = tmp;
            total_sat[byte_count+1] = '\0';
        }
        break;
    }

    break;
case 3://类型 3 数据接收。GPRMC
    switch(seg_count)
    {
    case 1:
        if(byte_count < 10)
        {
            //时间处理
            time[byte_count] = tmp;
        }
        break;
    case 2:
        //定位判断
        if(byte_count < 1)
        {
            lock = tmp;
        }
        break;

    case 7:
        //速度处理
        if(byte_count < 5)
        {

            speed2[byte_count] = tmp;
```

```
                    //spd_wei=byte_count;
                }
                break;
            case 8:
                //方位角处理
                if(byte_count < 5)
                {
                    angle[byte_count] = tmp;
                }
                break;
            }
            break;
        }
    }
    byte_count++;//接收数位加1
    break;
  }
}

//时区转换
void TIME_AREA(void)
{
    time_8 = (time[0]-0x30) * 10 + (time[1]-0x30) + 8;
    if(time_8 > 23)
    {
        time_8 = time_8-24 ;
    }
    time[0] = (time_8 / 10) + 0x30;
    time[1] = ((time_8 - (time_8 / 10) * 10) / 1) + 0x30;
}
//经纬度转换
double JWD_AREA(char *jwd)
{

    d = atof(jwd) / 100.0; //将JD[]转换为double
    d_d = d / 1;
    f = (d-d_d) / 60.0 * 100;
    D_D = d_d + f;
```

```
    return D_D;
}
void gps_display(void)
{
    LED0=! LED0;
    if(newflag == 0x07)
    {
        newflag = 0;
GUI_SetColor(GUI_GREEN);
    GUI_SetFont(&GUI_Font8x16);

GUI_DispStringAt("status",20,20);
GUI_DispCharAt(lock,140,20);

TIME_AREA();

GUI_DispStringAt("time",20,40);
    GUI_DispStringAt(time,140,40);

GUI_DispStringAt("Longitude        ",20,60);
JWD_AREA(JD);  //经度转换
GUI_DispFloat(D_D,10) ;

GUI_DispCharAt(JD_a,120,60);

GUI_DispStringAt("Latitude         ",20,80);
JWD_AREA(WD);  //纬度转换
GUI_DispFloat(D_D,10) ;
GUI_DispCharAt(WD_a,120,80);

GUI_DispStringAt("use_sat",20,100);
GUI_DispStringAt(use_sat,140,100);

GUI_DispStringAt("total_sat",20,120);
GUI_DispStringAt(total_sat,140,120);

GUI_DispStringAt("Elevation",20,140);
GUI_DispStringAt(high,140,140);
```

```
GUI_DispStringAt("high",20,160);
GUI_DispStringAt(haiba,140,160);

GUI_DispStringAt("Speed",20,180);
GUI_DispStringAt(speed2,140,180);

GUI_DispStringAt("Direction",20,200);
GUI_DispStringAt(angle,140,200);

GUI_DispStringAt("OUC AUTOMATION GPS",40,280);
}
}
//          printf("状态  :%c\r\n", lock); //串口输出调试
//          TIME_AREA();
//          printf("时间  :%c%c时%c%c分%c%c%c%c秒\r\n", time[0], time
[1], time[2], time[3], time[4], time[5], time[6], time[7], time[8]); //串口输出调试
//          JWD_AREA(JD);  //经度转换
//          printf("经度  :%f%c\r\n", D_D, JD_a); //串口输出调试 jd
//          JWD_AREA(WD);  //纬度转换
//          printf("纬度  :%f%c\r\n", D_D, WD_a); //串口输出调试 wd
//          printf("卫星  :%s颗\r\n", use_sat); //串口输出调试
//          printf("卫星  :%s颗\r\n", total_sat); //串口输出调试
//          printf("高度  :%sm\r\n", haiba); //串口输出调试
//printf("海拔  :%sm\r\n", high); //串口输出调试
//          printf("速度  :%s节\r\n", speed2); //串口输出调试
//          printf("方位  :%s度\r\n", angle); //串口输出调试

//          printf("状态  :%c\r\n", lock); //串口输出调试

//          TIME_AREA();
//          printf("时间  :%c%c时%c%c分%c%c%c%c秒\r\n", time[0], time
[1], time[2], time[3], time[4], time[5], time[6], time[7], time[8]); //串口输出调试
//          JWD_AREA(JD);  //经度转换
//          printf("经度  :%f%c\r\n", D_D, JD_a); //串口输出调试 jd
//          JWD_AREA(WD);  //纬度转换
//          printf("纬度  :%f%c\r\n", D_D, WD_a); //串口输出调试 wd
//          printf("卫星  :%s颗\r\n", use_sat); //串口输出调试
```

```
//          printf("卫星  :%s 颗\r\n", total_sat); //串口输出调试
//          printf("高度  :%sm\r\n", haiba); //串口输出调试
//printf("海拔  :%sm\r\n", high); //串口输出调试
//          printf("速度  :%s 节\r\n", speed2); //串口输出调试
//          printf("方位  :%s 度\r\n", angle); //串口输出调试
```

第三节　实践 2:基于嵌入式的气井智慧边缘网关

一、概述

从油气田生产基本理论和信息技术出发,研究并分析信息技术在构建智能化油气田方面的实现方式及效果。针对目前油气田现场的数据采集、故障判断、单井分析、生产管理、调度决策等各个环节实现数据自动化采集、数据传输、数据存储、智能判断、实时分析、智能预警等,主要研究内容有以下几个方面。

①对比分析传统的积液判别方法,提出并采用循环神经网络对气井积液状况进行判别,准确率更高。

②基于 ARM 开发板与边缘计算技术开发油气田智能网关,实现边缘层的边缘计算功能,将实时数据直接处理,避免区域内整体对数据传输的要求,显著降低对网络的依存度。

③为了更好的服务现场气田管理人员,为智能网关配备显示功能与报警装置,并开发客户端管理界面,可实时生产数据与积液状态,增强与管理人员的交互能力。

④基于 MQTT(消息队列遥测传输)协议或其他协议接入物联网云平台,完成对油气田区块的设施与数据的管理和剖析。

⑤将上述训练好的循环神经网络迁移到智能终端中,并进行井筒积液判别,以实现智能预警功能。

边缘计算网关的软件开发环境及嵌入式环境编译移植环境主要在 Windows 10 操作系统及虚拟机环境中完成搭建,并进行相应的开发工作,具体开发环境的要求如下。

①操作系统:Windows 10。

②虚拟机:VMware 并搭载 Ubuntu 16.04 系统。

③开发板型号:全志 A83T 开发板。

④开发板配置:4GB 内存、16GB 存储。

⑤开发板模块:4G 通讯版块、GPS 版块、WIFI 版块。

⑥开发语言:C++。

⑦开发框架:QT5.8.0。

⑧开发板系统:嵌入式 Linux 系统。

⑨辅助工具:USB 转 RS485 串口、USB 转 RS232 调试线、刷机线。

(一)开发环境搭建

整体开发环境在 Windows 10 操作系统下完成,并利用装置 VMware 虚拟机 Ubuntu 16.04 系统实现本网关软件部分的开发与编译移植等工作,在 Windows 10 操作系统中安装 QT 开发环境与 VS Code 编辑器,使用穿插编译工具链对 QT5.8.0 源码进行编译等工作。

(二)CQA83T 平台 SDK 源码

CQA83T 平台提供“Linux3.10 + buildroot2017 SDK”源码,可以用于开发带 QT4/QT5 的图形界面专用应用(也可以配置开发不带界面的,类似网络服务器等精简系统)。SDK(软件开发工具包)系统默认几千种软件包应用。CQA83T 平台提供的 Linux 系统 SDK 在光盘“CQA83T BV3 光盘/SDK 源码/Linux3.4+QT”目录下面的“CQA83TLinux_Qt5.8.0_bv3”文件中默认已经调试好了开发板全部外设驱动,支持 CQA83T BV2、CQA83T BV3、CQA83T BV3S 等硬件平台。

拷贝 Linux SDK 源码放到“ubuntu 主机/home/root”目录下面准备解压。使用之前先校验一下 MD 5(信息摘要算法),与光盘提供的“MD5SUM.txt”比对,判断拷贝的源码是否有问题,防止解压或者编译时出错。

编译之前需要进入解压目录下,配置屏幕环境变量 XY;配置完屏幕类型,执行“build.sh”脚本,开始编译 Linux QT 源码,编译完成后打包固件。

(三)Linux QT 文件说明及内核配置

系统源码用 buildroot-2017.02.3 编译完成,会在“CQA83TLinux_Qt5.8.0_bv3/buildroot-2017.02.3/output”下面生成一些目标二进制文件,该目录下文件为“build/host/images/staging/target/”。

目录说明如下。

①build:所有源码包解压出来的文件存放地和编译的发生地。

②host 目录:存放交叉编译器,用于编译开发板 QT 文件系统。

③staging:上面说到的文件系统需要库的目录。

④target 目录:存放编译出来的目标文件系统,这个目录编译的时候会打包成 ext4 格式。

⑤Images 目录：存放编译出来的目录文件系统的 tar 文件。

生成二进制文件后进入内核源码，进行内核驱动配置。

4. QT 开发环境安装

在 Windows 10 中安装 QT5.9.3 开发环境套件，首先在 QT 官网获取 QT5.9.3 安装包，然后打开此安装包并按照提示进行安装，直至完成。

二、总体设计

(一)总体架构

基于边缘计算的页岩气田智慧网关是适用于生产气井使用的多功能综合智能监控系统，集自动采集、智能预警、人机交互、4G 传输四大功能于一体，可以灵活实现气井生产数据采集、智能判别积液状况、自动报警、人机交互等多项功能的全部或者任意一项或者多项功能组合，并可以通过 4G、GPRS、Wi-Fi 任一种方式将数据传输到监控中心。本设计使用通信电源提供动力，停电时可确保监控功能正常进行，提高终端设备的可靠性、安全性。基于边缘计算的页岩气田智慧网关系统是一种满足井口数据采集、智能判别积液的新产品。本系统采用七寸液晶触摸屏显示，操作简便，运行稳定、可靠，达到规范要求井场环境，对改善采气模式，提高页岩气气田的生产效率与管理效率具有显著效果，是一款成功解决气井综合监控与积液识别的高效设备；包括数据采集程序、数据处理、人机交互界面程序。

①操作系统：使用搭载“QT C++”框架的嵌入式 Linux 系统，可以快速开发稳定高效的基于“QT C++”的嵌入式网关程序。

②底层驱动：开发板的各种接口驱动程序，例如 RS485 接口的 CH340 驱动、WIFI 模块驱动、4G 模块驱动等，是应用程序与硬件通信的特殊接口。

③采集程序：采集程序通过 RS485 接口向仪表的保持寄存器与输入寄存器发送指令进行通讯，并完成指令的解析工作，从而得到十进制仪表数据；

④计算程序：将采集的数据进行循环神经网络分析计算。

⑤持久化程序：对采集的数据以及计算结果进行持久化存储。

⑥数据传输程序：即将智能终端的数据及分析结果通过 WIFI、4G 通信等方式，采用 MQTT 协议将数据传输至服务器端。

⑦人机交互界面：为方便现场人员使用，对收集上来的现场数据实现数据可视化，并及时展现计算结果。

⑧逻辑控制程序：对分析计算结果以及其他预设情况进行及时的逻辑响应。

⑨警报程序：当本设计提出的气井积液预测措施判别为积液，则触发逻辑控制程序，打开蜂鸣器进行报警。

(二)数据采集模块

智能网关终端通过实时与页岩气井口各个仪表设备进行串口通讯，首先将智能终端与传感器仪表通过 RS485 串口进行有线连接；RS485 串口具有抗干扰能力强大、传输距离长、传输速度快的特点，并且具有多客户、双向通信的优点，即允许多个客户端连接在同一条主线上。该设计所用开发板自带全双工 RS485 串口，原理如图 5-3 所示；通过 CH340 串口驱动来连接开发板与传感器，并用"C++"语言与QT 框架编写串口通讯功能模块，实现对传感器数据的实时采集。采集到的数据包括气体流量、井口压力、井口温度等，同时对数据进行实时分析计算。

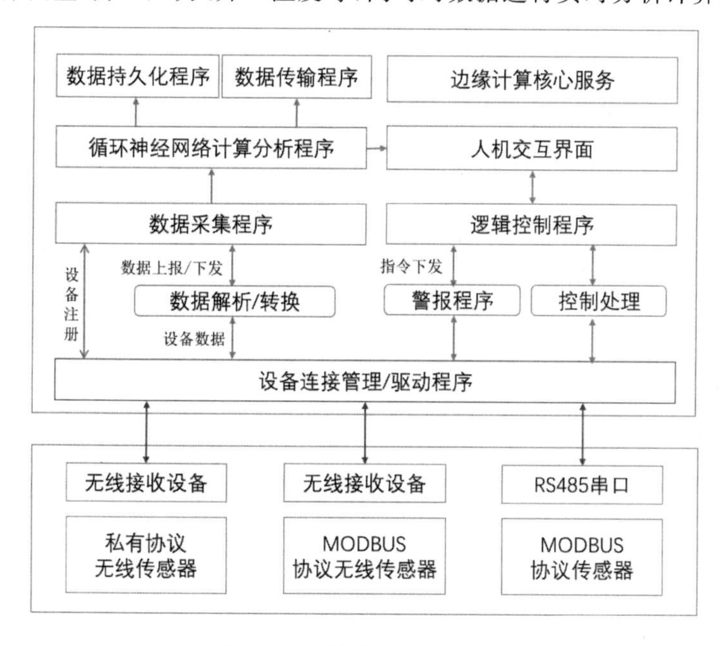

图 5-3 边缘计算网关架构图

首先，实例化串口对象并设置串口名称、波特率、校验位、数据位、停止位，保证智能网关能够正确的与传感器或计量仪表进行连接与通信，见表 5-2 所列；其次，智能网关每隔 500 毫秒对传感器发送与接收一次十六进制的 MODBUS 报文，发送的报文有仪表地址、功能码、数据、CRC 校验码，见表 5-3 所列；最后，对返回的十六进制的 MODBUS 报文进行解析，将切片得到的十六进制数据转换为十进制 IEEE 标准的浮点数，得到正确的传感器或仪表数据，如图 5-4 所示。

表 5-2 MODBUS 发送报文解析

从机地址	功能码	寄存器起始地址	读取寄存器个数	CRC 校验
01	03	00 01	00 0D	CF D5

表 5-3　MODBUS-RTU 协议报文模型

设备地址	功能代码	数据格式	CRC 校验 L	CRC 校验 H
8 bit	8 bit	N * 8 bit	8 bit	8 bit

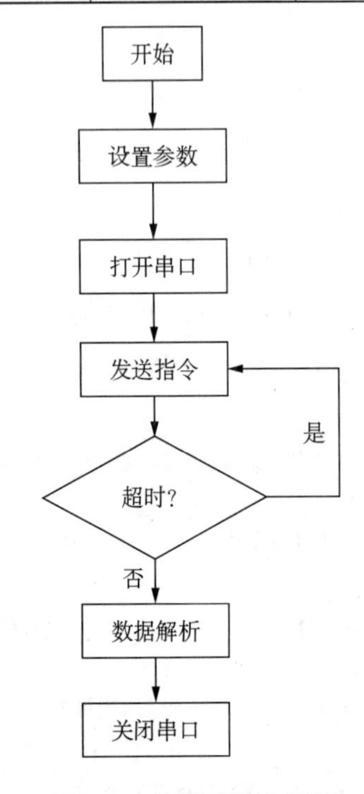

图 5-4　数据采集流程图

MODBUS 是一种串行通信协议。可完成仪表和其它设备之间相互进行通信。协议定义了一个只允许在主计算机和终端设备之间使用的相互请求访问的消息结构，不允许进行独立设备之间的数据请求及收发，见表 5-4 所列。

表 5-4　MODBUS 消息结构

代码	名称	作用
1	读取线圈状态	取得一组逻辑线圈的当前状态(ON/OFF)
2	读取输入状态	取得一组开关输入的当前状态(ON/OFF)
3	读取保持寄存器	在一个或多个保持寄存器中取得当前的二进制值
4	读取输入寄存器	在一个或多个输入寄存器中取得当前的二进制值
5	强置单线圈	强置一个逻辑线圈的通断状态
6	预置单寄存器	放置一个特定的二进制值到一个单寄存器中
7	读取异常状态	取得 8 个内部线圈的通断状态
15	强置多线圈	强置一串连续逻辑线圈的通断
16	预置多寄存器	放置一系列特定的二进制值到一系列多寄存器中
17	报告从机标识	可使主机判断编址从机的类型及该从机运行指示灯的状态

此外，数据采集功能模块还需使用多线程技术，使得其在GUI(图形用户界面)主线程之外独立进行执行，这么做的主要原因是数据采集模块为死循环调用，若其在GUI界面主线程中调用则会卡死GUI界面。数据采集层设定一个“serial MODBUS”类，通过类方法达到数据采集的目的。

主要代码如下：

```
#include <QtCore/QCoreApplication>
#include <QtSerialPort/QSerialPort>
#include <QtCore/QDebug>
#include <QTimer>
class serialModbus
{
public:

    void serialControl();

private slots:

private:
    QSerialPort serial;
    //定义串口函数
    void serialOpen();
    void serialWriteRead();
    void stringToHex(QString str, QByteArray &senddata);
    char ConvertHexChar(char ch);
};
void serialModbus::serialControl()
{
    serialModbus::serialOpen();
    serialModbus::serialWriteRead();
}
void serialModbus :: serialOpen()
{
//      serial. setPortName("ttyS3");
     serial. setPortName("COM16");
     serial. setBaudRate(QSerialPort::Baud9600,QSerialPort::AllDirections);//配置波特
率以及读写的方向
     serianl. setDatsBits(QSerialPort::Data8);//数据位是8位
     serianl. setFlowControl(QSerianlPort::NoFlowControl);//无流控制
```

```
        serial. setParity(QSerialPort::NoParity);//无校验位
        serial. setStopBits(QSerialPort::OneStop); //一位停止位
        if(! serial. open(QIODevice::ReadWrite)){

            qDebug() << "open failed";
            return ;
        }
}
void serialModbus :: serialWriteRead(){
        int i =0;
        while(1){
            QByteArray senddata;
            serialModbus::stringToHex("01 03 00 00 00 0D CF D5",senddata);
            serial. write(senddata);
            qDebug() << i ;
            i++;
            if (serial. waitForBytesWritten()) {
                if (serial. waitForReadyRead()) {

                    QByteArray responseData = serial. readAll();
                    while (serial. waitForReadyRead(10))
                        responseData += serial. readAll();
                    QString response(responseData);
                    qDebug() << response;
                }
        }
            QThread::msleep(50);
        }}
void serinalModbus:: strinngToHex(QStrinng str, QByteAray &sennddata)
{
        int hexdatal,lowhexdata;
        int hexdatallen = 0;
        int len = str. length();
        senddata. resize(len/2);
        char lstr,hstr;

        for(int i=0; i<len; )
        {
```

```
        //char lstr;
        hstr=str[i].toLatin1();
        if(hstr == ' ')
        {
            i++;
            continue;
        }
        i++;
        if(i >= len)
            break;
        lstr = str[i].toLatin1();
        hexdata = ConvertHexChar(hstr);
        lowhexdata = ConvertHexChar(lstr);
        if((hexdata == 16) || (lowhexdata == 16))
            break;
        else
            hexdata = hexdata*16+lowhexdata;
        i++;
        senddata[hexdatalen] = (char)hexdata;
        hexdatalen++;
    }
    senddata.resize(hexdatalen);
}

char serialModbus::ConvertHexChar(char ch)
{
    if((ch >= '0') && (ch <= '9'))
        return ch-0x30;
    else if((ch >= 'A') && (ch <= 'F'))
        return ch-'A'+10;
    else if((ch >= 'a') && (ch <= 'f'))
        return ch-'a'+10;
    else return ch-ch;
}
```

(三)持久化模块

当数据被采集到智能网关并进行分析计算之后，为了保证数据的安全性与持久性，将对一段时间内的数据进行持久化，即将需要持久化的数据按一定的表结构写入SQLite(轻型数据库)库里，SQLite能够自身满足、不需要服务器、不需要任何配置。此外，SQLite源代码没有版权的限制，并可在嵌入式设备上进行独立部署。首先，建立并打开数据库，对需要保存的数据进行表结构设计，见表5-5所列；然后编写“C++”代码进行插入与删除操作。

表5-5 数据表结构设计

名称	ID	时间	流量	压力	计算结果	返回值
类型	Long Int	String	Double	Double	Double	Bool

(四)数据传输模块

1. MQTT协议

智能网关通过4G模块或者WIFI模块连接至互联网，数据传输模块通过使用MQTT通讯协议，将数据上传至MQTT服务器端。MQTT是一个从客户端至服务端架构来宣布或者订购模式的信息传递协议。它的设计思想是轻巧、开放、简易、规范，好实现。这些优点让人更愿意接受它，它用非常小的、不高的传输消耗及协议数据的交换尽可能的降低网络流量，并且在异常的连接断开发生时通知与之有关系的每一方。

MQTT协议是利用交换提前定义好的MQTT管理的报文完成通信。MQTT控制的报文是通过三个部分构建的，见表5-6所列。

智能网关通过连接至MQTT服务器端并发布相应的“topic”，物联网服务器通过订阅所有的设备端的“topic”来实现消息的接收工作，并且通过设计智能网关的“topic”以实现设备的自动注册以及数据的发送。

表5-6 MQTT控制报文的结构

名称	含义
Fixed header	固定报头，所有控制报文都包含
Variable header	可变报头，部分控制报文包含
Payload	有效载荷，部分控制报文包含

2. QoS级别

MQTT协议支持三个服务质量(QoS)级别。

①QoS级别为0。QoS级别为0代表客户端只向服务器端发送一次消息，并且服务器端无应答，也就是说客户端发送消息完毕后，无论服务器端有没有接收到消息，此次通讯即为结束。其中根据MQTT协议中规定，PUBLISH报文的接收者必须按照根据PUBLISH报文中的QoS等级发送响应。其流程如图5-5所示。

图5-5 QoS0客户端与服务器端通讯示例

②QoS级别为1。QoS级别为1要保证消息至少到达一次，所以服务器端需要有一个应答的机制。客户端向服务器端发送一个带有数据的PUBLISH包，并在本地保存这个PUBLISH包；服务器端接到PUBLLSH包然后给客户端发送一个PUBACK(PUBACK为发布消息确认，是对QoS 1等级的PUBLISH报文的响应)数据包，PUBLCK数据包是不含有消息体的，而Variable header(可变头)中含一个包的标识，和它收到的PUBLISH包中的Packet Identifier(包标识符)一致。客户端收到PUBACK之后，根据PUBACK包中的Packet Identifier找到本地保存的PUBLISH包，然后丢掉已发送的PUBLISH包，一次消息的发送完成。客户端和服务器端的一次消息的传递流程如图5-6所示。

图5-6　QoS1客户端与服务器端通讯示例

③QoS级别为2。相比QoS 0和QoS 1，QoS 2不仅要确保服务器端能收到客户端发过来的消息，还能够让消息不出现重复。QoS2的重传和应答机制就要复杂一些，同时开销也是最大的。QoS 2条件下一次消息的传递流程如图5-7所示。

客户端发送第2服务质量的PUBLISH数据包，数据包Packet Identifier设定为“P”，然后把PUBLISH包存储到本地；服务器收到PUBLISH数据包后将本地存储的PUBLISH里的Packet Identifler P，然后返回客户端一个PUBRRC数据包，PUBREC(PUBREC意为“发布消息收到”，是对QoS等级2的PUBLISH报文的响应)数据包变化头中的Packet Identifier设定为“P”，不包含消息体；等客户端收到PUBRRC，并能够删除初始Packet Identifler设定“P”的PUBLISH数据包。PUBREC数据包在此时也要存储，然后反馈给服务器端一个PUBREL(意为发布消息释放)数据包，PUBRRL数据包变化头中的Packet Identifler为“P”，不包含消息体；当服务器端收到PUBRRL数据包，能够删除保存的PUBLISH包的Packet Identifier，然后反馈客户端一个变化头中Packet Identifler为“P”且不包含消息体的PUBCOMP(发布消息完成)数据包；等到客户接收了PUBCOMP包，就可以认定传输完成，就可以放弃相应的PUBRRC数据包。

为了保证数据的安全性及传输的有效性等问题，并且尽可能的降低带宽压力、保证传输效率，综合上述几点，该智能网关选择使用Qos级别为1的服务质量级别模式发送数据。

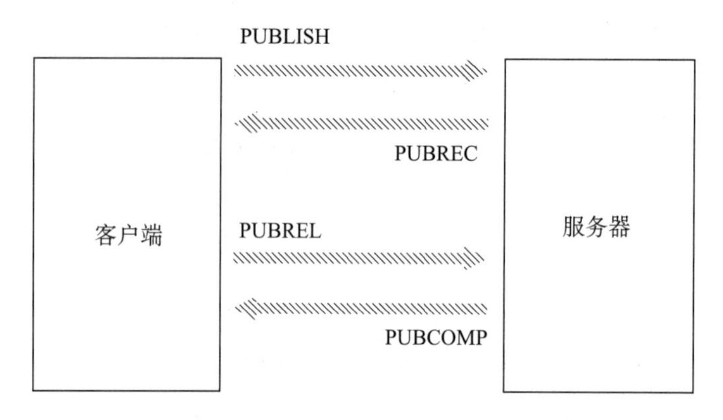

图 5-7　QoS2 客户端与服务器端通讯示例

3. QMQTT 的编译及使用

智能网关使用"C++"及 QT5.8 应用程序开发框架进行开发,但由于 QT5.8 官方库中不支持 MQTT 协议,所以采用 QMQTT 第三方库进行开发,需要在 windows 开发环境中编译安装 QMQTT 库,并解决其在使用中的错误,关键的操作如下。

①加载源码数据包。

②在 Qt Creator(一种跨平台的集成开发环境)中选择 release 版本进行编译。

③在项目或测试工程目录"qmqtt-test"下建立"lib 、mqtt"文件夹。

④将编译后的"lib"文件夹文件复制到测试工程目录下的"lib"文件夹。

⑤将编译后的 include(指在系统的标准库路径下加载这个文件)复制到 qmqtt(Qt 客户端开发包)源码文件夹下"src/mqtt"文件夹中,并将"src/mqtt"文件夹复制到测试工程目录"qmqtt-test"中的"mqtt"文件夹中。

⑥qtcreator 中添加"qmqtt - test"目录下"mqtt"中的"qmqtt. h"头文件和"mqtt/include/QtQmqtt/QtQmqttDepends"文件。

⑦qtcreator 添加库文件,库文件为"lib"目录下的". a"文件。

⑧工程文件中添加"#include"mqtt/qmqtt. h","pro"文件中添加 "network"。

⑨将报错的搜索不到头文件的"#include<>"改为"#include"。

4. QMQTT 库的交叉编译与移植

若在智能网关中运行 QMQTT 库开发的程序,需要对 QMQ 库进行交叉编译并且将其动态库移植到智能网关中,关键的操作如下:

①加载源码数据包;

②Qt creator 和重叠编译过版本的 qmacke(一个协助简化跨平台进行专案开发的构建过程的工具程式)、重叠编译工具链的 release 版本进行编译。

③把重叠编译目录文件下"llb"文件里的". so. 1. 0. 0"放到开发板的"/usr/lib"目录之下。

④建立软连接。

5. 数据传输模块实现

数据传输模块作为智能网关与服务器间沟通的桥梁,其设计需要保持数据传输的安全以及稳定,而且要兼顾服务器端的便捷性。首先,设计 Topic(主题)格式为“Device/”设备名,所有智能网关发送数据的 Topic 以“Device”开头作为一级 Topic,服务器端只要订阅“Device Topic”就能订阅所有的智能网关设备;其次,选用 QoS 级别为 1,即能保证数据的安全性以及可靠性,又能兼顾带宽和效率。数据传输模块通过 QTimer 定时器来控制发送的间隔时间;上传数据格式为 Json(对象简谱)格式,数据包括传感器的仪表读数以及分析计算结果;数据传输模块不仅作为上传数据的通道,并且作为服务器端下发指令到客户端的接口,客户端通过订阅“command/”设备名、服务器端通过发布“command/”设备名来对某设备下发指令。

(五)逻辑控制模块

逻辑控制模块是智能网关的核心,主要负责各个模块的调度,核心技术采用多线程实现,在主线程中开启各个模块的子线程,并完成各个子线程之间的通信与调度。首先,开启数据采集模块的子线程完成数据的采集;其次,调用循环神经网络计算模块来对采集的数据进行定时计算分析,数据采集模块与计算子线程之间通过共享内存来实现数据的共享与通信;再次,数据采集模块释放写入锁,由计算模块对共享内存加读取锁并读取数据,读取完毕后释放锁,计算完毕后将计算结果实时显示到 GUI 界面中;最后,计算模块在计算完毕之后,将计算结果作为信号值发送到 GUI 相应的显示槽函数中,GUI 界面显示并更新最新的计算结果,并将计算结果写入计算模块与持久化模块和数据传输模块的共享内存中,由持久化模块与数据传输模块分别读取共享内存数据并完成后续的相应操作。当计算结果为积液状态后,触发相应的逻辑控制,发送触发报警模块的信号到报警模块,实现蜂鸣器的报警功能。

(六)终端界面

为了更加方便智能终端的现场显示与使用,基于“C++”“QT”开发可视化交互界面,不仅对采集到的气井数据进行数据可视化,并且显示包括井口号、日期、瞬时流量、累计产量、井口压力、温度、积液状态等一系列结果如图 5-8 所示。为了更加直观与方便的展示历史数据的变化情况,对瞬时流量与压力进行折线图绘制;内置积液量计算方法,使现场工作人员可以随时随地的计算井下积液量。

Dialog
计算结果
井底流压(MPa)
井筒总积液量(Kg)
积液高度 (m)
药剂用量(Kg)
管鞋上积液量(Kg)
油管内径 (m)
井口油压(MPa)
AA
地面温度 (C)
井口套压(MPa)
地温梯度(C/100m)
摩阻系数
流体密度(Kg/m^3)
产层中部深度(m)
气井产量(万方/天)
完钻井深 (m)
油管下深 (m)
套管内径 (m)
临界胶束浓度(%)
排液强度 (%)
1 2 3
4 5 6
7 8 9
删除 0 .
确定 退出

图 5-8 网关计算界面

为了更好的服务于现场工作人员，智能终端的边缘计算节点中添加了报警模块，当边缘计算中的循环神经网络算法判断气井已经积液后，触发蜂鸣器发出声音警报，提示现场工作人员及时查看状况。

(七)基于网关的深度功能开发

1.气井井筒积液特点分析

在气井开发中后期，气井产水量加大，井底发生积液情况，井底液体流回，压力加大致使气井产能减少，严重时可让井停止生产。因此，气井积液预测对气田的高效持续生产至关重要。然而，气井积液预测是一个耗费时间且十分复杂的问题，提升气井积液预测准确性并采取相应措施延长气井生产周期是首要的。有学者提出一种基于循环神经网络(GRU)的气井积液预测方法。在此项研究中，GRU 被应用于传统方法中的数学公式预测任务中，并通过将气井生产工况中的物理参量转换为一个时间序列实现气井积液预测问题的求解，此外，对基于 GRU 的气井积液预测新方法进行性能评估，并与传统方法的性能进行对比，以展示它在气井积液预测任务上突出的能力。

气井积液的准确预测在气田的持续生产开发中起着至关重要的作用。井筒积液现象受气温、压力等多方面因素影响，预测工作十分艰巨。一般来说，目前的气井积液预测模型主要物理模型，它在较为复杂的预测问题上，预测准确度仍然保持较高水平，但是多维数据间的结构关联依旧很难挖掘。传统上，气井积液预测通过临界气速计算、工作人员经验来实现，为了提升准确率和减少人力劳动，需要提出一种准确率高且自动化的方法来对气井积液情况进行预测。大规模的气井时序性生产数据使得循环神经网络成为适用于气井积液预测问题的首选模型，机器学习在处理时序问题上表现出令人满意的效果。

初步结果表明，本方法比传统方法预测结果更精准，预测过程中的操作简易，在实际生产中能够起到更加显著的作用。

2. 井下积液问题研究现状

气井积液预测一直是气井生产领域的重点研究问题之一。早期研究气井积液这一问题的专家，是将气井开始积液时的最小的流速及对应的流量分别命名为气体携液临界流速和临界流量，通过对这两个新概念的求解及应用判定气井积液的真实情况，由此衍生出三类效果显著的预测方法。

在第一类方法中，以特纳首次提出的液滴运动模型为基础模型，假设在高气液比条件下，液滴在被高速气体携带时呈圆球形，推导临界流速计算公式用于气井积液的预测。在此基础上，纳赛尔对雷诺数范围进行调整，还有学者通过最低动能理论及四相流动模型的整合，加入 1.2 的流动系数，推导出与液滴模型拽力大小及公式系数不同的新模型，以针对气井不同流态的积液情况预测。然而，新旧模型在低气液比的产液气井的预测应用中均表现低迷。此外，气井内液滴形态的无规律变化对于此类方法的准确预测也形成了较大的阻碍。

第二类方法以特纳提出的另一个基础模型——液膜运动模型为基础，包括阿尔萨从管道倾角、管径对携液临界气量的实验模型研究方法、刘晓倩基于段塞流液膜建立动量及连续性方程建立的预测新方法，以及针对于环状流的最小界面剪切力的计算模型。以符合实际生产需求为首要任务，这些方法开展大量实验，表现良好，但这些方法所依据的液膜反转理论研究较少，从早期的经验法则到现在的实验证实均缺乏强大的理论支撑，不具备较强的说服力。

第三类方法通过研究井筒积液与气井生产压差的相关性，认为气井积液与生产稳定性存在某种联系，基于统计和节点分析方法，对压差和流速的变化进行分析，确定气井积液临界节点。有学者以压力梯度、管道倾角和弗劳德数为出发点，先后进行斜井段、间歇流等特殊气井环境下的模拟实验研究；杨文明等人针对存在井斜角的产液气井，提出了新型临界产量的预判的模型——杨文明模型。然而，这些方法中反复出现的“最小压力点”在不同模型中并不一致，备受争议。此外，瞬时变化的气井积液过程中的大部分数据难以耦合、难以获取的地层参数导致此类方法的适用性范围难以界定，在现场应用中无法大范围使用。

基于以上的研究分析，建立传统物理模型的气井积液预测模型，在时间和人力方面均会产生巨大且不合理的投入。此外，气井生产中无法预料的物理变化可能导致建立的物理预测模型没有实用价值，造成大量的资金亏损。算力的提升和硬件的发展增加了利用人工智能领域的最新成果高效解决气井积液问题的可能性。一些机器学习技术已被证实其在气井积液预测问题上的高效准确性，例如，栾国华等人提出的基于人工神经网络的气井积液预测方法，应用三层 BP 神经网络构建分类器，通过多次迭代计算推导产层深度、井口压力、产气量、产油量与气井积液状态的非线性关系，在现场应用中表现良好；王浩儒和王芳芳分别提出基于 RBF 神经网络的井筒流动工况预测方法和气井积液预测模型，以机器学习和数学算法的结合替代传统预测模型，其优秀的预测能力在实际生产中被证实。然而，临界气流量仍作为判断指标存在于这些方法中，未完全摆脱气井中无规律物理变化的影响，此外，网络结构简单导致气井生产数据中复杂的结构关联挖掘存在难度，模型鲁棒性较低，现场大范围使用中存在诸多不便。

3.基于机器学习的气井积液预测方法

①方法描述。积液问题对天然气的生产开发有非常大的影响，精确地预测气井积液对于气井合理高效的开发至关重要。近年来，机器学习飞速发展，在广泛的领域中取得了重要的成就。在分类问题中，机器学习(集成学习)中的各种分类器表现相当优异，分类器之间相互搭配显著提高了分类的准确率与预测的准确性。因此，有学者提出了基于集成学习预测气井积液的新方法，并将其嵌入到智能网关中，实现了在边缘层对井下积液情况进行预测。

气井积液机器学习模型训练过程主要分为 6 个步骤：收集数据和数据清洗、特征向量提取、数据预处理、基分类器设计、模型聚合、对比验证。

②特征向量提取。研究对象为液滴，模型理论基础采用的是特纳的液滴模型理论，假设液滴在气流中是光滑、刚性的理想球形颗粒，其受力示意图如图 5-9 所示。

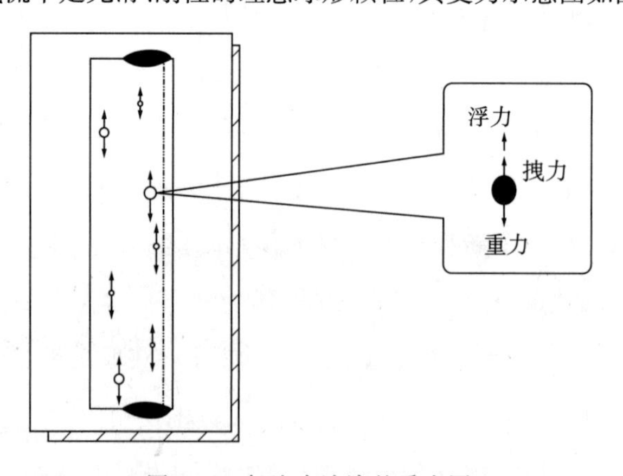

图 5-9　气流中液滴的受力图

综上所述，选择的特征向量（输入层的参数）有：井口压力、井深、产液量、产气量、油管尺寸。输出参数（标签）为气井的真实状态。为了方便实现机器学习算法，把输出参数抽象为数字："－1"代表气井未积液，"0"代表气井临界积液，"1"代表气井已积液。计算公式如下：

$$V_g=\frac{\sqrt{4(\rho_l-\rho_g)gd_p}}{3C_d\times\rho_g}$$

式中：d_p——液滴直径（m）；

p_l——液滴密度（kg/m³）；

p_g——气体密度（kg/m³）；

C_d——拽力系数，无因次；

V_g——气流速度（m/s）。

③数据预处理。对于原始数据集来说，无法避免由于某种原因造成的缺失值、无效值、重复值等噪声。针对这一问题，出现了数据清洗这种处理脏数据的手段，目的在于纠正或清除错误值。

由于现场数据各特征的范围、精度和量纲不一致，在进行训练之前数据需要进行预处理。常用下面的公式进行数据预处理。得到的结果是，对于每个属性/每列来说所有数据点的均值为0，方差为1。然后，对数据集进行随机划分，分为训练集、测试集。

$$y_i=\frac{x_i-\overline{x}}{s}$$

$$\overline{x}=\frac{1}{n}\sum_{i=1}^{n}x_i$$

$$s=\sqrt{\frac{1}{n-1}\sum_{i=1}^{n}(x_i-\overline{x})^2}$$

式中：y_i 表示输出的值，x_i 表示单个数据，$\overline{x}$表示平均值，n 表示数据 x 数目，s 表示标准差。

④模型设计。完成数据的预处理之后，为了得到最优的气井积液预测模型，选用性能较好的3个分类器算法：随机森林、Extra Trees（极限树）、Bagging（引导聚集），并且针对每种算法都通过 Grid Search CV（网格搜索）网格搜索的方式得到最优参数并形成基分类器，如图5-10所示。

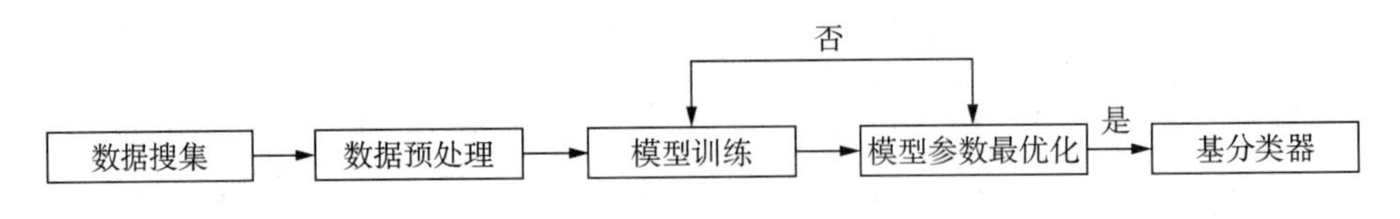

图 5-10　基分类器技术路线图

Voting Classifier(投票分类器)分为两种投票聚合方式:一种是直接输出类标签,另外一种是输出类概率。使用前者进行投票叫做硬投票,使用后者进行分类叫做软投票。在少数服从多数的硬投票中,投出的结果表明大多数模型认同的结果。如果 5 个分类器对 1 个给定的样本的预测是这样的:

分类器 1—> 类型 1

分类器 2—> 类型 2

分类器 3—> 类型 2

分类器 4—> 类型 1

分类器 5—> 类型 2

基于少数服从多数的原则,最终的投票结果会把这个样本归类到类型 2。

如果 5 个分类器对 1 个给定的样本的预测是这面这种情况:

分类器 1—> 类型 1:99%　　类型 2:1%

分类器 2—> 类型 1:49%　　类型 2:51%

分类器 3—> 类型 1:40%　　类型 2:60%

分类器 4—> 类型 1:90%　　类型 2:10%

分类器 5—> 类型 1:30%　　类型 2:70%

类型 1:(99%+49%+40%+90%+30%)/5=61.6%

类型 2:(1%+60%+51%+10%+70%)/5=38.4%

最终的投票结果会把这个样本归类到类型 1。综上所述,鉴于两种算法的优劣,采用软投票的方式对子模型进行聚合。

⑤准确率对比。对于气井积液预测问题,各个机器学习模型表现都非常优异,由表 5-7 可知,各个分类器中准确率最高的是 Extra Trees,准确率为 90.1%;并且还可以看出,经过机器学习聚合之后的分类器模型比其他单一模型的准确率都要高。所以,集成学习算法比其他机器学习算法更加适合解决预测气井积液问题。

表 5-7　模型分类准确率

模型名称	训练集准确率(%)	测试集准确率(%)
SVC	99.7	85.0
Random Forest	100	90.0
Extra Trees	99.0	90.1
Ada Boost	89.7	89.4
Bagging	98.8	89.8
KNN	89.8	88.5
Soft Voting	99.8	94.6

由于大多数的模型都是建立在“液滴模型”的基础上,研究对象都是以液滴为基准,没有充分考虑到液膜对于气井积液的影响,不能完全准确地解释及预测气井积液问题。随着人工智能的高速发展,运用人工智能的机器学习算法进行气井积液预测,从现场实际生产数据入手避开液膜问题,可以更加准确的预测气井积液问题。

⑥模型应用。为了更好地体现该技术方案和优点,以本行业著名的特纳气井积液模拟试验和试验为例,进行对比展示(见表 5-8)。设定“-1”代表气井未积液,“0”代表气井临界积液,“1”代表气井已积液。

表 5-8　气井积液预测对比结果表

井深(m)	井口压力(Mpa)	产液量(m^3/min)	油管尺寸(m)	产气量(m^3/d)	实测状态	Turner 模型预测结果	本模型预测结果
1951.94	5	0.95	0.062	21945.68	0	0	0
2054.05	2.76	2.86	0.051	11808.19	0	1	0
1990.04	0.74	3.5	0.052	16084.06	0	-1	0
2042.16	3.72	3.34	0.051	20161.7	0	-1	0
2063.5	3.1	1.8	0.051	12516.11	0	-1	0
3413.76	24.87	5.95	0.051	43183.43	1	-1	1
3413.76	23.68	5.95	0.051	82855.54	-1	-1	-1
3456.43	25.23	5.85	0.051	105509.14	-1	-1	-1
3479.6	23.03	20.8	0.076	73935.69	1	-1	1
3479.9	24.41	18.05	0.062	51367.04	1	0	1
3482.64	24.3	17	0.051	50744.06	1	-1	1
3482.64	23.94	17	0.051	72831.32	-1	-1	-1
3461	23.01	18.7	0.062	64024.74	1	-1	1
3461	21.32	18.7	0.062	94890.27	-1	-1	-1

续表

井深 (m)	井口压力 (Mpa)	产液量 (m^3/min)	油管尺寸 (m)	产气量 (m^3/d)	实测状态	Turner 模型预测结果	本模型预测结果
3471.67	23.82	16.58	0.051	78409.77	−1	−1	−1
2648.71	25.27	10.86	0.062	71981.81	1	−1	1
2648.71	24.92	10.86	0.062	110153.13	−1	−1	−1
2694.43	22.15	8.71	0.062	72123.4	1	−1	1
2694.43	20.86	8.71	0.062	98316.62	−1	−1	−1
3611.88	51.06	1.72	0.062	196689.88	−1	−1	−1
3611.88	56.64	1.72	0.062	98316.62	1	−1	1
2132.08	15.35	2.85	0.051	55473	−1	−1	−1
1680.97	10.96	2.08	0.101	85205.85	1	1	1
1680.97	10.48	2.08	0.101	117515.55	−1	−1	−1
2239.06	12.65	4.48	0.051	245565.02	−1	−1	−1
2239.06	16.69	4.48	0.051	188421.32	−1	−1	−1
2239.06	18.65	4.48	0.051	145436.11	−1	−1	−1
2239.06	19.95	4.48	0.051	110917.69	−1	−1	−1
2731.92	34.86	1.42	0.051	95598.19	−1	−1	−1
2731.92	34	1.42	0.051	136771.11	−1	−1	−1
2731.92	33	1.42	0.051	176160.06	−1	−1	−1
2731.92	31.54	1.42	0.051	220646.06	−1	−1	−1
1613.61	13.11	4.91	0.051	32224.75	−1	−1	−1
1613.61	11.98	0.14	0.051	48478.7	−1	−1	−1
1613.61	10.2	0.14	0.051	70027.94	−1	−1	−1
1613.61	8.59	0.14	0.051	83959.91	−1	−1	−1
1595.32	13.07	8.6	0.051	50885.65	−1	−1	−1
1595.32	12.83	8.6	0.051	70849.13	−1	−1	−1
1595.32	12.3	8.6	0.051	97976.82	−1	−1	−1
1595.32	11.58	8.6	0.051	125699.16	−1	−1	−1
2328.37	19.4	0.68	0.044	45193.93	−1	−1	−1
2328.37	10.91	0.68	0.044	68612.09	−1	−1	−1
2328.37	14.51	0.68	0.044	101884.57	−1	−1	−1
2328.37	10.86	0.68	0.044	124877.97	−1	−1	−1
2278.38	19.19	0.54	0.044	83223.66	−1	−1	−1

续表

井深（m）	井口压力（Mpa）	产液量（m^3/min）	油管尺寸（m）	产气量（m^3/d）	实测状态	Turner 模型预测结果	本模型预测结果
2278.38	18.31	0.54	0.044	117232.38	−1	−1	−1
2278.38	16.59	0.54	0.044	164804.94	−1	−1	−1
2278.38	15.2	0.54	0.044	194566.11	−1	−1	−1
2300.02	17.75	0.75	0.044	55019.93	−1	−1	−1
2300.02	15.33	0.75	0.044	82402.47	−1	−1	−1
2300.02	12.68	0.75	0.044	105962.21	−1	−1	−1
2300.02	10.4	0.75	0.044	127001.75	−1	−1	−1
2363.11	18	0.87	0.051	97297.21	−1	−1	−1
2363.11	17.42	0.87	0.051	126605.31	−1	−1	−1
2487.78	17.62	1.22	0.051	43891.35	−1	−1	−1
2487.78	16.65	1.22	0.051	51083.87	−1	−1	−1
2487.78	14.82	1.22	0.051	67536.05	−1	−1	−1
2487.78	12.17	1.22	0.051	83506.83	−1	−1	−1
2295.45	5.24	14.5	0.062	35311.3	1	−1	1
2295.45	4.85	11.51	0.062	37180.22	1	−1	1
2295.45	5.67	8.43	0.062	38397.85	1	−1	1
2295.45	7.6	7.93	0.062	38652.71	1	−1	1
2295.45	3.81	7.54	0.062	45505.42	0	−1	0
999.13	2.17	1.59	0.188	162539.58	1	−1	1
999.13	2.91	1.59	0.188	110153.13	1	1	1
999.13	3.16	1.59	0.188	78721.26	1	1	1
999.13	3.34	1.59	0.188	46383.25	1	1	1

由表可以看出：

①本算法的预测结果明显优于传统的 Turner 气井积液预测方法，与实际观测的积液状况对应程度更高。所以，该方法不仅简化了传统的复杂机理研究，而且气井积液预测的结果较高，为气田的高效开发和整体的决策部署提供了有效的理论支撑和合理指导。

②液滴模型的应用条件是气井井筒的流型需要接近雾流，井筒中存在大量的单液滴，不能有大量的碰撞、聚集或分离，否则会导致气流中液滴形状的变化，阻力系数随之变化，进而导致气井临界流量模型计算结果的偏差。根据液体破碎机理，进入井筒的水会破碎液滴。在空气动力、表面张力和粘性力的共同作用下，进入井

筒的液滴会破裂和变形。根据瑞利-泰勒不稳定性理论，第一次断裂后，液滴表面在气动力作用下发生分裂，形成丝状和带状液滴；根据耗散粒子动力学，液滴的形状将发生振荡和变化。然而，当压力较低时，雾化液滴会与较大尺寸的液滴结合。由于存在速度松弛现象，小液滴的速度衰减为较大液滴的速度，小液滴到达井口的时间相对较晚，造成了液滴模型在低压下的判断误差。

4.基于卷积神经网络的气井积液判断方法

边缘层的基于集成学习的气井积液预测方法以设定一定小时为间隔的气井积液情况作为判断和监督的依据，存在一定的片面性，不利于气田排水采气作业设计和管理。其实时判别仅仅只是某一时间点的气井积液状况，会导致预测结果在时间维度上片面性较强，需要对于气井的积液状况做出更加具体和充分的判断。同时由于气田的地层能量是相对稳定的，但是储层的物性参数和流体的渗流变化从较低时间级上可能存在较大的差异性，不利于指导后期的排水采气作业筹备和实施工作，因此提出了基于卷积神经网络预测气井积液的新方法实现云端层深度学习图像判断，即将日产量及井口压力绘制而成的图像作为数据输入进卷积神经网络中，通过卷积层、池化层、全连接层、“SoftMax”函数对图像进行积液判别分析。卷积神经网络通过不断学习积液井与非积液井数据图像的特征差异性，并结合边缘层集成学习实时气井积液判别结果，从而更加准确高效地判别气井工况状态。

①方法描述。卷积层(特征提取层)中卷积核利用局部感受野和权值共享原理，大大减少了深层网络占用的内存量和计算量，卷积核进行卷积运算实现对图像进行特征提取；每个具有相同结构的卷积核与输入数据进行局部卷积之后，将结果用激活函数进行非线性映射，得到输入数据的局部特征，卷积核会根据设定的步长不断在图像上进行平移以完成对整个图像的特征采集工作；卷积运算可使原始图像的某些特征增强，并且降低噪声(如图 5-11)，卷积层的计算公式如下：

$$X_j^l = f\left(\sum_{i \in M_j} X_i^{l-1} * K_{ij}^l + b_j^l\right)$$

式中：X_j^l——第 l 层中第 j 个特征映射的激活值；

$f(x)$——非线性激活函数；

M_j——经过选择后的输入特征；

X_i^{l-1}——第 l 层第 j 个局部感受域；

“$*$”——卷积算子；

K_{ij}^l 与 b_j^l——权重矩阵与偏置值。

为了更好地对复杂特征进行学习，卷积神经网络中加入了非线性的激活函数，进一步增强对复杂特征的区分度，采用“ReLU”函数作为激活函数，“ReLU”的运算表达式如下：

$$f(x)=\max\{0,x\}$$

当 x>0 时，ReLU 的梯度恒等于 1，不存在梯度消失问题；当 x<0 时，输出值恒等于 0，增加了网络的稀疏程度，有助于加速网络训练。

0	0	0	0	0	0	0
0	0	1	1	2	2	0
0	0	1	1	0	0	0
0	1	1	0	1	0	0
0	1	0	1	1	1	0
0	0	2	0	1	0	0
0	0	0	0	0	0	0

0	0	0	0	0	0	0
0	1	1	1	2	0	0
0	0	2	1	1	2	0
0	1	2	0	0	2	0
0	0	2	1	2	1	0
0	2	0	1	2	0	0
0	0	0	0	0	0	0

0	0	0	0	0	0	0
0	1	0	2	0	2	0
0	0	0	1	2	1	0
0	1	0	2	0	1	0
0	2	0	2	0	0	0
0	0	0	1	1	2	0
0	0	0	0	0	0	0

-1	-1	0
-1	1	0
-1	1	0

1	-1	0
-1	0	-1
-1	0	0

-1	0	1
1	0	1
0	-1	0

1

-1	-1	0
-1	1	0
-1	1	0

1	-1	0
-1	0	-1
-1	0	0

-1	0	1
1	0	1
0	-1	0

0

1	0	-3
-6	1	1
4	-3	1

-1	-6	-4
-2	-3	-4
-1	-3	-3

图 5-11　卷积操作示意图

池化运算可在进行特征降维的同时有效保证池化运算后的特征不变，从而对加快计算速度并防止网络过拟合，如图 5-12 所示。

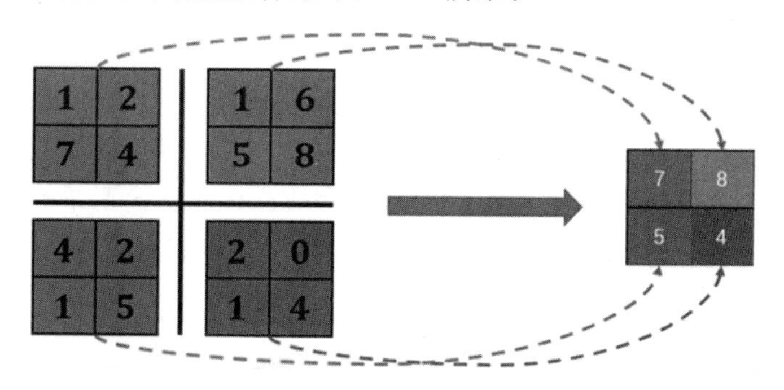

图 5-12　最大池化示意图

卷积神经网络中，输入图像经过多层的卷积层与池化层之后，最终输入进网络最尾部的全连接层，全连接层中两层之间所有神经元都有权重连接，并且有激活函数进行非线性映射，以便将所有的特征进行整合，更好地进行分类，全连接层结构如图 5-13 所示。

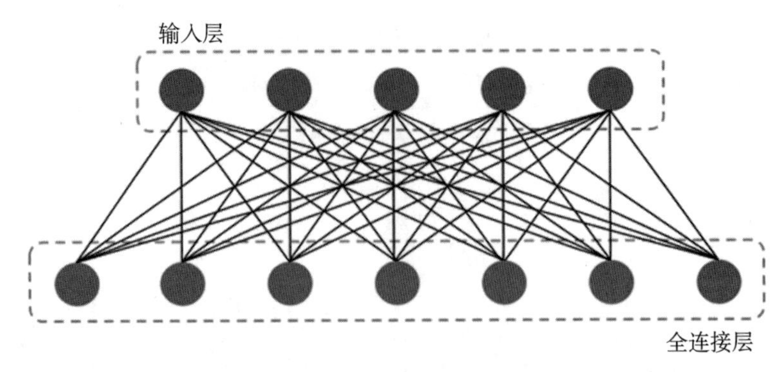

注：圆圈表示不同的特征，实线表示不同的非线性映射，虚线表示同层示意

图 5-13　全连接层示意图

全连接层对所有特征进行整合之后，需要输出层根据全连接层的结果对图像进行最终分类，此时的输出层也叫做分类器，采用"Softmax"函数作为多分类问题的最后输出单元，Softmax 的运算表达式如下：

$$S_i=\frac{e^{V_i}}{\sum_i^C e^{V_i}}$$

式中：Si 第 i 个节点的 $Softmax$ 函数；

Vi 为第 i 个节点的输出值；

C 为输出节点的个数表示。

e 为数学常数，约等于 2.71828

②层次结构设计。针对气田生产中普遍存在的井下积液问题，依据现场普遍积液规律，提出基于卷积神经网络的气井积液预测的新方法，如图 5-14 所示。网络通过卷积层提取生产图像特征，经由池化层缩小矩阵尺寸，然后全连接层对所有特征进行整合并通过 Softmax 函数进行分类，实现依据生产图像判别气井积液情况；同时，在卷积层与全连接层引入激活函数，将线性函数转换为非线性函数，增强网络的逼近能力。

为了防止过拟合的情况发生，影响网络的泛化能力与准确率，在全连接层使用(随机失活操作)，每次训练时首先随机隐藏网络中一部分神经元，更新剩下神经元的权值，并不断重复这一操作，直至网络训练完成。该网络模型结构简单，大幅度减少网络的计算量和训练时间，泛化能力强，能够有效的识别积液井。

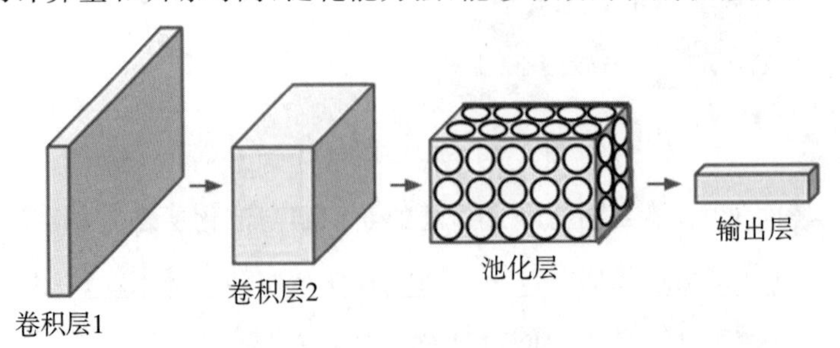

图 5-14　卷积神经网络层次结构设计

③数据集及预处理。数据集由几万张气井实际生产图像构成，图像分辨率为400×300，RGB通道数为3，数据集图像由某气田的生产数据报表制作而来。生产图像数据主要包含一段时间内的日产量与井口压力。通过实验表明，以单井连续14天的数据制作成图像判别积液效果最佳。

首先，将图像解码为矩阵张量，然后采用插值算法将图像大小调整为100×75；其次，将RGB三通道彩色图像转换为一通道灰色图像；最后，对矩阵进行归一化，有效减小了输入张量的大小及神经网络的宽度，加速神经网络的训练速度。

④模型训练。整个卷积神经网络的构建及训练基于Python语言和TensorFlow神经网络框架，训练集与验证集的比例为7∶3，网络总迭代次数“Epoch”设置为150次，学习率为0.0005，采用分批次训练的方式，每次训练随机不重复的选取50张图片输入网络，得到其训练准确率曲线及交叉熵损失曲线，如图5-15、图5-16所示。图像表明准确率训练次数在1500次以前上升趋势明显，之后准确率稳定在0.98左右，交叉熵损失一直呈下降趋势，训练次数为8700次时最小，达到0.005。

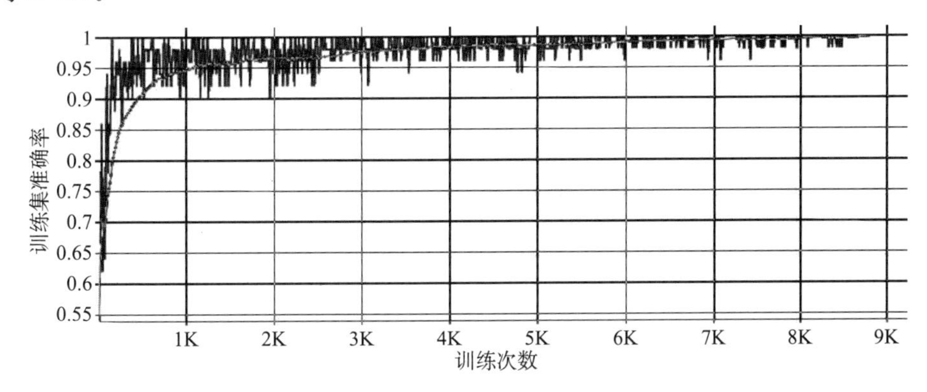

图5-15　训练集准确率图像

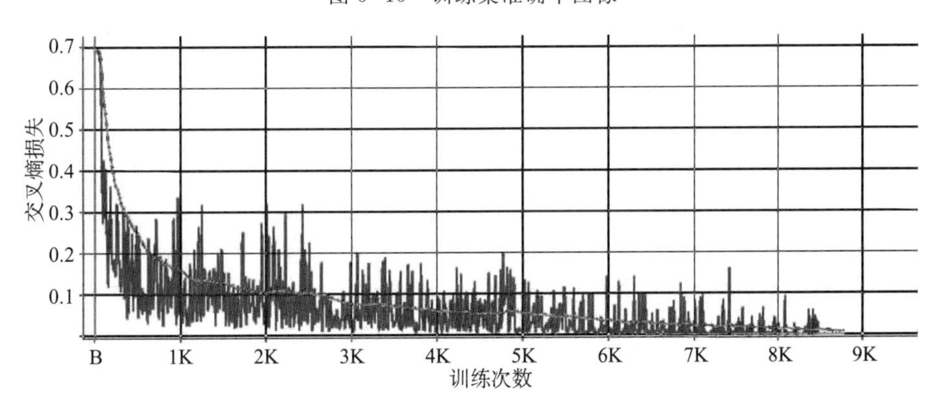

图5-16　交叉熵损失图像

网络训练完毕后，需要对网络性能进行评估，将验证集输入进训练好的网络中，验证集准确率达到 0.98，训练集与验证集准确率相差很小，说明此网络不存在过拟合，网络性能良好，能够非常准确地对气田生产数据图进行气井积液预测。

⑤模型应用。为了更好地验证与应用卷积神经网络模型，以某区块某气井的历史生产数据为例，利用建立的卷积神经网络模型对此生产井数据进行分析，以训练集和测试集的气田中一个区块编号为 2016 号的气井作为待预测气井，获取该待预测气井 2012 年 10 月至 2013 年 1 月的历史生产的日产气量的数据和井口油压的数据，生成一张该待预测气井的预处理图片输入所得训练完毕的卷积神经网络模型，其输出预测结果为积液或非积液，并与椭球型模型和球帽模型的判别结果进行对比分析，如 5-17 所示。

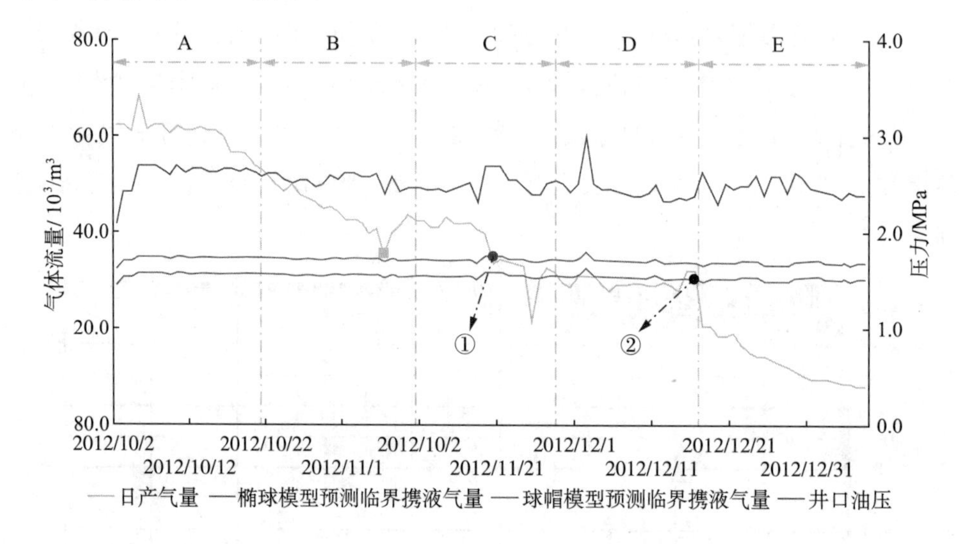

图 5-17　生产数据及临界携液流量曲线图

从图像中可以得出，椭球模型、球帽模型的气井临界携液产气量曲线与实际产气量曲线分别交于①②两个点，从二者的积液判断机理来讲，交点之后井筒已经出现积液情况，需要排水采气作业措施。从结果上来说，椭球型积液模型从时间上更早的判断出气井积液从而能够更早的开展排液措施，避免了井底积液对气田开发的影响，所以是要优于球帽型积液模型对气井积液的判断。在运用本章的基于卷积神经网络的气井积液判断方法的输出预测结果是 A 和 D 段部分气井未积液，B、C 和 E 端均积液，D 端的气井积液判断出现了偏差的。造成偏差的原因是 2012 年 11 月 25 日至 2012 年 12 月 5 日进行了排液措施，排出大量井底积液，产气量的稳定性得到了一定程度的恢复，从而导致判断结果的失误，但是对照椭球型的预测结果，该方法从积液判断时机上来讲要优于椭球型积液模型判断，更加有利于排水采气工艺的作业时机，同时配合互联网软硬件的应用可以更好地实现对出水气井的管理，从而提高气田的开采效率。

本章学习小结

本章主要介绍了基于嵌入式开发板的GPS定位模块和基于嵌入式的气井智慧边缘网关，其中涉及到模块解析、关键编程代码和机器学习算法。通过本章的学习，学生不仅要把相关的基础理论知识掌握好，同时也要进行实操训练，达到理论和实践相结合的目的。

课后习题

1. 简述基于嵌入式开发板的GPS定位模块总体系统结构？

2. 油气田生产与管理数字化体现在哪些方面？

参 考 文 献

1. 白尚懿,杨小亮,何生兵,等．自动化钻机管柱处理系统研究现状与发展趋势[J]. 机械研究与应用,2020,33(5):203-207.

2. 李根生,宋先知,田守嶒．智能钻井技术研究现状及发展趋势[J]. 石油钻探技术,2020,48(1):1-8.

3. 沈忠厚,黄洪春,高德利．世界钻井技术新进展及发展趋势分析[J]. 中国石油大学学报(自然科学版),2009,33(4):64-70.

4. 沈忠厚,王瑞和．现代石油钻井技术 50 年进展和发展趋势[J]. 石油钻采工艺,2003(5):1-6+93.

5. 郭晓霞,李磊,周大可．2020 国外油气钻井技术进展与趋势[J]. 世界石油工业,2020,27(6):55-60.

6. 潘一,徐明磊,郭永成,等．智能钻井液的化学体系及辅助系统研究进展[J]．精细化工,2020,37(11):2246-2254.

7. 王敏生,光新军．智能钻井技术现状与发展方向[J]. 石油学报,2020,41(4):505-512.

8. 王茜,张菲菲,李紫璇,等．基于钻井模型与人工智能相耦合的实时智能钻井监测技术[J]. 石油钻采工艺,2020,42(1):6-15.

9. 王一鸣．现代石油钻井技术 50 年进展和发展趋势[J]. 中国高新技术企业,2015(22):152-153.

10. 吴竞择,罗肇丰．90 年代以来钻井技术进展与发展趋势[J]. 西南石油学院学报,1997(2):97-104.

11. 闫铁,许瑞,刘维凯,等．中国智能化钻井技术研究发展[J]. 东北石油大学学报,2020,44(4):15-21+6.

12. 杨建云．世界钻井技术新进展及发展趋势分析[J]. 化工管理,2015(8):175.

13. 于兴军,景佐军,智庆杰,等．自动化钻机向智能化发展的关键技术分析[J]. 石油矿场机械,2020,49(5):1-7.

14. CARPENTER, CHRIS. *Intelligent Drilling Advisory System Optimizes Performance*[J]. *Journal of Petroleum Technology*,2020,72(2).

15. DONGQIU XING, LIHUA QI, JING ZHAO, et. al. *The design of computer controlled ground information transmission down platform in drilling*[J]. MATEC Web of Conferences, 2020, 309.

16. HONGZHI HU, QUANJIN TENG, FANG GUAN, et. al. *Four-dimensional dynamic force measurement system for micro-deep hole drilling*[J]. Electronics Letters, 2020, 56(8).

17. JACKSON M, ALI M, RAMBALLY V. *The future of drilling automation: transforming a vision into reality* [EB / OL]. (2020—07—07) [2020—10—12]. https://www.drillingcontractor.org/the-future-of-drilling-automation-transforming-avision-into-reality-57036.org/at-bit-steerable-system-enables-single-trip-verticalcurve-and-lateral-drilling-in-north-american-shales-55410.

18. STEVENS R. *Using the drill bit as a sensor* [J]. Coiled tubing drilling, 2019 (2): 54-56.

19. TEWARI SAURABH, *Dwivedi Umakant Dhar, Biswas Susham. Intelligent Drilling of Oil and Gas Wells Using Response Surface Methodology and Artificial Bee Colony*[J]. Sustainability, 2021, 13(4).

20. 程亚敏，李艾玲，马玉琪，等. 石油开采三次采油技术应用现状及发展展望[J]. 广州化工，2017，45(7)：1-2+13.

21. 侯兆伟，李蔚，乐建君，等. 大庆油田微生物采油技术研究及应用[J/OL]. 油气地质与采收率，2021，28(2)：10-17.

22. 康文刚. 油田开发中后期的采油工程技术优化探讨[J]. 中国石油和化工标准与质量，2021，41(1)：160-162.

23. 林军章，汪卫东，胡婧，等. 胜利油田微生物采油技术研究与应用进展[J]. 油气地质与采收率，2021，28(2)：18-26.

24. 刘广军. 抽油机采油系统节能技术解析[J]. 化学工程与装，2020(12)：130+117.

25. 刘广军. 螺杆泵采油工艺及配套技术[J]. 化学工程与装备，2020(12)：131+99.

26. 刘合，郑立臣，杨清海，等. 分层采油技术的发展历程和展望[J]. 石油勘探与开发，2020，47(5)：1027-1038.

27. 刘义刚，靳晓霞，肖丽华，等. 强化混凝技术用于处理含聚采油废水的优化研究[J]. 工业用水与废水，2019，50(5)：9-12+17.

28. 罗平亚．关于大幅度提高我国煤层气井单井产量的探讨[J]. 天然气工业,2013,33(6):1-6.

29. 尚文利,郑东梁,刘贤达,等．采油综合应用管理系统关键技术[J]. 自动化与仪表,2018,33(5):9-13.

30. 汪卫东．微生物采油技术研究进展与发展趋势[J]. 油气地质与采收率,2021,28(2):1-9.

31. 王宇,王琦．水下立式单通道采油树技术特点[J]. 海洋工程装备与技术,2020,7(4):239-243.

32. 张卫刚,郭龙飞,胡瑞,等．边底水油藏低含水采油期合理开发技术政策探讨[J]. 重庆科技学院学报(自然科学版),2018,20(6):43-46.

33. 张志坚,黄熠泽,闫坤,等．低渗透油藏渗吸采油技术进展与展望[J]. 当代化工,2021,50(2):374-378.

34. 赵玲玲．采油工程技术的发展趋势[J]. 化学工程与装备,2021(2):202+198.

35. ALADE OLALEKAN S., AL SHEHRI DHAFER, MAHMOUD MOHAMED, et. al. A novel technique for heavy oil recovery using poly vinyl alcohol (PVA) and PVA-NaOH with ethanol additive[J]. Fuel, 2021, 285.

36. HAMIDI HOSSEIN, SHARIFI HADDAD AMIN, WISDOM OTUMUDIA EPHRAIM, et. al. Recent applications of ultrasonic waves in improved oil recovery: A review of techniques and results[J]. Ultrasonics, 2021, 110.

37. JIANG JIANXUN, DU JINGGUO, WANG YONGQING, et. al. Improved Model for Characterization of Fractalfeatures of the Pore Structure in a High-rank Coalbed Methane Formation [J]. Chemistry and technology of fuels and oils, 2019, 55(9): 323-334.

38. TURNER RG, HUBBARD MG, DUKLER AE. Analysis and prediction of minimum flow rate for the continuous removal of liquid from gas wells[J]. Journal of Petroleum Technology, 1969, 21(11): 1475-1482.

39. COLEMAN SB, CLAY HB, MCCURDY DG, et al. A new look at predicting gas-well load-up[J]. Journal of Petroleum Technology, 1991, 43(3): 329-333.

40. 李闽,郭平,谭光天．气井携液新观点[J]. 石油勘探与开发,2001,28(5):105-106+10-0.

41. 王毅忠,刘庆文. 计算气井最小携液临界流量的新方法[J]. 大庆石油地质与开发,2007,26(6):82-85.

42. SHI J T, SUN Z, Li X F. Analytical models for liquid loading in multi-fractured horizontal gas wells[J]. SPE Journal, 2016, 21(2): 471-487.

43. WANG Z B, GUO L J, WU W, et al. Experimental study on the critical gas velocity of liquid-loading onset in an inclined coiled tube[J]. Journal of Natural Gas Science & Engineering, 2016, 34: 22-33.

44. WALLIS G B. One-dimensional two-phase flow[M]. New York: McGraw-Hill, 1969.

45. BARNEA D. Transition from annular flow and from dispersed bubble flow—unifed models for the whole range of pipe inclinations[J]. International Journal of Multiphase Flow, 1986, 12(5): 733-744.

46. SHEKHAR S, KELKAR M, HEARN W J, et al. Improved prediction of liquid loading in gas wells[J]. SPE Production & Operations, 2017, 32(4): 1-12.

47. WANG Z B, GUO L J, ZHU S Y, et al. Prediction of the critical gas velocity of liquid unloading in a horizontal gas well[J]. SPE Journal, 2018, 23(2): 1-16.

48. OUDEMAN P. Improved prediction of wet-gas-well performance[J]. SPE Production Engineering, 1990, 5(3): 212-216.

49. LEA J F, NICKENS H V, WELLS M R. Gas well deliquification[M]. Amsterdam: Elsevier Press, 2003

50. 栾国华,何顺利,舒绍屹,等. 应用人工神经网络方法预测气井积液[J]. 断块油气田,2010,17(5):575-578.

51. 王芳芳. 采用径向基函数神经网络预测气井井筒积液[D]. 成都:西南石油大学, 2014.

52. KAI JUN LIU, JINGGUO DU, XINAN YU, et al. A Novel Method for Fluid Accumulation Prediction in Gas Wells Based on an Integrated Learning Environment[J], Fresenius Environmental Bulletin, 2020, 29(8): 6724-6731.

53. 王浩儒,李祖友,鲁光亮,等. 基于 RBF 神经网络的井筒流动工况预测[J]. 油气藏评价与开发, 2018, 8(6): 28-32.

54. GUOHUA LUAN, SHUNLI HE, SHAOQIAN SHU, et al. *Using*

artificial neural network method to predict liquid loading in gas well[J]. Fault-Block Oil & Gas Field,2010,17(5):575-578.

55. 楼建锋,洪滔,朱建士．液滴在气体介质中剪切破碎的数值模拟研究[J]. 计算力学学报,2011,28(2):210-213.

56. 金向红,金有海,王建军．气液旋流器内液滴破碎和碰撞的数值模拟[J]. 中国石油大学学报(自然科学版),2010,34(5):114-120+125.

57. 胡春波,王坤,曾卓雄,等．液滴破碎模糊计算研究[J]. 西北工业大学学报,2003(5):536-539.

58. 蔡斌,李磊,王照林．液滴在气流中破碎的数值分析[J]. 工程热物理学报,2003(4):613-616.

59. 陈石,王辉,沈胜强,梁刚涛．液滴振荡模型及与数值模拟的对比[J]. 物理学报,2013,62(2):1-6.

60. 陈全,俞炜,周持兴．液滴在大振幅振荡剪切流动中的非线性行为研究[J]. 力学学报,2007(4):528-532.

61. DU JINGGUO, JIANG JIANXUN, WANG YONGQING, et. al. Application Research of Mathematical Economic Model in Terms of Gas Distribution and Reconstruction of Distribution Field in Coal Mine Stope[J]. CHEMICAL ENGINEERING TRANSACTIONS, 2018, 66(9): 589-594.

62. LI KAIJUN, DU JINGGUO, YU XINAN, et. al. A Novel Method for Fluid Accumulation Prediction in Gas Wells Based on an Integrated Learning Environment[J]. Fresenius Environmental Bulletin, 2020, 29(8): 6724-6731.

63. DU JINGGUO, LI ZEKUN, LIU YUANYUAN, et. al. A Novel Fuzzy Evaluation Method of Drainage Gas Recovery Effect Based on Entropy Method Using in Natural Gas Development[J]. Fresenius Environmental Bulletin, 2020, 29(7): 5497—5504.

64. DU JINGGUO, LI KAIJUN, YU XINAN, et. al. A New Method for Gas Well Liquid Accumulation Predicting Based on Conventional Neural Network Environment[J], Fresenius Environmental Bulletin, 2020, 29(7): 6721-6732.